U0278121

企业环境治理的
伦理逻辑、困境纾解与阶跃

ETHICAL LOGIC, DILEMMAS RELIEF AND
CROSSING STAGE OF
ENTERPRISE ENVIRONMENTAL GOVERNANCE

芦慧　陈红／著

社会科学文献出版社
SOCIAL SCIENCES ACADEMIC PRESS (CHINA)

序　言

现阶段，"美丽中国"建设进入由量变转向质变的关键时期。虽然我国的企业环境治理已取得显著成效，但生态文明建设进程中的"目标—成效"缺口依然存在，企业及其利益相关主体（比如企业员工所代表的居民）的亲环境行为困境依旧是制约我国经济社会可持续发展的突出瓶颈。亲环境行为属于道德行为范畴，具有"自我行为成本特征"与"利他特征"之间的逻辑矛盾。那么，无论是企业层面还是个体层面，必然要面对由自我成本引发的"短期利己"与"长短期利他"之间进行选择的伦理困境。环境治理参与主体不同，其所隐含的伦理取向和困境形态也不相同。如何在厘清企业环境治理伦理本质的基础上，深入探究多元主体在环境治理过程中所呈现的"伦理型治理元素—行为困境形态—行为困境形成机理—行为困境纾解—行为自觉"的逻辑关联规律，是当前值得研究的重要课题。

特别是近几年微博上开始出现关于个体实施亲环境行为所面临的"纠结""犹豫"等决策性心理状态的话题，恰恰反映了现阶段我国居民个体亲环境意识与素养的不断提升。因为，无论是理想阶态的亲环境素养还是初级形态的亲环境意识，可能都无法激活居民个体心理过程所涉及的"亲环境行为实施与否"的选择或决策，而是直接切入行为实施或不实施的单一形态。那么，这种选择或决策在本质上折射了本书所描述的伦理困境。可以说，关注亲环境行为伦理困境的形成与结果其实为研究环境规范到环境行为的中间过程打开了一扇窗，它既融合了动机与行为，又描绘了决策所处的多种情境，拓展了环境治理与环境伦理的一般理论的对话空间，不仅有助于我们理解企业及个体亲环境行为选择微观机理对中宏观企业环境治理演进的意义，也有助于我们把握协同推进环境治理措施变迁的微观基础。

本书创新从"伦理+'利益—组织'分层"视角剖解企业环境治理的组织层与个体层困境形成机理、纾解机制与阶跃路径，将企业环境行为、企业 ESG 绩效改善、空间利益分层、关系利益分层、可持续领导力、绿色人力资源管理等六类伦理要素纳入统一研究框架，整体性呈现了本书框架的"纵—横"结构：横向结构以体现嵌入"利益—组织"分层体系中六类伦理要素的"组织—群体—个体"分层融合与阶跃，纵向结构则表达六类伦理要素在各自分层体系中所存有的纵深关联与作用机理。本书通过对"纵—横"结构的博弈和实证研究，形成了"现状—结构—成因—纾解—阶跃—自觉"的理论分析与实践应用模式，系统回答了"现有企业环境治理面临怎样的困境形态"、"当前企业环境治理困境存在怎样的研究缺口"、"企业员工所处多维情境下的各类伦理要素是如何作用于亲环境行为伦理困境的形成过程"以及"如何纾解企业环境治理的组织层与个体层困境"等问题，在为后续理论与实践研究创新提供新借鉴的同时，可强劲助力企业及员工绿色生活方式的广泛形成。

本书内容体系全面呈现了视角、理论和模式三类创新点。首先，本书创新融合企业环境治理的组织层与个体层困境及其隐含的系统性表征变量，一方面将组织层困境转化为企业环境行为困境与企业 ESG 决策困境问题，另一方面将个体层困境转化为企业员工亲环境行为伦理困境问题。立足"伦理+'利益—组织'分层"视角，深入解读六类伦理要素的"组织层—个体层""群体层—个体层""组织层—群体层"阶跃融合，系统研究"伦理+'利益—组织'分层"视角下企业环境治理困境形成、结果与纾解。其次，构建伦理困境与行为自觉驱动的对接理论模型，从行为选择的心理情境本源即伦理困境视角深层解析影响我国企业和员工亲环境行为自觉的制约因素，剖析和提炼亲环境行为伦理困境内涵与结构，从内涵、结构和测量三方面充实亲环境行为伦理困境研究体系，是对基于行为的环境伦理理论研究的拓展。最后，形成的"企业环境行为价值的实现路径—企业 ESG 绩效的提升路径—'绿色文化—领导力—伦理道德'阶跃路径"的实践应用模式，是对环境管理理论与应用的创新与拓展。此外，该模式的应用具有相当程度的普适性。

本书研究工作得到了国家自然科学基金项目（71974189）、国家社会科学基金重大项目（21&ZD166）、国家社会科学基金重大人才项目（22VRC200）等课题的资助，特此向支持和关心作者研究工作的所有单位和个人表示衷心的感谢！特别是作者的研究生邹佳星、刘鑫淼、韩钰、杨芳、刘莉、刘霞、张莹开等皆为本书的出版付出了辛勤的劳动。作者还要感谢各位同人的帮助和支持。书中有部分内容参考了有关单位或个人的研究成果，均已在参考文献中列出，在此一并致谢。

芦慧　陈红

2023 年 9 月于南京、无锡

目 录
CONTENTS

1 绪论

现阶段，"美丽中国"建设进入由量变转向质变的关键时期。虽然我国的环境治理已取得显著成效，但生态文明建设进程中的"目标—成效"缺口依然存在，资源浪费、垃圾分类、亲环境行为被动等问题依旧是制约我国经济社会可持续发展的突出瓶颈。企业及其员工亲环境行为自觉作为节约资源、保护生态、增益健康的行为方式，是指行为主体使自身活动对生态环境负面影响尽量降低的行为，不仅是企业环境治理的主要载体，也是环境治理和节能减排的重要手段。一方面，企业作为环境治理的主要责任主体，其运营过程中所需消耗的资源和所产生的排放等会对自然环境产生不良影响，而企业实施绿色生产、推进绿色创新等履行社会责任与可持续发展的方式，对环境治理具有非常积极的作用；另一方面，企业员工每天至少有 1/3 的时间在工作场所，如果员工在工作场所实施诸如提高能源利用效率、促进废物循环利用、发展绿色工艺和产品、提出有利于环境保护的见解、影响他人积极采取环保行为等亲环境行为，不仅能够作为关键途径帮助企业实现环境战略，也可以最大限度减少企业对环境的负面影响。此外，企业员工同时也兼具城乡居民身份，其工作场域的亲环境行为可能会迁移至家庭或公共场域。可见，无论是企业还是企业员工，皆是助力绿色低碳生产生活方式广泛形成的重要责任主体。

故而，如要实质性推进生态文明建设战略目标的实现，就必须着力解决"如何全面推进企业及其员工亲环境行为自觉"的关键问题。全面推进亲环境行为自觉需要企业及其员工时刻铭记生态环境责任，并将其作为自身行动决策的第一要素。但以企业及其员工为中心的利益格局中，利益体系的空间、关系以及企业内部关键要素分层的多元特征势必诱发企业及员工等行为主体利益的层层冲突，使得行为主体必然经历实施亲环境行为的伦理困境，进而演变成亲环境行为自觉的干扰情境和制约因素。因此，若要真正实现亲环境理念与行为在企业及员工等行为主体日常工作生活中的"内化于心"及"外化于行"，需揭开影响企业及员工亲环境行为伦理困境形成的"神秘面纱"，创新设计多元参与、利益平衡兼顾、激励约束并重、系统完整的伦理困境纾解体系，促使企业及员工完成亲环境行为由被动转为自觉的阶跃。

1.1 "美丽中国"建设进入由量变转向质变的关键时期

美丽中国是当前中国生态文明建设的重要战略目标。随着建设进程的不断推进，距离生态文明建设和"双碳"战略实现"时间表"的关键节点也越来越近。2018 年 6 月中共中央、国务院发布的《关于全面加强生态环境保护 坚决打好污染防治攻坚战的意见》明确提出"到 2035 年节约资源和保护生态环境的生产方式、生活方式总体形成，生态环境质量实现根本好转，美丽中国目标基本实现"的总体目标。随后，2021 年 11 月中共中央、国务院发布的《关于深入打好污染防治攻坚战的意见》（以下简称《意见》）再次强调"到 2035 年，广泛形成绿色生产生活方式，碳排放达峰后稳中有降，生态环境根本好转，美丽中国建设目标基本实现"的总体目标。党的二十大报告也明确了这一发展目标。同时，高质量发展是我国当前经济社会发展的主旨，其本质是实现高经济增效、低要素投入和绿色可持续发展。在美丽中国目标推进进程中，经过系列根本性和全局性环境治理工作，虽然我国环境质量实现了历史性改善，绿色低碳发展迈出坚实步伐，但"美丽中国"建设目标与现有建设成效的缺口（"目标—成效"缺口）依然存在，空气污染、资源浪费、垃圾围城、高碳消费、亲环境行为习惯难以养成等一系列问题不仅是经济社会可持续发展的制约瓶颈，更是实现"美丽中国"基本目标和阶段性目标需解决的突出问题。

空气污染治理方面，根据《2021 中国生态环境状况公报》，2021 年全国 339 个地级及以上城市平均优良天数比率为 87.4%，已顺利完成 2018 年 6 月中共中央、国务院发布的《关于全面加强生态环境保护 坚决打好污染防治攻坚战的意见》中"2020 年全国地级及以上城市空气质量优良天数比率达到 80%以上"的目标，同时将近完成《意见》中"2025 年空气质量优良天数比率达到 87.5%"的阶段性具体目标。自 2015 年以来，虽然我国

339 个城市平均超标天数比率呈现缓慢下降趋势，重度及以上污染天数比率从 2015 年开始下降，2016 年与 2017 年持平，2017 年后又持续下降，但2021 年我国重度及以上污染天数比率有所轻微回弹（见图 1-1）。以我国空气污染重灾区京津冀地区及周边地区为例，2021 年该地区城市平均达标天数比率为 67.2%，比 2020 年上升 4.7 个百分点，重度及以上污染天数比率比 2020 年下降 0.7 个百分点，以 $PM_{2.5}$ 为首要污染物的超标天数占总超标天数的 38.9%，与 2020 年相比，下降了 7.7 个百分点，距《意见》中"到2025 年地级及以上城市细颗粒物（$PM_{2.5}$）浓度下降 10%"的阶段性目标还有部分差距。2021 年，中国单位国内生产总值二氧化碳排放比 2020 年降低3.8%，比 2005 年累计下降 50.8%，碳排放快速增长的态势得到缓和，但是距离实现《意见》中"到 2025 年单位国内生产总值二氧化碳排放比 2020年下降 18%"的目标依旧存在差距。

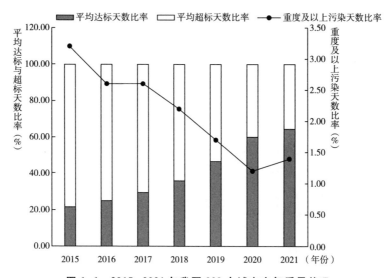

图 1-1　2015~2021 年我国 339 个城市空气质量状况
资料来源：《中国环境统计年鉴》。

工业与生活用水治理方面，我国工业用水量和生活用水量存在结构性差异，相比较工业废水排放量，生活污水排放量仍在持续增加，生活污水减排空间较大。虽然近十年我国工业用水量相比 2009 年下降了 12.46%，但生活用水量呈现上升趋势，相比 2009 年上升了 17.64%。而工业废水排放量从 2009 年的 227.2 亿吨下降到 2019 年的 77.2 亿吨，下降幅度为 66.02%，生活污水排放量却一直保持上升趋势，从 2009 年的 381 亿吨增加到 2019 年的 469.9 亿吨，增加幅度超过 20%（见图 1-2）。长此以往，一方面可能会导致我国水资源供给无法满足需求；另一方面，生活污水中所含的大量有害物质也会对现有优质水资源和生态环境造成威胁。比如，2019 年生活污水中的化学需氧量和氨氮排放量分别为 469 万吨和 42.1 万吨，分别是工业废水中所含该污染物的 6.09 倍和 12.03 倍，是对生态环境造成严重污染的关键污染源之一（见图 1-3）。同时，工业废水和生活污水化学污染物占比在 2016 年迅速提升至 80% 左右，截至 2019 年生活污水氨氮排放量占比90.93%，生活污水化学需氧量占比 82.86%。2021 年国务院印发的《"十四五"节能减排综合工作方案》提出"到 2025 年，化学需氧量、氨氮排放总量比 2020 年分别下降 8%、8% 以上"的主要目标，但是目前生活污水化学污染物占比依旧有上升趋势，给该方案目标的实现带来挑战。

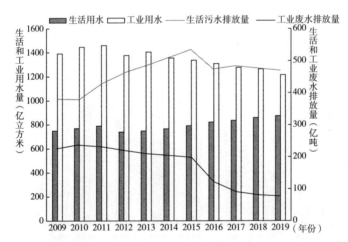

图 1-2 2009 年~2019 年我国生活与工业用水量和废水量
资料来源：《中国环境状况公报》。

垃圾治理方面，随着城市化进程的快速发展，城镇人口占总人口的比重持续上升，由此带来的城市生活垃圾总量也在不断增加。据统计，2005 年我国城市生活垃圾总量为 15577 万吨，2020 年则为 23512 万吨，增加了50.94%（见图 1-4）。虽然我国城市生活垃圾无害化处理率在逐年提升，但是我国城市垃圾产生量的庞大基数导致我国未经过无害化处理的垃圾总量仍然不可小觑，自2005年至2020年，我国未经过无害化处理的垃圾总量已达到45393.6万吨。生活垃圾的恶性积累不仅会污染大气、水和土壤，还会滋生细菌和蚊虫并导致疾病传播，严重威胁人类健康。

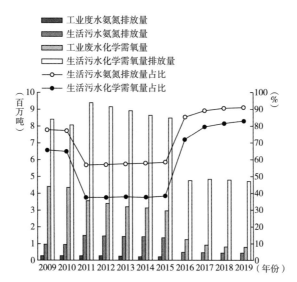

图1-3　2009~2019年工业废水和生活污水化学需氧量和氨氮排放量
资料来源：《中国环境统计年鉴》。

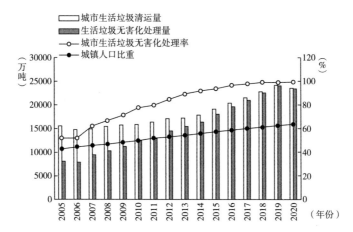

图1-4　2005~2020年我国城市垃圾总量及相关比率
资料来源：《中国环境统计年鉴》和《中国统计年鉴》。

高碳消费治理方面，以节能空调购买为例，通过对京东平台上三大空调运营商所销售的同一类型空调相关数据进行整理发现，空调价格随着能效级别的提升而上升。换言之，高能效的空调虽然具有环境友好型产品的特质，有利于节约能源与降低电费，但也意味着消费者需要在短期内承担较高的经济成本，即通过支付较高的金钱购买能够在长期内实现节约能源与降低电费的高能效空调，但是由于个人经济状况、空调性能的长期不确定性等因素导致人们产生"高能效空调节省的能源费用能否抵消其与低能效空调之间的价格差额"的疑问。数据显示，仅 18.2% 和 15.8% 的评价人数购买一级与二级效能空调，66% 的评价人数购买三级效能空调，超过半数消费者在面对短期低成本支出与长期能源节约选择时选择了前者（见图 1-5）。就空调购买而言，如果消费者能够实现低碳消费，那么一级效能空调的购买率可提升 81.8%。

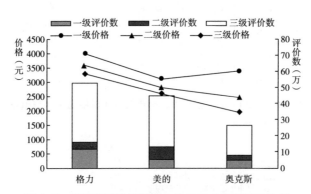

图 1-5　不同空调能效等级上的价格水平与评估人数

综上，当前"美丽中国"建设的"目标—成效"缺口呈现的波动性、结构性和长期性特征，成为 2030 年、2035 年等关键时间节点建设目标实现的制约瓶颈，意味着现阶段我国已步入"美丽中国"建设由量变转入质变的关键期。而无论是空气质量的持续治理、工业用水的合理规划，还是生活用水的节约、垃圾分类的自觉以及低碳消费的形成，企业及其员工（特别是员工兼具城乡居民身份）皆是承担修补"美丽中国"建设"目标—成效"缺口的关键主体，也是"美丽中国"建设目标实现的重要责任主体。

1.2 企业环境治理已成为全社会共同关注的重大问题

1.2.1 企业环境治理已成为全社会关注的共识性问题

进入新时代以来，生态文明战略地位实现历史性提升，生态环境保护发生了转折性、全局性变化，但生态环境保护任务依然艰巨。党的二十大报告指出"必须牢固树立和践行绿水青山就是金山银山的理念，站在人与自然和谐共生的高度谋划发展"，同时着重提出"到 2035 年，广泛形成绿色生产生活方式，碳排放达峰后稳中有降，生态环境根本好转，美丽中国目标基本实现"的主要目标。我国政府深刻认识到要想根治环境问题，必须重视发挥企业、居民等社会各界力量的作用，带动全员广泛参与到环保行动之中，持续推动绿色低碳生产生活方式的广泛形成与深刻转型。

企业作为社会的基本经济组织和细胞，逐利最大化是其天性和终极目标。但是企业在追求经济利益、实现自我发展的同时，还需要承担对经济、环境和社会可持续发展的社会责任。就企业层面而言，2020 年 3 月中共中央办公厅、国务院办公厅颁布的《关于构建现代环境治理体系的指导意见》指出，要"建立健全环境治理的领导责任体系、企业责任体系、全民行动体系、监管体系、市场体系、信用体系、法律法规政策体系，落实各类主体责任，提高市场主体和公众参与的积极性，形成导向清晰、决策科学、执行有力、激励有效、多元参与、良性互动的环境治理体系"。2020 年 3 月，国家发展改革委、司法部颁布的《关于加快建立绿色生产和消费法规政策体系的意见》提出"到 2025 年，绿色生产和消费相关的法规、标准、政策进一步健全，激励约束到位的制度框架基本建立，绿色生产和消费方式在重点领域、重点行业、重点环节全面推行，我国绿色发展水平实现总体提升"的主要目标，指出要"推行绿色设计，强化工业清洁生产，发展工业循环经济，加强工业污染治理，促进能源清洁发展，推进农业绿色发展，促进服务业绿色发展，扩大绿色产品消费，推行绿色生活方式"的关键内容。2021 年 10 月，工业和信息化部等四部门在《关于加强产融合作推动工业绿色发展的指导意见》中明确提出"到 2025

年，推动工业绿色发展的产融合作机制基本成熟，符合工业特色和需求的绿色金融标准体系更加完善，工业企业绿色信息披露机制更加健全，产融合作平台服务进一步优化"的目标。2022 年 2 月，国家发展改革委、工信部等共同颁布的《高耗能行业重点领域节能降碳改造升级实施指南》（2022 年版）指出"推动各有关方面科学做好重点领域节能降碳改造升级，引导高耗能行业重点领域改造升级，加强技术攻关，促进集聚发展"。

就个体层面而言，由于企业员工兼具城乡居民身份，不仅国家及相关部门针对企业层面的指导意见范围适用于企业员工，面向公众层面的指导意见范围同样也适用于企业员工。比如，2015 年颁布的《中华人民共和国环境保护法》正式提到将"公众参与"作为环境保护的重要原则之一，实现了以立法形式规范公民环境行为。随后，《中共中央关于制定国民经济和社会发展第十三个五年规划的建议》进一步指出，国家和政府应通过加强环境价值观教育，鼓励和引导公民绿色出行、绿色消费、减少废弃物产生等亲环境行为，进而推动全社会形成绿色生活方式，以实现资源节约与改善生态环境。为了进一步提升法律与规范可执行性和可操作性，2018 年 6 月生态环境部、中央文明办等五部门联合发布了《公民生态环境行为规范（试行）》，以强化公民生态环境意识，引导公民实践简约适度、绿色低碳的生活方式，推动公民成为生态文明的践行者和美丽中国的建设者。《公民生态环境行为规范（试行）》包括"关注生态环境、节约能源资源、践行绿色消费、选择低碳出行、分类投放垃圾、减少污染产生、呵护自然生态、参加环保实践、参与监督举报、共建美丽中国"等 10 个方面。比如，在节约能源资源方面，规范提出"合理设定空调温度，夏季不低于 26 摄氏度，冬季不高于 20 摄氏度，及时关闭电器电源，人走关灯，一水多用，节约用纸，按需点餐不浪费等朴素而具体的要求"。时隔 5 年，2023 年 6 月生态环境部、中央精神文明建设办公室等五部门联合发布了新修订的《公民生态环境行为规范十条》，虽依然包括"关爱生态环境、节约能源资源、践行绿色消费、选择低碳出行、分类投放垃圾、减少污染产生、呵护自然生态、参加环保实践、参与环境监督、共建美丽中国"等十条内容，但相较于《公民生态环境行为规范（试行）》，新修订的规范对每一条的内容描述进行了具体且凝练式的修改，在凸显新修订规范的指引性特征的同时，也隐含了该规范基于公民环境素养普遍得到提升的基本假设。比如，在节约能源资源方面，提出"拒绝奢侈浪费，践行光盘行动，节约用水用电用气，选用高能效家电、节水型器具，一水多用，合理设定空调温度，及时关闭电器电源，多走楼梯少乘电梯，纸张双面利用"的指引性、具体性、凝练性、全面性的要求等。

企业与员工（员工兼具城乡居民身份）是生态文明建设的主要参与者与践行者，只有充分调动不同主体实施亲环境行为的积极性、自觉性、主动性，强化不同责任主体生态环境理念，引导不同责任主体实践绿色、低碳的生活方式，才能够实现美丽中国梦。因此，引导企业及员工（员工兼具城乡居民身份）时刻铭记公民生态环境责任，并将其作为自身行动决策的第一要素，是满足人民日益增长的优美生态环境需要、形成人与自然和谐发展现代化建设新格局的重要环节。

1.2.2 个体亲环境行为"空间—关系"一致化困境是现阶段我国企业环境治理的典型问题

现实生活中，员工个体亲环境行为往往会随着空间、社会关系的转变而呈现出差异化状态，即存在情境差异特征。

首先，家庭、学习与工作场所、公共场所通常是人们日常生活工作的典型活动空间，也是个体亲环境行为发生的典型空间。由于员工个体在不同空间中被赋予的角色不同，其亲环境行为表现也会不同。据中国环境文化促进会 2018 年公布的我国公民环保行为调查数据，我国公民在家庭场所与公共场所中的环保行为践行比例分别为 74.90%、64.02%；而工作场所中的环保行为践行度最低，为 53.67%，相比家庭场所和公共场所分别下降了28.34%、16.17%（见图 1-6）。陈红（2017）等学者将环境行为划分为基础、决策、人际和公民环境行为四维度，并发现四维度在不同领域中并不总是一致的，相比居家和工作领域，公民在公共领域的环保意愿更低（见图 1-7）。两组数据皆说明公民亲环境行为存在空间层面的不一致性，如果公民亲环境行为依据两组数据最高标准达成"完全空间"一致化，那么亲环境行为践行度能提升 20%~45%。

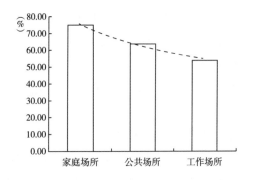

图 1-6　公民在不同场所中的环保行为践行度

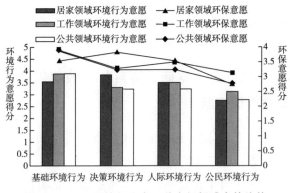

图 1-7　公民环境行为在三种空间领域中的均值

　　其次，由于血缘、生活方式、社会规范等因素会引发以"己"为中心的社会关系中存在亲疏远近的圈层现象，即个体关系中的"差序格局"。关系中"差序格局"的存在使得人们在面对伦理冲突时，倾向于优先考虑朋友等利益关系亲近者的需求而忽略利益关系疏远者的需求，餐饮是最能代表关系"差序格局"具象化的载体之一。2018 年世界自然基金会、中国科学院地理科学与资源研究所联合发布的《2018 年中国城市餐饮食物浪费报告》显示，食物浪费量随着就餐目的的不同而有所差异，朋友聚会和公务/商务消费食物人际消费量分别为 106.7 克/（人·餐）和 101.5 克/（人·餐），明显高于家庭聚会和工作餐以及其他无限定目的的就餐（见图 1-8），说明人们为了实现利益互惠而选择盛情款待朋友或合作伙伴，凸显出个体亲环境行为在关系层面的不一致性。然而，此类行为不一致所引发的大量

食物浪费则不利于社会整体食物节约。据联合国粮农组织发布的《2018年
世界粮食安全和营养状况》，全球饥饿人数在经历长期下降后近两年来又有
所增加（见图1-9），全世界食物不足的绝对人数估计已从2016年的约
8.04亿增加到2017年的8.21亿，食物不足发生率也从2016年的10.8%上
升到2017年的10.9%，同比增加0.93%。其中亚洲是全世界食物不足人口
绝对数最多的区域，2017年大约5.15亿人面临食物不足的困境，占全球人
口总人数的11.4%，并占全球食物不足人口总人数的62.7%。这一趋势让
我们看到人们在同时面对利益关系亲近者的需求和利益关系疏远者的需求
时也会面临伦理困境，但却往往会关注利益关系亲近者的需求，从而表现
出道德排他主义。同时经过测算可以看出，如果个体亲环境行为依据无限
定的就餐人际消费量为最低标准，进而达成"整体关系"一致化，那么工
作餐、家庭聚会、朋友聚会、公务/商务消费的人际消费量则将会分别节约
34%、41%、51%、58%，节约量非常可观。

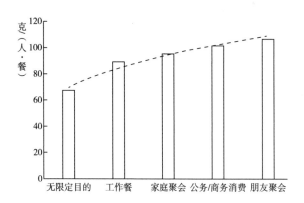

图1-8 不同就餐目的下的人均食物消费量

资料来源：世界自然基金会、中国科学院地理科学与资源研究所《2018年中国城市
餐饮食物浪费报告》。

可见，我国公民个体在空间、关系层面呈现出的"空间—关系"亲环
境行为差异化现象是现阶段我国环境治理中的典型问题。相似的，考虑到
企业员工兼具城乡居民身份的问题，那么企业员工"空间—关系"亲环境
行为差异化现象是现阶段我国企业环境治理中的典型问题。如若实现亲环
境行为在"完全空间""整体关系"的高度一致，则会带来非常可观的资源

节约程度，并促进企业环境治理的有效性，而员工个体亲环境行为自觉则是实现企业员工亲环境行为"空间—关系"一致化的基本前提。可以看出，员工亲环境行为自觉是企业亲环境行为自觉的现实基础，企业及员工亲环境行为自觉共同构成了实现企业有效环境治理的底层逻辑。

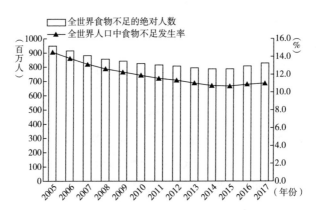

图 1-9 2005～2017 年全球食物不足人数及食物不足发生率
资料来源：联合国粮农组织《2018 年世界粮食安全和营养状况》。

1.3 实现企业有效环境治理的关键挑战：伦理困境与"利益—组织"分层

1.3.1 企业环境治理困境：制约情境与困境形态

1.3.1.1 亲环境行为伦理困境是实现企业有效环境治理的制约情境

伦理困境通常是指当人们面对多种利益原则或行为准则存在冲突时无法抉择何者优先的两难情境。然而，人类生存及发展与环境保护之间似乎存在一种悖论：一方面人类需要通过消耗生态资源以实现自身的生存与发展，另一方面又需要以生态环境的可持续来实现人类的可持续生存与发展。显而易见，在社会发展进程中，人类生存发展的无限性与生态资源的有限性之间的矛盾关系，迫使企业及员工必须面对人类生存发展与生态环境保护这两种已被社会所公认的价值取向何者优先的伦理困境问题，也促使人类必须正视如何在作为"资源"的自然和"美"的自然之间进行价值排序和价值选择的环境伦理困境问题。如此，人类生存发展与生态环境保护之间的矛盾关系及其所引发的伦理困境都将长期存在。伦理困境问题，其实是环境保护进程中企业及员工个体必须面临的多种冲突性伦理标准或行为准则的常态化问题。理论上，行为主体之所以产生"行为选择"，主要是源自行为主体所面临的多重伦理准则之间的冲突或矛盾，迫使行为主体不得不做出以何种伦理准则为优先的抉择，即不得不进行"某类行为执行与否以及是否自觉执行"的选择。"自觉"即指行为主体所面临的多重伦理准则之间的一致，"被动"即指行为主体所面临的多重伦理准则之间的不一致，但由于客观因素迫使行为主体不得不采取某种行为。那么，亲环境行为伦理困境作为企业及员工在实施亲环境行为进程中的常态属性，在很大程度上可能演变成影响企业及员工亲环境行为自觉化的关键制约情境，进而呈现出企业环境治理的组织层困境形态和个体层困境形态。

1.3.1.2 企业环境治理组织层困境形态的行为表达之一：企业环境行为困境

企业环境行为是指企业主动采取的为响应外部压力或降低自身对环境所产生消极影响的系列环保措施（Sarkar，2008；Blok et al.，2014），主要包括环保战略制定、环境管理实施、绿色技术创新、绿色生产决策四部分（Zhao et al，2015），是企业主动履行社会环境责任的体现。其中，环保战略制定是对达到企业绿色可持续发展目标的途径和手段等进行全局性、长远性总体谋划，如促进可再生能源发展（属于企业经营范围内）等；环境管理是指与环境保护有直接、更密切关系的管理措施，包括建立环境管理体系、加强环保教育和培训等；绿色技术创新是指以保护环境为目标的技术创新，如末端减排创新、节能设备创新等；绿色生产决策是指在生产过程中以节能、降耗、减污为目标的生产决策，如转向更清洁的投入等。可以看出，在某种程度上，企业环境行为是一种有助于社会公共利益与组织效能的不被奖赏的角色外行为（Ramus and Killmer，2007），具有"复杂、耗时、难以被认可""对他人有利但对自我成本高"等"高成本—低收益"特征，导致企业决策者在"是否需要真正实施企业亲环境行为"的问题上面临着决策困境，形成企业环境治理困境的组织层行为困境形态。

虽然以往的研究发现企业环境行为有助于提升企业财务绩效和企业竞争力等企业内部价值（Miroshnychenko et al.，2017；Chuang and Huang，2018），然而其他研究却得出了相反的结论，认为企业环境行为不一定会改善公司的财务业绩，而且随着时间的推移，公司大多难以维持其盈利能力（Zeng et al.，2010）。故而，大部分企业仍然对"企业环境行为是否真的能实现内部价值"产生疑问，还停留在"企业环境行为会消耗企业各种资源，增加企业经营成本"的认知阶段（Testa and Amato，2017；Li et al.，2017；Lu et al.，2023），并在实践中表现出伪装性的、被动型的环保行为（Perc and Szolnok，2010；Lyon and Maxwell，2011）。可见，只有深入回答"企业环境行为究竟'是否可以'以及'为何能'实现内部价值"的问题，才能打消企业实施环境行为产生的各种疑虑，有效说服并指导企业积极主动地采取环境行为，以此纾解企业决策者在是否实施环境行为时面临的困境。

1.3.1.3 企业环境治理组织层困境形态的行为表达之二：企业 ESG 决策困境

ESG（Environmental，Social，Governance，ESG）源于负责任的投资，是绿色经济、企业社会责任和负责任投资概念的延伸和丰富（Li et al.，2021）。企业 ESG 理念符合绿色和可持续发展，契合目前社会公众所关注的议题，重要性也逐渐提升。由于企业 ESG 治理关注非财务层面，重点关注环境、社会和公司治理三大因素，强调社会责任、环境保护和员工权益等多重因素，因此，无论是国内还是国外的公众、政府以及投资者都在密切关注 ESG，并推动企业实践 ESG。故而，减少企业环境污染、完善企业治理成为社会各界积极倡导的方向（Wang et al.，2022；Meng et al.，2022）。

然而，与上述企业环境行为困境的逻辑较为相似，"企业 ESG 是否能够真正实现企业价值"的问题尚未取得一致的结论，比如，Naeem 和 Çankaya（2022）研究指出 ESG 表现对企业的盈利能力有积极和重大的影响，但对公司的市场价值也有负面影响。一方面，诸多研究证实了企业 ESG 绩效与企业价值之间的正相关关系。比如，Zhou 等人（2022）的研究发现，中国上市公司 ESG 业绩的提升可以提升公司的财务业绩，从而提高公司的市值；

Zheng 等人（2022）的实证研究证明，中国高质量的企业 ESG 绩效会引发媒体和分析师的关注，从而通过增加利益相关者的压力来提升企业价值。另一方面，部分学者仍然持怀疑态度，认为企业 ESG 绩效对企业价值没有重大影响或产生负面影响。特别是传统成本学派认为企业环境绩效和企业价值是互不相容的，认为 ESG 的单个因素和综合因素与企业盈利能力（ROE）以及企业价值（托宾 Q）之间没有显著影响的关系（Atan et al.，2018）。在此背景下，企业决策者在"企业是否需要真正实施 ESG"以及"如何有效实施 ESG"的问题上同样面临着决策困境，进而产生企业是否真正推行以及如何推行 ESG 的企业环境治理困境形态，可能致使企业出现"漂绿"行为。

1.3.1.4 企业环境治理个体层困境形态的行为表达：企业员工亲环境行为困境

企业员工亲环境行为（Pro-environmental Behavior，PEB）是指工作场所情境下企业员工使自身活动对生态环境负面影响尽量降低的行为（Lu et al.，2017），具有道德、环境友好以及资源节约等特征（Lu et al.，2019，2020），是实现环境可持续战略的关键落脚点（Dubois and Dubois，2012）。不同于已经被奖惩措施所约束的"角色内"亲环境行为，员工自觉性亲环境行为可以看作一种"角色外"亲环境行为，是指员工个体为改善环境而采取的非奖励或要求的自由裁量权行为（Daily and Govindarajulu，2009）。而根据 Taylor 及其同事的观点，个体亲环境行为"对个人来说是有成本的，但对他人来说是有益的"（Taylor et al.，2018），这反映了个体亲环境行为中的深层逻辑所隐含的行为困境。比如，上述《公民生态环境行为规范（试行）》中规定了"合理设定空调温度，夏季不低于 26 摄氏度"等内容，而在炎热的夏天，企业员工在开放式的工作场所考虑是否将空调温度调至26 度及以上的环保温度时，会对"环保温度可能会影响同事或领导的舒适感而将温度调至 26 度以下"还是"秉承环保理念而坚持将空调温度控制在26 度及以上"的行为选择产生纠结，并会因选择的不可兼得而在心理上形成一种"心理栅栏"，阻碍员工实施亲环境行为。诸如此类等的原因使得人们虽然具有环保意识，却不能做到自觉实施环保行为，呈现出"知行不一"的行为困境形态。

具体到企业员工参与环境保护实践的特定情境，由于亲环境行为属于道德行为范畴，且自身所具有的"自我行为成本特征"与"利他特征"之间的逻辑矛盾，使员工个体必然面对由减少自我成本引发的"短期利己"与"长短期利他"之间的伦理情境。如此，企业员工所面临的亲环境行为伦理困境本质上是"利他导向所期望的多重行为准则和员工个体自身所认同或需求的行为准则之间的冲突或矛盾"，迫使行为主体不仅要做出"是否实施亲环境行为"的行为选择，还会产生"自觉还是被动"实施亲环境行为的心理选择。其中"自觉"即指员工个体所认同或需求的多重伦理准则与利"他"导向所期望的伦理准则一致，"被动"即指员工个体自身所认同或需求的伦理准则与利"他"导向所期望的多重伦理准则不一致，但由于客观因素迫使员工个体实际行为与利他导向所期望的伦理准则一致。可见，个体亲环境行为伦理困境是影响员工亲环境行为自觉化的关键制约因素。

1.3.2 "利益—组织"分层是诱发企业环境治理困境形成的关键视角

从外部与内部视角来看，空间、关系、组织是个体行为活动的完整维度，而三者在各自的结构中又具有完形特征，即呈现出完全空间利益、整体关系利益和完整组织层级的系统结构，进而构成企业亲环境行为发生的系统领域。现实中，嵌入生态文明体系中的各类主体（比如单位主体、社会主体等）的发展内涵和发展目标不同，其所隐含的利益诉求的内容结构和表现形式也不同。如此，在以企业及员工为中心的利益与层级格局中，无论是与企业及员工利益相关的各类主体（比如社会主体等），还是企业及员工所嵌入的空间、关系、组织等属性，其实都依据某种深层关系而相互关联在一个具体特定的结构中，进而形成基于"空间—关系"的利益分层与组织层级分层的"利益—组织"完整形态（见图1-10）。

如图1-10所示。对于企业主体而言，企业环境治理的组织层困境主要是由企业自身与其利益相关者的环境利益诉求不一致导致的，主要体现于企业环境行为困境与企业 ESG 决策困境，折射出嵌入生态文明体系中的企业与其利益相关者的"关系"利益特征。对于企业员工而言，依据空间距离理论，企业员工所嵌入的空间可分为私人空间、社交空间、公共空间三层，各层"嵌入主体"分别对应于家庭、单位、社会等，形成企业员工的空间利益分层形态；依据圈层理论，可将企业员工在社会网络中所具有的关系分为自我、圈内、圈外三层，分别对应于家人、领导或同事、最高领导等主体，形成企业员工的关系利益分层形态；依据组织层级理论，企业员工所嵌入的为个体层级、群体层级与组织层级三层，分别对应于企业员工在不同层级体现的个体价值观、群体领导力与组织管理制度等层级阶跃关联形态，形成企业员工的组织层级分层形态。

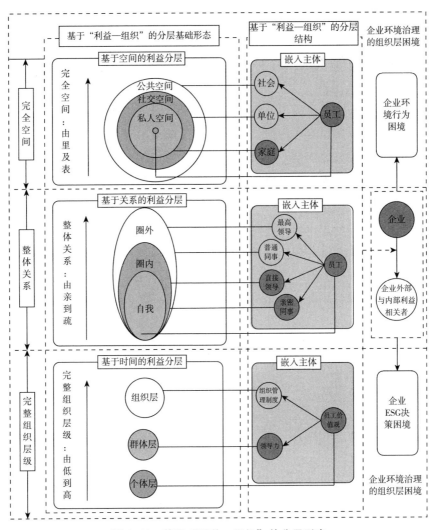

图 1-10 基于"利益—组织"的分层形态

严格意义上来说，亲环境行为是一种道德行为，企业及员工亲环境行为和策略的行使必须与伦理或道德标准相一致。然而，正是因为"利益—组织"分层体系中各类"差序格局"的存在，生态文明体系内企业与员工个体以及其他多元主体在空间利益、关系利益和组织层级等多维情境中才会呈现出多元化、差异化、冲突化、动态化等的"利益—组织"分层特征，使得企业及员工个体在实施亲环境行为选择过程中面临着多重伦理标准，导致了企业环境治理困境的形成。可见，"利益—组织"分层是诱发企业环境治理困境形成的关键视角。

1.4 研究逻辑与主要内容

本书主要围绕企业环境治理的伦理逻辑、困境纾解与阶跃研究等主要内容，聚焦企业环境治理的组织层与个体层困境的行为表现特征、形成原因和纾解路径等关键问题，探索困境中隐含的伦理特征，一方面将组织层困境转化为企业环境行为困境与企业 ESG 决策困境等问题，另一方面将个体层困境转化为企业员工亲环境行为伦理困境问题。进一步，立足"利益—组织"分层视角，深入解读利益分层"空间—关系"导向所折射的伦理要素及其特征，以及组织层级分层中员工价值观、领导力、组织管理制度等伦理要素所形成的"组织层—个体层""群体层—个体层""组织层—群体层"阶跃融合形态，在此基础上系统研究"利益—组织"分层视角下企业环境治理困境的形成、结果与纾解机制，以期为实现亲环境理念与行为在企业及员工等行为主体的"内化于心"及"外化于行"提供理论上的内容指向和实践上的路径指向。

为明晰本书研究边界和重点，有效进行操作化定义，首先明确企业环境治理困境包括组织层困境与个体层困境，组织层困境包括企业环境行为困境与企业 ESG 决策困境，而个体层困境是指企业员工亲环境行为伦理困境。虽然是否进行亲环境行为属于行为选择范畴，但考虑到企业及员工亲环境行为自觉实现是本书的研究目标，故而认为被动的亲环境行为意味着非亲环境行为的高概率发生，初步将亲环境行为选择分为亲环境行为自觉和非亲环境行为。

此外，绪论部分隐含着本书进行研究的三个基本假设。企业及员工经历的亲环境行为伦理困境程度越高，亲环境行为自觉发生率越低，意味着亲环境行为伦理困境的最小化是实现亲环境行为自觉的最大化可能。故而，本书的基本假设之一是企业及员工亲环境行为伦理困境弱化或破除可以作为亲环境行为自觉的代理变量（该基本假设在本书的第六章也将得到验证）。研究背景中理论剖析得出利益分层是多主体多情境整体利益结构的固有属性，说明生态文明体系中多元主体所嵌入多维情境中的空间导向或关系导向的利益诉求体系无法完全一致是本书的基本假设之二。企业亲环境行为困境隐含的是组织层与个体层的环境价值融合问题，而企业 ESG 决策困境折射了组织层与群体层的环境价值融合问题，二者共同反映了组织层、群体层与个体层之间存在一定的逻辑关联，故而企业环境治理的组织层困境属于关系导向利益分层是本书的基本假设之三。基于此，本课题绘制了研究逻辑思路图（见图 1-11），以直观形象地表达所要研究的内容。

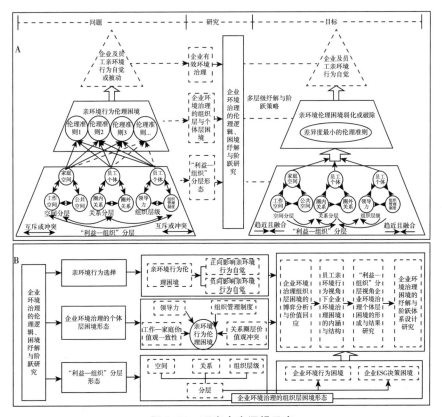

图 1-11　研究内容逻辑示意

图 1-11 （A）描述存在的实践问题以及通过研究和实施解决方案后达到的关键目标。根据基本假设，"利益—组织"分层形态引发企业及员工在所嵌入的多元主体情境中存在着互斥或冲突的伦理准则，使得企业及员工陷入两难的亲环境行为伦理困境，形成企业环境治理的组织层困境形态与个体层困境形态，导致企业及员工亲环境行为自觉难以实现。通过企业环境治理的伦理逻辑、困境纾解与阶跃研究，探寻影响企业及员工亲环境行为伦理困境形成的伦理要素与作用机制，在此基础上从"利益—组织"分层视角设计企业环境治理困境纾解与阶跃的实践体系，达成企业及员工亲环境行为自觉的目标。

图 1-11 （B）描述的是本书为实现研究目标，聚焦我国企业及员工群体（员工兼具城乡居民身份），围绕企业及该群体亲环境行为伦理困境形成机理以及困境纾解体系设计所进行的主要研究。第一，从伦理要素、缺口与框架视角下进行企业环境治理的组织层困境形态、个体层困境形态以及"利益—组织"分层形态解析。第二，进行企业环境治理的组织层困境的博弈论证与价值回应研究。第三，进行员工亲环境行为视角下企业环境治理个体层困境的内涵与结构研究。第四，进行员工行为视角下企业环境治理困境现状与博弈分析。第五，基于"利益—组织"分层视角下的企业环境治理个体层困境的形成与结果研究。第六，进行企业环境治理困境的纾解与阶跃体系设计研究。

在研究方法方面，依据"社会问题观察与提炼的现实性、选用研究方法与技术手段的科学性"等原则，本书以企业环境治理的伦理逻辑、困境纾解与阶跃问题为研究主线，借鉴现有研究成果，综合运用社会学、管理学、心理学、环境管理学、决策理论、计算机科学、生态与环境伦理学及案例研究法、归纳与演绎法、调查研究法、扎根理论、博弈论、多元统计分析法等多学科研究方法与技术手段来实现研究内容。

2 伦理视角下企业环境治理困境解析：要素、缺口与框架

2.1 环境伦理与环境道德内涵辨析

环境治理困境研究进程中，必然会涉及环境伦理的概念。环境伦理是探讨如何适当关怀、重视并履行人类保护自然环境之责的理论与实务做法，亦可称为环境道德（黄琼彪，2005）。现有研究中，诸多学者尚未严格区别"环境伦理"与"环境道德"，那么关于是"伦理"还是"道德"的称谓到底是可以替代使用还是各有偏重呢？在现代社会普遍的语言习惯中，"伦理"与"道德"经常被联系在一起，在很多文献中也没有对其进行区分（吾敬东，2006）。两者都与"正确""应当""善"等内容相关，但又有自己的侧重。本书将从中国语境和英文语境中进行概念辨析。

2.1.1 中国语境中"伦理"与"道德"的内涵

伦理的本义可以归纳为：第一，人伦，伦理只发生在人的世界及其秩序中，与人之外的世界无关；第二，关系，伦理一定是发生在主客关系之中，没有关系的地方没有伦理；第三，秩序，人伦关系一定是以某种秩序呈现，如君君、臣臣、父父、子子；第四，规范，伦理一定是应该或不应该的规范性说明（李建华，2020）。"道德"是由"道"和"德"组合而成的复合词。"德"同时含有正直行为和正直心性的含义（李建华，2020）。"道"作为一个哲学范畴，有万物运动演化之元始规则的意思，并可分为"天道""地道""人道"。"天道"是自然万物的运行法则，"人道"更多地关涉"善"与"仁"等情性内容，违背天道的人事规则是不符合"地道"的。道与德组合形成的"道德"，其概念包罗了生命主体对自然、社会、人

类等大千世界万事万物之规律的理解与把握，强调生命个体的内在心得和体悟（尧新瑜，2006）。

在中国近代语言中，"伦理"和"道德"的概念并没有被很多学者严格区分，"伦理学"往往被称作"道德哲学"或"道德科学"。实践中，人们往往会对两者的使用存在偏向。举例来说，可以说一个人是"有道德"的，但是通常不能说他是"有伦理"的。而对于学科我们通常使用的是"伦理学"，而很少使用"道德学"（何怀宏，2002）。

2.1.2　英文语境中"伦理"与"道德"的内涵

从词源上说，英语中的"ethics or ethical"源自希腊文的"thos"一词，是由"风俗""习惯"沿袭而来（包利民，1996）。从现代观点来看，西方的"伦理"一开始就具有了"理性"特征。海德格尔指出，"伦理"一词的最初含义是"寓所"（梁燕成、万俊仁，2000）。一方面，"寓所"是人类生活居住的地方，由此引出的"伦理"概念便自然与世俗生活相关；另一方面，"寓所"又是一种空间结构，因此"伦理"又可以引申为由人类建构起来的规则和规范。

随着古罗马帝国对古希腊的征服，西方历史进入古罗马时期。用拉丁语中的"moralis"来翻译希腊文的"ethics"。"moral"来源于"mores"，表达为"传统风俗""习惯"，是人类对社会文化、生活方式等的认同与遵循。在中世纪，"伦理"被"道德"所取代，并演变为劝导世人以善制恶、拯救灵魂，待人宽容、温良、慈善、谦逊等宗教道德。在现代英语中，由于"伦理（ethics）"一词具有上述文化背景，虽然经历拉丁语的"道德（moralis）"替换，其意蕴也发生了一些变化，但"伦理"概念仍然具有古希腊语中的理性特征（尧新瑜，2006）。

2.1.3　伦理与道德的比较

通过对"伦理"与"道德"的词义剖析不难发现，无论是在中文还是在英文语境下，"伦理"与"道德"都存在着划界模糊的问题，"伦理"与"道德"的词条互为解释，甚至在某种意义上相互通用。尽管如此，二者还是存在诸多差异。结合李建华和尧新瑜的研究，本书总结了伦理与道德的以下五个区分点。

第一，实践与理论。在对"正确还是错误"的问题进行判断时，道德强调"某种文化中对与错的观念"，是一种初级的实践状态；而伦理是一种对法则进行"文化反思"的知识，是一种高级的理论状态。伦理与道德相比，离生活实践的距离更远，是一种理性概念。

第二，个体性与关系性。道德是个体对自我的要求与规范，个体与自己的内心对话，问自己什么是"应当的"。伦理则强调调节个人与他人、个人与社会、个人与人类之间的关系，其价值态度和立场是在相互关系中发生的，追求正义与和谐。

第三，主观与客观。黑格尔把道德看作自由意志的主观精神的形式（黑格尔，1982），把伦理则看作主观精神与客观精神的统一。道德带有明显的主观性，指向个人生活中内在的主观的性情品格，一般运用于生活世界或私人领域中的非职业情境（休谟，1996）；而伦理带有明显的客观性，在相互关系中产生，多运用于社会世界或公共生活中，是一种外在的、客观的理性规范（黑格尔，1996）。

第四，自律与他律。道德在本质上是自律的，使个体对自己发出"我应当如何"的价值指令，对应马克思所讲到的"道德的基础是人类精神的自律"（马克思、恩格斯，1995）。而伦理由于其"关系"特性，更偏重于他律。在处于双方或多方关系的比较中，需要有超越任何一方利益之上的行为规则，其指令常常是"你们应当如何"或"大家应当如何"，这对伦理主体而言具有外在制约性。

第五，绝对性与相对性。道德往往是绝对原则性的。道德由个体所承载，却具有普遍性的约束力，如传统道德"仁、义、礼、智、信"和当下的社会主义核心价值观"爱国、敬业、诚信、友善"等都是具有普遍意义的刚性要求，不会因个体不同而改变其要求。相较而言，伦理往往是相对情境性的，由关系所承载，会因时间、场地、情景的不同而产生变化（廖申白，2009）。如"不说谎"是一条伦理规则，源于诚实的道德要求，但医生经常会说"善意的谎言"，这不能说是不符合伦理的。

可以看出，伦理和道德既有共同点也有差异。在理论研究和实践中，伦理和道德虽被经常混用，但两者内涵还是各有偏向。伦理侧重于理论概念，更偏向于多主体的关系，是一种客观的关系及其外在规约，无关系则无伦理（尧新瑜，2006），需要依据具体情境进行分析；道德侧重于实践观念，更偏重于个体的内在心得与体悟，是一种主观的内在追求，强调自律，重视原则的坚守如一。因此，在环境治理困境研究情境中，到底是谓之"环境伦理"还是"环境道德"自然也是各有偏重。环境治理困境内涵中隐含的多元主体、多维情境、多种准则、多项选择等皆反映出治理困境的关系性、他律性、客观性和相对性，因此"环境伦理"一词更适用于解读环境治理困境的成因、构成、影响与纾解；至于亲环境行为本身所折射出的个体性、自律性、主观性和绝对性等则更适合用道德内涵阐释。基于此，本书在后续章节中解读企业环境治理困境的要素、内涵、结构、影响与纾解等方面采用"伦理"一词，但在阐述亲环境行为特征时则沿用"道德"一词。

2.2 内部视角下企业环境治理困境的相关伦理影响要素解析

2.2.1 影响企业环境治理组织层困境形成的要素：员工组织公民行为与高层管理团队特征

在企业环境行为决策困境形成影响研究方面，虽然学者们已经意识到要从企业环境行为探究其对企业内部价值溢出的重要性，但相关研究仅提供了"企业环境行为可以实现内部价值"的结论性答案，并没有深入回答"为什么实施环境行为能够提升企业内部价值"和"企业应该采取什么样的环境管理手段来提升企业内部价值"的问题。组织公民行为作为组织成员在自主意愿的驱使下所表现出来的，未在工作范畴中得以确认、不被组织主动奖励，却有利于提升组织效能的个体选择行为（Podsakoff et al.，2000），是衡量企业经济绩效的关键因素（Buil et al.，2019；He et al.，2019）。可以说，组织公民行为作为工作绩效成分之一，对组织的经济绩效具有不可忽视的作用。因此，有必要利用员工组织公民行为这一过程性变量来衡量企业的内部价值，探索企业环境行为通过正向影响员工组织公民行为所可能带来的企业正向价值，以此回答"Why"和"How"的问题，化解企业决策者在是否实施环境行为时面临的决策困境。

在企业 ESG 决策困境影响研究方面，本书在该部分的研究建立在"企业

ESG 绩效改善可以提高公司市场价值"的基本假设上。虽然理论界对于"企业 ESG 是否能够真正实现企业价值"尚未达成共识，但企业 ESG 绩效改善与企业 ESG 绩效是两个问题，其改善是可以提高公司市场价值的。因此，提升企业 ESG 绩效可能是化解企业对于 ESG 能否真正实现企业价值这一决策困境的主要途径。高管团队海外经历已经受到了学术界的广泛关注，国内外学者关于高管团队的海外经历对企业的影响研究主要包括企业战略选择、企业内部治理以及公司绩效等方面。比如，在企业战略选择方面，高管团队的海外经历对企业的战略选择有重大影响，如企业国际化战略、对外直接投资和企业研发投入决策等（Li，2018；郑明波，2019；杨娜等，2019；贺亚楠等，2021；袁然和魏浩，2022；张继德和张家轩，2022）；又如，高管团队具有海外经历可以影响企业内部治理，如企业风险承担、企业信息披露质量、公司避税和薪酬制度等（宋建波等，2017；Dauth et al.，2017；柳光强和孔高文，2018；刘继红，2019；Wen et al.，2020；高迎雪，2021；刘佳和刘叶云，2022）。再如，高管团队海外经历拥有海外的先进技术、前沿理论和成熟的管理经验，这些会影响企业绩效，如企业财务绩效、企业创新绩效等（Dai and Liu，2009；Slater and Dixon-Fowler，2009；Giannetti et al.，2015；周中胜等，2020；衣长军等，2022；Chen et al.，2023）。此外，高管团队具有海外经历可以提高社会利益相关者的关注，会影响企业的社会绩效水平（Xu and Hou，2021），同时卜国琴和耿宇航（2023）发现有海外背景的高管可以正向影响企业 ESG 表现水平。因此，本书将企业高层管理团队的海外经历作为促进企业 ESG 绩效改善进而化解企业 ESG 决策困境的关键要素。

2.2.2 影响企业环境治理个体层困境形成要素之一：空间导向员工利益分层视角

现实中，嵌入企业生态环境内部管理体系中各类主体（比如领导者、直接上级、同事等）的岗位特征、责任要求和个体特征不同，其所隐含的利益诉求的内容结构和表现形式也不同。如此，在以员工个体为中心的利益格局中，无论是企业内部与个体利益相关的各类主体（比如直接上级等），还是个体所嵌入的空间、关系等属性，其实都依据某种深层关系而相互关联在一个具体特定的结构中，进而形成基于"空间—关系"的员工利益"差序格局"，勾勒出利益分层的完整形态。利益分层，其实是企业生态环境内部管理体系中多元主体嵌入多维情境中所形成整体利益结构的固有属性。

对员工个体而言，家庭、学习与工作场所通常是企业员工日常生活工作的典型活动空间，也是员工亲环境行为发生的典型空间，因此工作—家庭界面成为探索员工亲环境行为研究的关键场所领域。基于此，本书所关注的空间导向员工利益分层要素主要聚焦工作—家庭界面下的员工利益分层要素。由于员工个体在不同空间中被赋予的角色不同，其亲环境行为表现也会不同，折射出员工在工作—家庭界面中的环保诉求也不同，那么空间导向的员工利益分层问题其实就转化为企业员工在工作场域和生活场域中的环保诉求一致性问题，即工作—家庭界面的员工环境价值观一致性问题。该问题因体现了"相对性"而具有伦理特征。

工作—家庭界面的员工环境价值观一致性越高，员工在工作场域和家庭场域下的环境价值诉求就越一致，环境价值观差异就越小；反之亦然。比如，员工在家庭可能会有较高程度的节水、节电、双面打印等环境保护价值诉求，但在工作场所针对该类的价值诉求就很小，反映出员工在工作—家庭界面的环境价值观一致性程度较低，代表了较高程度的空间导向员工利益分层。工作—家庭界面的员工环境价值观一致性程度不同，员工的认知失调程度也不同，可能会直接影响和触发员工亲环境行为伦理困境。工作—家庭界面的员工环境价值观一致性程度越高，认知失调就越难发生，企业员工的亲环境行为伦理困境就越低；反之亦然。可见，空间导向员工利益分层视角是员工亲环境行为伦理困境形成的诱发要素。

2.2.3 影响企业环境治理个体层困境形成要素之二：关系导向员工利益分层视角

严格意义上来说，亲环境行为是一种道德行为，员工个体亲环境行为和策略的行使必须与伦理或道德标准相一致。然而，正是因为利益分层体系中利益"差序格局"的存在，企业生态环境管理体系内员工个体以及其他多元主体在空间、关系等多维情境中才会呈现出多元化、差异化、冲突化、动态化等利益分层特征，使得员工个体在实施亲环境行为选择过程中面临着多重伦理标准，导致员工个体亲环境行为伦理困境的形成。特别是就关系导向而言，在中国传统的关系圈层文化影响下，行为主体通常将他人与自身关系的"亲疏远近"作为主导型行为规范，依据差序关系中的强弱程度做出选择性偏私行为。比如，行为主体会倾向于帮助与自己更亲近的人，或为了亲人或朋友的利益而忽略陌生人利益（Gifford, 2011）。

工作场所中，由于"内群体""外群体"划分的存在，个体行为选择时往往会产生对内群体成员要求宽容且态度更加积极，但对外群体成员要求比较严格且态度消极等这一内群体偏好特征。涉及具体企业环境管理情境下，考虑到企业关系圈层的影响，员工在面对不同远近关系对象时所进行的亲环境行为选择也会不同，就像水波纹一样，对离圈子中心越远的个体，员工关心程度会越减弱，相应的，对自身行为选择的影响也越会随之减少。那么，当员工个体面临内群体人员环境价值诉求与自我诉求冲突的情境，或者内群体人员环境价值诉求与外群体利益诉求冲突的情境时，就会陷入如何在关系导向的多种利益诉求和伦理标准前做出最优决策的伦理困境中。这里，关系导向的员工利益分层视角就转化为关系导向的员工环境价值观一致性问题。该问题体现了"关系性、他律性"等而具有伦理特征。此外，关系分层中的员工同时又会嵌入不同的空间分层中，那么员工个体可能会因与工作场所中各关系主体的差序关系促进亲环境行为伦理困境的冲突程度。可见，关系导向的员工利益分层是诱发员工亲环境行为伦理困境形成的促进因素。

2.2.4 影响企业环境治理个体层困境形成要素之三：可持续发展型领导力视角

可持续发展型领导力是实现组织可持续性发展的重要前提因素，因为他们立足更广阔的视角定义了所在企业的利益相关者：不仅包括顾客、投资者，还包括为企业功能实现以及资源提供等更广泛意义上的社区、地球和整个生态系统。可以看出，可持续发展型领导来源于"组织是自然世界的一部分"的理念（McCann and Sweet, 2014），强调了对个人、组织、社会和生态层面的可持续价值的关注，而非仅考虑当前还有未来几代人的利益，其价值观是与组织可持续发展的要求保持一致的。

可持续发展型领导与伦理型领导所表现出的"道德的人"的属性相似（Brown and Trevino, 2006），这一属性不仅强调领导具有诚实可信的个人品质，并在个人和职业生活中表现出道德行为，同时也强调在进行决策时能够体现出其对他人以及社会的关心。而"道德的管理者"强调通过传达道德和价值观信息，以明确的方式（使用奖惩系统）让追随者对道德行为负责，这一属性仅反映了领导者在组织层面的价值，而可持续发展型领导则关注在个人、组织、社会和生态层面为当代和后代追求可持续性的价值。同时，研究发现可持续发展型领导与道德型领导并不存在显著的相关关系，说明了将可持续发展型领导与其他类型领导区别开来进行单独研究具有合理性（McCann and Sweet，2014）。

可持续发展型领导在做决策时倾向于考虑各种利益相关者对经济、社会和生态方面的全方位影响，有利于促进环境友好行为的产生（Peterlin et al.，2015），也有利于激发下属的道德行为（Bendell et al.，2017），具有一定的伦理特征。同时，可持续发展型领导自身具有显著的道德特征（Peterlin et al.，2015；Burawat，2019），在可持续发展方面具有丰富的知识，不仅能够对当前所面临的道德困境形成清晰的认知，也会引导群体以合作、奉献等组织公民行为方式来解决共同的困境。因此，可持续发展型领导力可能是引导员工克服亲环境行为困境的纾解要素之一。

2.2.5 影响企业环境治理个体层困境形成要素之四：绿色人力资源管理视角

绿色人力资源管理（Green Human Resource Management，GHRM）的说法最早由 Wehrmeye 在 1996 年出版的《人力资源与环境管理》一书中提出，认为人力资源管理理应重视环境管理的作用，这为后续绿色人力资源管理内涵、结构与相关研究奠定了坚实的基础。作为环境管理的重要一环（Renwick et al.，2013），绿色人力资源管理通常被认为是对环境产生积极影响的人力资源管理活动（Kramar，2014），强调将环境管理与人力资源管理联系起来，通过人力资源管理职能模块的绿色化（如绿色招聘、绿色培训、员工参与、绿色绩效管理和薪酬等）来影响员工的能力、动机及参与机会（唐贵瑶等，2019）。同时，绿色人力资源管理也是帮助管理者及员工理解影响自然环境的组织活动的途径，协助管理者及员工进行绿色及可持续人力资源管理体系设计、发展与实施（Ren et al.，2018）。

绿色人力资源管理涉及促进员工环保行为的政策、实践和制度，这些行为有利于社会、自然环境和企业，具有显著的伦理他律特征和道德实践特征。绿色人力资源管理作为环境管理在人力资源管理方面的实践，被广泛用于企业管理过程中。对于员工来说，绿色人力资源管理通过建立亲环境的心理氛围（Saeed et al.，2019）和绿色组织身份（Shen et al.，2018）来促进环境友好行为。对于组织来说，绿色人力资源管理可以帮助实现组织资源的高效利用，从而促进组织的可持续性（Ones and Dilchert，2012；Masri and Jaaron，2017）。此外，绿色人力资源管理可以为组织树立良好的公共环境形象，并产生独特的招聘优势（Renwick et al.，2013）。因此，绿色人力资源管理可以作为组织实施环境保护和实现组织可持续性的有效管理措施。而员工亲环境行为伦理困境的直接表现就是员工在是否实施绿色行为时感到难以选择。因此，绿色人力资源管理可以作为提升员工环保意愿、纾解员工亲环境行为伦理困境的要素之二。

2.3 内部视角下企业环境治理困境研究的缺口：理论与实践

2.3.1 企业环境治理困境的组织层研究缺口

2.3.1.1 企业环境治理困境的组织层研究缺口之一：企业环境行为的视角

以往研究验证了员工所感知的企业社会责任会对组织认同（Shah et al.，2021）、组织信任（Serrano et al.，2018）、创新行为（Afridi et al.，2020）、组织环境公民行为（Su and Swanson，2019）等员工态度和行为产生积极影响（Glavas and Kelley，2014）。实际上，当员工感知企业实施企业环境行为时，也会进一步溢出到自己的行为与绩效中。例如，Raza 等（2021）的研究显示感知较强的企业社会责任可以增加员工的组织自豪感和工作投入，进而溢出到亲环境行为中。需提出的是，组织环境公民行为作为组织公民行为的一种，更多和企业环境绩效有关（Robertson and Barling，2017；Cheema et al.，2020），并不能有效预测企业经济绩效。然而，涉及企业环境行为与员工组织公民行为关系的研究还未能被关注。因此，为了弥补已有文献的不足，需要将企业环境行为与员工组织公民行为联结起来进行研究，不仅可以回避由时间性或其他因素而引发的企业环境行为与企业价值二者关系不一致的问题，以此回答"Whether"和"Why"、"How"的问题，也可以通过此类研究结论打消企业实施环境行为产生的各种疑虑，有效说服并指导企业积极主动地采取环境行为，以此纾解企业决策者在实施环境行为时面临的困境。

2.3.1.2 企业环境治理困境的组织层研究缺口之二：企业 ESG 价值实现的视角

在企业 ESG 绩效研究方面，针对企业 ESG 绩效的前因变量研究较少。总结目前学者研究企业 ESG 绩效的影响因素，主要可以概括为公司内部影响因素以及公司外部影响因素。与外部相关的影响因素主要包括外部利益相关者的压力和外部环境，比如政府监督、媒体压力以及所在地区的发展水平等（王禹等，2022；Wang et al.，2022）。与内部相关的影响因素主要包括领导者的特征、企业治理情况和企业发展现状，比如数字化转型、资本结构、董事会特征、党组织治理等（王晓红等，2023；胡洁等，2023；Kang et al.，2022；柳学信等，2022）。可以发现，一方面，虽然现有研究已经证实高管团队海外经历有助于企业承担社会责任，但未聚焦高管团队海外经历对企业环境、社会以及治理绩效的影响；另一方面，对于高管治理特征对企业 ESG 绩效的影响，研究者们主要是将董事会、CEO 以及高管的特征作为企业 ESG 绩效的影响因素，却没有关注到高管的背景特征到企业 ESG 绩效改善的"黑匣子"。针对如此的研究缺口，本书尝试从高管团队海外经历与企业 ESG 绩效关系研究入手，构建"高管背景特征—企业行为（绩效）"的研究路径，可对以往研究企业 ESG 绩效改善的成果进行丰富和补充。

2.3.2 企业环境治理困境的个体层研究缺口

2.3.2.1 社会困境的研究视角

具体到个体环境行为伦理困境研究方面，普遍是从社会困境的视角进行相应的研究，如 Vanegas-Rico 等（2018）在社会困境的基础上指出环境行为也具有社会困境的属性，在这种困境下个体倾向于选择以环境为代价为自己提供优势的行动。Klein 等（2017）认为是否参与环境行为的决定常常被看作一个社会困境，进而建立了一种自私的、合作的环境选择范式模型，研究结果证实了该范式是研究团队内部合作与环境行为之间冲突的有效工具。Tam 等（2017）认为环境问题存在一种社会困境，即如果所有人都选择以一种有利于环境的方式行动，那么每个人的环境结果都将得到改善，但如果每个人继续他们目前的消费模式和生活方式，也会产生更好的个人结果。基于社会困境的视角，Tam 等（2017）详细说明了不信任、外部控制下的信任和当前导向三个因素在环境担忧和行为之间关系的影响。

2.3.2.2　行业领域的研究视角

以往亲环境行为伦理困境的研究主要集中在农业生产者领域，主要涉及以下几种。一是农业生产者的价值观会与买家的商业标准产生冲突，如 Stuart（2009）研究发现面对买家对食品安全及食品质量的高要求，可能需要生产者采取捕杀野生动物或者破坏可能吸引野生动物的植被等破坏自然的行为，以此来阻止野生动物进入种植区域污染农作物，尽管这不符合他们的个人环境信念及价值观，但他们必须要在满足商业标准与坚持个人观点但承担利益损失风险间作出选择。二是环保成本与盈利能力（长期或短期）间的冲突，如 Cary 和 Wilkinson（1997）研究发现许多环保措施需要土地所有者（生产者）付出的经济成本可能在短期甚至长期内超过农场收益，因而生产者将会陷入支持环境保护和维持高盈利能力两者之间的伦理困境。此外，个体内部的心理特征（价值观、态度、意愿等）是促进环境保护过程中最重要的因素，如 Battershill 和 Gilg（1997）以英格兰西南部的农业为例，对影响农民的农场环保决策（参与农业环境计划等）的因素进行探究，发现"如果要进一步提高对农业环境计划的理解及准确应用，那么我们必须更好地理解农民的态度、价值观和文化是如何形成、构建、被影响和改变的"。

2.3.2.3　企业环境治理困境的个体层研究缺口

研究者们围绕如何提升个体亲环境行为自觉进行了诸多研究，比如，从个体的人口统计学特征（Wiernik et al., 2016）、环境价值观（Al-Swidi and Saleh, 2021）、个人道德规范（Lu, H. et al., 2020）、积极和消极情绪

（Bissing-Olson et al.，2013）、自我效能感（Huang，2016）、环境激情（Choong et al.，2020）、预期环境情感（Rezvani et al.，2017）、环境态度（Eilam and Trop，2012）等视角探讨了个体层面的因素对个体实施亲环境行为的影响机制；从诸如精神领导（Afsar et al.，2016）、道德领导（Wu et al.，2021）、绿色仆人型领导（Faraz et al.，2021）等不同风格的领导力、组织氛围（Norton et al.，2012）以及组织中的领导支持（Gkorezis，2015）和人力资源管理实践（Dumont et al.，2017）、个体与环境的匹配（Lu et al.，2020）等视角探讨群体和组织层面的因素对个体亲环境行为提升的影响机制。然而，员工个体的行为选择过程往往是个体对多个相互冲突的、矛盾的因素进行认知、评价和判断的过程（Einhorn and Hogarth，1981），仅从某一类特征变量或"匹配"特征变量无法形象地描绘出人们的心理活动。但是究竟为何人们会面临这样的困境，以及是否一定要消除亲环境行为伦理困境才能实施亲环境行为自觉，这是需要关心的问题，也是学界并未去细究的问题。可见，目前学者们对亲环境行为伦理困境的研究领域过于局限，亲环境行为伦理困境的普适性及系统性结构研究亟待补充，特别是聚焦企业情境下个体的亲环境行为伦理困境研究尚付阙如。

2.3.3 企业员工亲环境行为困境影响与纾解的研究缺口

2.3.3.1 影响企业员工亲环境行为困境的研究缺口：员工利益分层的视角

Woessner（2001）提出利益层次理论（Theory of Hierarchical Interest），认为个人利益、群体利益和社会利益之间是有联系和层级的，且个人利益占主导地位，其次是群体利益和社会利益。这一理论基于一种假设，即所激活的利益不同，人们对特定政策的考虑也会不同。也就是说，人们的行为动机遵循着一种"经济人"的自利性逻辑，并在这种自利性逻辑引导之下，形成一个由亲及疏的差序性格局，这符合西方多数学者的观点。

关于空间视角的研究属于一个广泛的研究领域，涵盖了人们在物理环境中如何感知、设计和行动的研究。空间利益是指不同主体在空间开发和使用过程中，为满足自身空间需求，通过一定的社会关系所体现出来的价值（李渊等，2017）。基于空间的利益分层表现为"如果我们的首要任务是在'这里'生存，那么我们应该如何衡量我们在'这里'和'那里'获得的便捷与舒适生存条件的优先权"。Bugental（2000）提出了五个社会领域：一是附属领域，二是等级权力领域，三是联合集团领域，四是互惠领域，五是交配领域。每一个领域在功能上都因对某些社会线索的不同敏感性和不同的操作原则而不同，该划分基于一定的关系与物质基础，表现为抽象的空间范围。而关于具体的地理空间范围研究，我国学者王兴中等（2004）探讨了城市居民消费行为与日常生活空间行为的关系，认为居民的日常生活行为主要分为四类：家务、工作（上学）、购物与闲暇娱乐活动。在针对亲环境行为在空间层面表现的研究中，Spence等（2012）利用解释水平理论和心理距离对英国公民基于气候变化的能源使用意向的研究发现，空间距离越近的个体，节约能源参与度越高，亲环境行为水平越高。

对关系的分类研究可以追溯到1987年，Hwang等以"情感性—工具性"的高低作为标准，将关系划分为三种类型：情感性关系、混合性关系及工具性关系。随后，Tsang（1998）以关系基础作为分类标准，将关系分为血缘关系和社会关系。前者包括家庭成员、远房亲属甚至同族，后者产生于学校、工厂或其他工作地点。杨中芳等（1999）提出人际关系包含三种成分：既定成分、情感成分以及工具成分。杨宜音（1999）在此基础上将工具成分分解为"义务互助"和"自愿互助"两类，将人际关系扩充为四种类型：亲情关系、市场交换关系、友情关系、恩情关系。关系也可称为社会距离，有学者在提出社会距离相关假设的基础上探究了利他人格对决策者的影响，发现低利他人格的个体，在面对亲近的他人时（如亲属关系）会关注其福利并做出利他行为，但面对不熟悉的他人时则会表现得更利己（DeWall et al.，2008）；而高利他人格的个体由于具有较高的同感水平（Hoffman，1975），无论与他人的社会距离远近，都会表现出利他倾向（Maner and Gaillot，2007）。并且，Spence等（2012）的研究发现，社会距离越近，个体表现出的节约能源的参与度越高。

目前国内外学者针对利益分层或利益冲突的研究主要从个体与其他利益相关主体的关系视角展开，立足于社会事件描述了现实生活中公共利益或私人利益发生分层或冲突的现状和困境，进而提出了关于破解该困境的制度政策手段。但关于利益的分层，国内外学者普遍基于公共利益所涉及的主体对利益层次进行了划分，而对利益层次形成的本质原因缺乏考虑，并且对于各个主体间的利益交叉或冲突的探索也缺乏系统的研究框架。同时，从空间、关系多层次的研究视角来看，国内外学者普遍关注某个特定层次，缺乏对多层次的关联性的思考与研究，导致关于利益分层的影响因素的探讨也缺乏系统性。此外，上述研究均反映了人们在不同空间背景下和不同关系条件下会产生不同的行为选择和行为倾向。一般情况下，人们对于距离自己较近的空间范围或者关系范围内会表现出更高的关注度，其根源是人们基于空间产生的不同精神或物质利益诉求，因此空间距离的不同也会产生关于利益的分层，但针对企业情境下空间导向的员工利益分层对于员工亲环境行为伦理困境的影响研究尚未出现。

2.3.3.2　纾解企业员工亲环境行为困境的研究缺口：可持续发展型领导力与绿色人力资源管理的视角

目前关于可持续领导的相关研究主要集中于其对结果变量的研究。如Peterlin 等（2015）将可持续发展型领导与组织的战略决策建立联系，指出可持续发展的领导方式有助于战略决策的全面实施，因为可持续发展型领导能考虑到决策对一系列利益相关者的长期影响；同时也提出可持续发展型领导更倾向于考虑各种利益相关者的经济、社会和生态方面的影响来做出决策，有利于促进环境友好行为的产生。特别地，他们强调可持续发展型领导的伦理与道德成分，可持续发展型领导会需要下属的支持来实现共同利益从而促进发展和决策。Suriyankietkaew 和 Avery（2016）经过研究发现，采用可持续领导力实践与员工满意度显著相关。具体来说，23 项可持续领导力实践中除了独立于金融市场、自我管理和环境责任，剩余的 20 项与提高员工满意度有关。随后在 2016 年，Suriyankietkaew 和 Avery 又以 439名泰国中小企业的经理为研究对象，探究了可持续发展型领导与企业财务绩效的关系，最终发现可持续发展型领导的四项实践（分别为友好的劳动关系、重视员工、社会责任、强烈和共同的愿景）是企业长期绩效的积极预测因素。目前关于可持续发展型领导的研究，研究者普遍关注其对员工行为及企业绩效的影响，却较少关注可持续发展型领导对员工环境行为影响的内在机制。因此，有必要将可持续发展型领导对员工的影响过程进行全方位的拓展，深入探究可持续发展型领导对员工亲环境行为以及其纾解亲环境行为伦理困境的影响，这不仅能够丰富目前关于可持续发展型领导的理论探索，更有助于组织在实践过程中发掘可持续发展型领导的现实意义，形成以员工为中心的企业环境管理实践战略方案。

关于企业绿色人力资源管理的研究中，国内学者对绿色人力资源管理有不一样的认识。魏锦秀等（2006）认为，绿色人力资源管理应以人为本，关注"三态"和谐，即绿色人力资源管理能够促进生态（即人与自然）和谐、心态（即员工自身）和谐以及人态（即人与企业和人与人之间）和谐。基于我国情境，赵素芳等（2019）与吴晓（2020）均认为绿色人力资源管理是一种通过企业员工"三态"和谐，实现企业经济、社会、生态三类效益统一，最终使企业与员工共同达成低碳环保、可持续发展的环境管理手段。关于企业绿色人力资源管理的结果变量研究中，企业绿色人力资源管理能够促进组织环境绩效、帮助组织实现可持续性发展已经得到学者们的普遍共识。此外，国外学者研究了绿色人力资源管理对员工环保性组织公民行为或员工亲环境行为的影响，但这类研究集中关注了企业实践对员工工作场所内亲环境行为的影响，忽视了企业绿色人力资源管理对员工行为影响的近端心理机制，即缺少对员工亲环境行为伦理困境的纾解效应研究。因此，有必要深入研究企业绿色人力资源管理如何影响员工心理因素，进而对员工亲环境行为伦理困境纾解产生影响。

2.4 内部视角下企业环境治理困境的伦理逻辑与研究框架

2.4.1 现有研究存在的问题

综上，在企业环境治理困境的组织层与个体层研究领域，虽然取得了一系列研究成果，但无论是在理论上还是在实践中仍存在值得探讨的问题，主要表现如下。

第一，研究视角有待进一步拓展。现有研究始终难以回答"企业以及员工实施亲环境行为选择过程中会面临怎样的伦理困境形态"、"如何化解企业环境治理的组织层困境"、"企业员工所处多维情境下的各类伦理要素是如何作用于员工亲环境行为伦理困境的形成过程"以及"如何纾解企业环境治理的个体层困境"等问题，忽略了员工个体与其所嵌入空间、关系、领导力和企业环境管理实践等多维情境的系统特征，进而未能有效引导和控制我国企业或员工亲环境行为自觉形成。

第二，需开展中国本土文化情境下的我国企业员工亲环境行为伦理困境的内涵、构成及测量等相关研究。虽然亲环境行为、伦理困境一直是国内外学者研究的重点，但涉及专门研究亲环境行为伦理困境以及中国文化特色的亲环境行为伦理困境等变量范畴的文献还很少见。很有必要结合中国本土文化情境重新探讨企业员工亲环境行为伦理困境的内涵、结构与测量问卷。

第三，需深化利益分层、企业领导力、企业环境管理实践等相关伦理要素与企业员工亲环境行为伦理困境关系研究，设计不同层面的干预措施，以促进干预措施与影响企业或员工困境形成的各伦理要素形态的相互兼容。对于利益分层、领导力及企业环保实践与个体亲环境行为伦理困境之间关系机理研究理论支撑尚且不足，现有研究通常分别进行利益分层、领导力及企业环保实践对亲环境行为作用路径的独立研究。具体到以企业员工为研究对象，并将利益分层和亲环境行为伦理困境纳入统一框架的逻辑构建尚未见及，折射出现有研究未能触及二者之间的深层关联逻辑，可能会带来企业环境治理中环保目标与调控及干预策略在内容上的矛盾，造成实践中努力方向的偏差。因而有必要重新研究利益差序格局中可能存在的利益分层与其他伦理要素形态作用于员工亲环境行为伦理困境的形成过程，揭示弱化伦理困境的关键伦理要素，以实现环保目标与调控及干预策略在内容上的有效兼容。

2.4.2 企业环境治理困境形成与纾解的伦理逻辑与框架研究

综上，本书拟从企业环境行为、企业 ESG 绩效改善、空间导向利益分层、关系导向利益分层、可持续发展型领导以及绿色人力资源管理等六类影响亲环境行为伦理困境形成与纾解的伦理要素入手，将六类伦理要素、员工组织公民行为、企业高层管理团队特征、企业员工工作场所亲环境行为、企业员工家庭场所亲环境行为、企业员工亲环境行为伦理困境等研究变量纳入统一框架，基于各类变量中所体现的"组织层—群体层—个体层"融合与阶跃特征，来探索六类途径下企业环境治理的"组织层—个体层"困境的形成与纾解路径，进而形成整体性的企业环境治理困境形成与纾解的研究框架（见图 2-1）。具体来说，有以下几点。

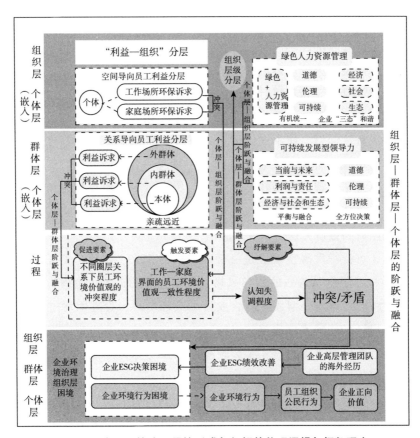

图 2-1　企业环境治理困境形成与纾解的伦理逻辑与框架研究

其一，企业环境行为是企业主动履行社会环境责任的体现，具有显著的道德与伦理特征。通过将企业环境行为与员工组织公民行为进行"组织层—个体层"的伦理逻辑连接，以探讨二者之间的关系机制来回应企业决策者在"是否需要真正实施企业亲环境行为"的决策困境问题。

其二，企业 ESG 绩效强调社会责任、环境保护和员工权益等多重因素，具有显著的道德与伦理特征，且企业 ESG 绩效改善意味着企业价值的实现。通过将企业高层管理团队特征与企业 ESG 绩效进行"群体层—组织层"的伦理逻辑连接，以探讨二者之间的关系机制来回应企业决策者在"企业是否需要真正实施 ESG"以及"如何有效实施 ESG"的决策困境问题。

其三，将空间导向员工利益分层问题转化为工作—家庭界面员工环境价值观一致性的问题，而工作—家庭界面员工环境价值观一致性体现了个体层环境价值观与组织层空间变量的"个体层—组织层"的阶跃性融合特征，同时凸显显著的伦理特征。从空间导向员工利益分层视角创新性解读企业员工亲环境行为伦理困境的形成原因，可为"如何实现"以及"如何创新实现"企业员工亲环境行为自觉的环境管理策略提供新思路新借鉴。

其四，将关系导向员工利益分层的问题转化为不同圈层关系下环境价值观的冲突程度问题，而不同圈层关系下环境价值观的冲突程度体现了个体层环境价值观与群体层关系变量的"个体层—群体层"的阶跃性融合特征，同时体现了显著的伦理特征。从关系导向员工利益分层视角创新性解读企业员工亲环境行为伦理困境的形成原因，可为企业员工亲环境行为自觉实现的阻碍路径研究提供新视角。

其五，可持续发展型领导是一种在当前与未来、利润与责任、企业与社会间具有"平衡"特质的领导风格，具有显著的道德、伦理与可持续特征。通过将可持续发展型领导与企业员工亲环境行为伦理困境进行"群体层—个体层"的伦理逻辑连接，以探讨二者之间的关系机制来揭示企业员工亲环境行为伦理困境的群体层影响机制以及对如何纾解员工亲环境行为伦理困境提供理论借鉴。

其六，绿色人力资源管理强调"绿色"与"人力资源管理"的有机统一，具有显著的道德、伦理与可持续特征。通过将绿色人力资源管理与企业员工亲环境行为伦理困境进行"组织层—个体层"的伦理逻辑连接，以探讨二者之间的关系机制来揭示企业员工亲环境行为伦理困境的组织层影响机制以及对如何纾解员工亲环境行为伦理困境提供系统性建议。

3 企业环境治理的组织层困境博弈论证与价值回应

3.1 外部视角下企业环境治理组织层困境的多方博弈论证与价值回应

3.1.1 基于企业环境行为困境的博弈主体解析

企业在其环境行为动机产生之前,不仅要考虑选择以何种利益为主,还需考虑自身所承担不同角色而形成的各种冲突,以及该冲突对企业自身经济效益、环境效益、环保成本的影响。企业环境行为中所涉及的选择问题其实就是多方的合作博弈问题,因此本部分将进行基于特定情境下多方博弈视角的企业环境治理困境的论证分析。

企业亲环境行为面临的冲突繁多,涉及的主体间的关系较为复杂,因此本书将企业在选择是否采取亲环境行为时涉及的参与主体归结为以下几类:企业、政府、社会公众。社会公众涉及较广,包含社区、环保社会组织、企业员工相关家庭成员、消费者等不同角色,但他们之间统一的共性是对企业亲环境行为产生道德层次上的监督,不同之处是他们各自监督的方式不同,因此为简化博弈模型分析,将其统一归为社会公众进行分析。此外,由于企业作为组织单元的多种模式之一,具有一定的组织规律,那么在考虑企业亲环境行为伦理困境时需要将企业"拟人化"进行分析。涉及的参与主体有以下特征:一是参与主体主导着自然生态环境的发展方向,维护生态环境长久持续发展是他们的共同利益;二是参与主体各自的决策行为对生态环境有重大影响;三是各个主体的利益都会受到企业亲环境行为选择的影响,相互之间必然产生利益冲突。这里,利益主要是指经济效益、环境效益、社会效益三者结合而成的综合效益。当企业选择是否采取亲环境行为时，需考虑政府、社会公众对企业选择产生的影响，如此就构成了企业在面临亲环境行为选择冲突时的多个博弈方。

3.1.2 多方博弈模型构建

3.1.2.1 模型假设

企业在面临亲环境行为选择时，所处的社会环境复杂多元，且各主体的利益偏好不同。为实现多方利益主体互惠共赢，实现生态环境长久持续发展，可明确企业、政府、社会公众为博弈主体 i=（1，2，3）。

假设企业、政府、社会公众始终都以实现自身利益最大化为前提条件，皆具有"相对理性"，即各主体在进行决策行为时，相对于整个社会环境以及其他外部约束条件而言是理性的，且在伦理困境情境下都是完全理性的；相互之间不会发生寻租和共谋行为，遵循惯例行为策略，不对未来进行预测，同时不考虑外部环境等其他因素的影响；为简化模型分析，假定各博弈方同时做出决策，忽略先后顺序。在实际中，政府与社会公众之间的博弈对企业的亲环境行为动机影响相对较小，影响主要从政府、社会公众各自的行为决策中产生，故此处假定政府与社会公众之间的博弈已达到均衡状态，以下分析只考虑企业与政府、企业与社会公众之间的博弈。假设政府与社会公众之间的博弈已达到均衡，从我国政府和企业的角色定位出发，政府追求社会效益、环境效益最大化，企业追求经济效益最大化，社会公众为了人类未来持续发展而追求环境效益最大化。同时，从生态环境角度出发，此处不考虑环境污染产生的负效应，主要关注企业亲环境行为对生态环境产生的保护效用。假定社会效益、环境效益、经济效益都可以被量化，并且这三者的综合效益作为策略选择的标准。最后，假定在博弈参与方进行行为策略选择前，各方对其他参与方的策略选择并不知晓。

3.1.2.2 博弈参与方行为策略分析

企业作为博弈参与方的策略选择：作为亲环境行为伦理困境中的核心主体，企业在自觉实施环保行为动机产生前，意识与行动之间存在阻碍，经济效益与环境效益不可兼得，企业需要考虑自身经济效益、政府处罚、政府公众监督等因素来选择自己的策略行为,使自身综合效益最大化。企业在采取亲环境行为时,会产生一部分用于环保的经济成本,也会损失一部分时间上产生的经济效益;反之,企业不采取亲环境行为,会因自身企业性质、国家政策而受到公众披露举报和政府处罚,对企业长期发展产生一定的负作用。企业可选择的策略为 {采取亲环境行为,不采取亲环境行为}。

政府作为博弈参与方的策略选择:政府代表国家整体利益以及社会公众的代理人,会更关注环境保护问题,力争实现社会效益和环境效益综合最大化,那么在政策制定和政策执行中与企业的部分经济效益产生冲突,必然产生博弈。政府在环境发展中负责制定相应政策对企业的行为进行规制,政府可选择的策略为 {规制,不规制}。

社会公众作为博弈参与方的策略选择:社会公众是环境保护的核心力量,其中包括社会环保组织、各社区群体、学校、员工家庭、消费者等,他们的共性都是为了长久享受良好的生态环境。社会环保组织及社区群体会对企业行为进行监督,通过媒体曝光、向有关政府进行举报等方式对企业造成约束,直接影响企业的亲环境行为选择。同时,大部分社会公众属于企业的潜在消费者,在自身环保行为约束的基础上,对造成环境污染的企业会产生抵制,在一定程度上影响企业的经济效益,即间接监督企业的环保行为,因此社会公众可选择的策略为 {直接监督,间接监督}。

3.1.2.3 模型构建与分析

基于上述假设与分析,结合博弈相关理论,将企业、政府、社会公众作为三个博弈方,三方行为策略的选择最终都是为了达到"生态环境可持续"的目的。考虑到企业在面临亲环境行为伦理困境时,企业的行为策略选择是为了达到经济收益和环境收益组成的综合收益最大化,设该综合收益为 Sc。为简化分析,参考模型假设,针对企业层面,企业选择"采取亲环境行为"的概率为 x,"不采取亲环境行为"的概率为 1-x,x ∈ [0,1]。

企业在采取亲环境行为时,获得的综合效益设为 Rc1,而企业进行环保需要付出一定的物资、人力等,投入的亲环境行为成本和其他综合成本设为 C1。同时,企业亲环境行为体现出企业环保的经营理念,社会公众会对企业提升好感度,部分社会公众会成为企业的隐性消费者,从而间接增加企业的经济收益,这部分社会公众间接监督产生的经济收益设为 M1。政府进行环境监管工作时，若对企业进行规制，政府观察到企业的亲环境行为后，会对其行为有激励作用，提供环境保护补贴与奖励。对于企业来说，这部分收益包括经济效益和部分企业社会声誉，共同给企业带来的综合收益设为 $S1$。

若企业不采取亲环境行为，经济收益主要依靠企业产品销售获得利润，生产产品过程会对社会环境造成污染，企业获得的综合收益为 $Rc2$，综合成本为 $C2$，$Rc2>Rc1$，$C1>C2$。此时社会公众会对企业行为通过社会媒体信息披露、向政府举报等方式进行直接监督，通过抵制企业产品进行间接监督，对企业的经济收益产生损失，企业因此损失的经济收益分别设为 $P11$、$P12$。政府在检查社会环境治理时，对企业进行例行检查与规制，监测到企业的生产活动对生态环境产生负面作用，企业则必须按照法规向政府缴纳相应的罚款，此时企业损失的经济收益设为 $P2$。

对于政府主体，对企业进行环境规制需要花费成本 $C3$，对采取亲环境行为的企业给予奖励补贴 $Q1$，对直接监督企业的社会公众给予资金扶持 $Q2$，同时企业亲环境行为会增加政府的综合收益 Rg。若企业不采取亲环境行为，则政府会获得企业缴纳罚款 $P2$，无论政府是否进行环境规制，都需要对企业产生的污染支付治理成本 $C4$。若政府不进行环境规制，企业不采取亲环境行为，社会公众对政府进行直接监督，政府会因失察损失 $P3$。

对于社会公众主体，综合收益主要体现在未来的环境收益，此处为简化分析，忽略其他相对较小的经济效益。社会公众无论采取直接监督还是间接监督，都会在未来环境发展中产生环境效益，社会公众的基本综合收益设为 Rs。企业不采取亲环境行为会对社会公众环境效益造成损失 $P4$，若政府同时不对其进行环境规制，社会公众需要承受未经治理的污染环境，造成其综合收益损失 $P5$。当社会公众对企业进行直接监督时，政府若进行环境规制，则会对公众环保监督行为提供资金奖励支持 $Q2$；社会公众付出的直接监督成本设为 $C5$。社会公众间接监督企业亲环境行为时，会为自身环保意识进行消费 $C6$。

此外，设定政府对企业进行环境规制的概率为 y，则不进行规制的概率为 $1-y$；社会公众对企业进行直接监督的概率为 z，进行间接监督的概率为 $1-z$。y，$z\in[0, 1]$。依据上述假设和分析，企业在亲环境行为伦理困境中三方博弈的收益矩阵如表 3-1 所示。

表 3-1　企业亲环境行为伦理困境中三方博弈收益矩阵

博弈参与方			企业	
			采取（x）	不采取（1-x）
社会公众	直接（z）	政府	规制（y） Rc1-C1+S1, Rg-C3-Q1-Q2, Rs+Q2-C5	Rc2-C2-P11-P2, P2-C4-C3-Q2, Rs-C5+Q2-P4
			不规制（1-y） Rc1-C1, Rg-P3, Rs-C5	Rc2-C2-P11, -P3-C4, Rs-C5-P4
	间接（1-z）	政府	规制（y） Rc1-C1+M1+S1, Rg-C3-Q1, Rs-C6	Rc2-C2-P12-P2, P2-C4-C3, Rs-P4
			不规制（1-y） Rc1-C1+M1, Rg, Rs-C6-P5	Rc2-C2-P12 -C4 Rs-P4-P5

通过三方博弈收益矩阵及相关分析，可以得出企业在博弈时选取采取亲环境行为和不采取亲环境行为的期望收益分别为：

$$U_c = yz(Rc1-C1+S1)+(1-y)z(Rc1-C1)+y(1-z)$$
$$(Rc1-C1+M1+S1)+(1-y)(1-z)(Rc1-C1+M1)$$
$$U_c = yz(Rc2-C2-P11-P2)+(1-y)z(Rc2-C2-P11)y(1-z)$$
$$(Rc2-C2-P12-P2)+(1-y)(1-z)(Rc2-C2-P12)$$

企业的平均期望收益为：

$$\overline{U_c} = x(U_c)+(1-x)(U_c)$$

企业面临亲环境行为伦理困境时，各参与方都会以一定的概率参与博弈，且在特定情境下只考虑企业在博弈中的策略选择。企业的策略选择要满足其综合收益最大化，使得企业在亲环境行为伦理困境中做出较好的选择。因此，对策略的纳什均衡进行求解，从企业的视角来看，可以得到：

$$y = [(Rc2-C2)-(Rc1-C1)+(P12+M1)(z-1)]/(S1+P2)$$

在 x，y，z∈［0，1］，其他参数都大于 0 的条件下，分析上述公式，可以发现随着（Rc2-C2）-（Rc1-C1）的增大和 z 的增大，y 增大。说明当企业采取亲环境行为的利润与不采取亲环境行为时获得的利润差值越大，政府进行环境规制的概率越大。在实际的企业管理中，企业在生产经营过程中，必然会面临环境损失与经济利益两难的处境，（Rc2-C2）-（Rc1-C1）的增大可以解释为企业在为取得更高的经济利益时，越有可能会对环境造成危害。不考虑其他因素，当这个差值增大时，企业破坏环境谋得的商业利润更高，但是政府监管力度和社会公众的监督力度会随之加强，企业会面临政府处罚、社会媒体的公开等负面后果，导致企业在社会中无法立足生存，这种后果远比经济损失更严重。因此，企业在进行日常生产经营时，要考虑自身的经营行为对环境的影响程度，将这种影响程度相对降低。

类似的，对于政府和社会公众的行为策略选择而言，从企业视角进行分析，可以得到：

$$x = [（P3-Q2）z+P2-C3]/（P2+Q1）$$
$$x = （P5-Q2）y/C6$$

随着 y 和 z 的增大，x 增大。这说明企业在面临亲环境行为伦理困境时，政府环境规制与社会公众直接监督的力度增加，企业选择"采取亲环境行为"的概率增大，满足了企业本身进行环保行为的想法。具体到企业实际经营管理中，企业在采取亲环境行为时的经济效益层面，可以解释为，如果政府加大环境规制中的奖惩力度（即模型中的 Q1、P2），企业亲环境行为虽然会耗费一定的成本，但是可以获得政府的环保补贴或者奖励金，避免缴纳污染罚款。而随着社会公众对企业环保行为产生认可，群体中成为企业产品消费者的比例会上升，这样可以实现企业自身的商业目标，使得企业在坚持环保观念的同时，经济效益不会损失太多，反而会有提升的可能，那么企业在社会层面也会获得良好的声誉。因此，在这种情况下，企业"采取环境行为"是一个最优决策。

3.1.2.4 所得结论

第一，企业在生产经营过程中必然会面临环境损失与经济利益两难的处境，即在"利他"与"利己"之间的两难选择。

第二，随着政府监管力度和社会公众监督力度等外界监督力度的增大，企业日常生产经营时就越会考虑自身经营行为对环境的影响程度，并努力将这种影响程度相对降低。

第三，政府加大环境规制中的奖惩力度，企业环境行为虽然会耗费一定的成本，但在获得政府环保补贴或者奖励金的同时，也可避免缴纳污染罚款。此时，企业"采取环境行为"不失为最优决策。

第四，企业环境治理会博得社会公众对企业环境行为的认可，在社会层面也将获得良好的声誉，使得公众中成为企业潜在消费者或者忠诚消费者的比例上升，将会积极影响企业经济利益。如此企业便可兼顾"环保"与"经济"的双重目标，企业"采取环境行为"亦为最优决策。

3.2 内部视角下企业环境行为困境的价值回应：一项实证研究

聚焦"企业是否有必要实施环境行为"的决策困境，选择可预测企业短期和长期经济绩效的员工组织公民行为这一过程性的个体层面指标变量来衡量企业的内部价值，从员工感知的视角探索企业环境行为对员工组织公民行为的影响机制。引入社会认同理论，构建了一个有调节的中介效应模型，通过实证研究，以回答"企业环境行为究竟'是否可以'以及'为何能'实现内部价值"的问题（Lu et al.，2023）。

3.2.1 内部视角下企业环境行为困境价值回应的实证研究思路

员工组织公民行为被定义为企业员工在自主意愿的驱使下所表现出来的，未在工作范畴中得以确认、不被组织主动奖励，却有利于提升组织效能的个体行为（Organ，1988；Podsakoff et al.，2000），可提升企业短期和长期经济绩效（Podsakoff et al.，2014）。因此，为探索内部视角下企业环境行为的价值，本书选择员工组织公民行为这一过程性的个体层面指标变量来作为预测企业长短期经济绩效的关键指标。

工作意义感指的是个体根据个人理念或标准来判断工作目标或目的的价值（May et al.，2004；Spreitzer，1995）。企业环境实践中，企业环境行为的实施是需要员工在工作场所中以各种形式的参与为前提的。因此，企业环境行为可为员工提供让其为社会作出贡献的机会，承担着联系个体、组织与社会的社会责任纽带角色，可成为员工寻求工作意义的理想渠道（Glavas and Kelley，2014；Brieger et al.，2020）。而工作意义感是确保认同内化为更高层面意义感知的具体心理感知，能帮助员工实现对企业环境行为的感知日常工作态度和行为的转变。同时，工作意义感也是预测诸如员工组织公民行为等主动性工作行为的心理资源性变量指标（Steger et al.，2012）。因此，员工感知的企业环境行为可能可以通过工作意义溢出到员工组织公民行为。

此外，社会认同理论认为，不一致或冲突会导致个体难以整合各种身份所固有的价值、态度、规范，继而可能形成双重标准或伪善行为。那么，员工感知的企业环境行为转化到员工工作意义感并非一成不变，还可能受到组织与员工间的一致性影响。考虑到员工对企业环境行为感知流向工作意义感的构建是从组织层面到个体心理层面的流动，可引入个人—组织价值观匹配来探索一致性是稳固二者关系的关键边界条件。个人—组织价值观匹配是指员工和组织的价值观相互匹配的程度（Cable and DeRue，2002），该一致性程度越高，员工对企业产生的认同感和归属感就越强，从而加深对企业环境行为的理解程度，进而影响员工在工作中感受到的意义程度（Julian et al.，2015）。

综上，本书基于社会认同理论，将工作意义感作为员工企业环境行为感知与员工组织公民行为的中介变量，以个人—组织价值观匹配作为企业环境行为感知与工作意义感的调节变量，构建一个有调节的中介效应模型（Lu et al.，2023）。

3.2.2 研究假设

3.2.2.1 企业环境行为感知与员工组织公民行为

企业通常可以从环保战略制定、环境管理、绿色技术创新、绿色生产决策四个维度来实施企业环境行为（Zhao et al.，2015）。企业通过战略、制度、技术和生产等过程发动员工全方位参与到企业环境行为中，不仅能帮助企业形成良好的声誉和社会地位，也向其他利益相关者包括员工展现了企业的正向价值取向和正确道德认知。

组织公民行为具有典型的利他、道德、责任等角色外行为等特征（Podsakoff et al.，2014），而企业在制定并推行环保战略落地的过程中，会通过多种途径向员工传递企业所提倡的绿色、利他以及可持续发展价值观（Zhao et al.，2015），可促进员工的角色外行为。同时，企业在落实环境管理制度、绿色技术创新和绿色生产决策的过程中，往往需要生产、研发、财务等各部门员工的共同参与和推进。比如，企业需要鼓励研发或知识型员工积极进行末端减排或节能设备的技术创新工作，而这些工作的推动又需要财务和人力资源管理等职能部门的积极配合等。根据社会认同理论，组织是员工共同塑造的社会系统，在参与并实施企业环境行为的过程中，员工会感知企业所强调的环境责任、道德和利他等规范和要求（Hansen et al.，2011），从而加深自身对实施企业环境行为的认知和理解，进一步提升对组织的认同。拥有组织强烈认同感知的员工更容易将组织特征或角色要求内化为自主行为选择（Dutton et al.，1994），员工也将更加关心他人、关注组织发展，更愿意参与有利于组织塑造的过程，进一步促进员工组织公民行为的产生。基于此，提出假设1。

假设1：员工企业环境行为感知对员工组织公民行为有正向影响。

3.2.2.2 工作意义感的中介作用

一方面，企业积极实施环境行为会对外部利益相关者作出经济和非经济贡献（Wang et al.，2018），可以提高企业外部的社会声誉（Hoffman，2001），从而使员工共享集体成就。根据社会认同理论，当感知企业实施环境行为时，共享集体成就会使员工与组织因共同的身份与信念相互联结（Hogg and Terry，2000），从而更加坚定自己内群体成员的资格与地位，持续增加对组织的信任、认同与归属，增强工作意义感。同时，在工作中认为自己属于有价值的内群体成员的个体可能会有更强的自尊，从而产生工作意义。

另一方面，实施企业环境行为及工作角色要求会赋予员工相应的自我超越的空间，促使员工工作更加努力并克制自我利益，进而实现工作意义。通过参与企业环境行为的具体工作，员工会感知自身所从事的工作与更广阔的、超越自己的生活目标之间存在着真实的联结（Rosso et al.，2010），会使员工感知更高的精神层面的价值，因而会通过增加工作努力寻求贡献更多力量的工作意义。

此外，体验到高度的工作意义会为员工的工作带来精神滋养与工作乐趣（Leunissen et al.，2018），可以预测积极的员工态度和行为（Vogel et al.，2020），例如组织公民行为等（Malik et al.，2011）。因而，员工会倾向于在工作上花费更多的时间和精力，并在做额外的工作时感觉良好，从而获得更多的认可与认同。换句话说，除了工作角色要求的企业环境行为目标外，他/她可能会发展成更高的动力或内在动机增加角色外的组织公民行为来贡献于整体的组织目标（Burrin，2018）。基于此，提出假设2。

假设2：工作意义感在员工企业环境行为感知与员工组织公民行为关系间具有中介作用。

3.2.2.3 个人—组织价值观匹配的调节作用

根据社会认同理论，个人—组织价值观匹配程度越高，员工越拥有与企业相似的认知和行为方式，也就越能理解企业管理的目的和意图（Hoffman and Woehr，2006）。那么，在企业落实环境行为的过程中，员工越能感知企业对环境保护的积极意图，就越能通过积极参与满足组织期望和自身的心理需求（Edwards and Cable，2009），从而更容易体验到工作的意义。反之，当个人—组织价值观匹配程度低时，意味着员工难以获取对自己或组织价值观的支持信念（Cable and DeRue，2002；Hoffman and Woehr，2006），进一步导致员工作为"组织人"收获更少的由工作带来的积极心理体验（自尊、归属感及自我超越等心理机制）与认同感（Julian，et al.，2015），从而最终导致员工工作意义感的降低。总之，在低个人—组织价值观匹配的情境下，员工企业环境行为感知对工作意义的解释力度会进一步减弱。基于此，提出假设3。

假设3：个人—组织价值观匹配调节员工企业环境行为感知与工作意义感的关系，即个人—组织价值观匹配度高的员工企业环境行为感知与工作意义感之间的正向关系更强，而匹配度低的员工企业环境行为感知与工作意义感之间的正向关系变弱。

假设3论证了个人—组织价值观匹配作为员工企业环境行为感知与工作意义感之间调节变量的合理性，结合假设2中提出的工作意义在企业环境行为感知与员工组织公民行为中发挥中介作用，该部分推断个人—组织价值观匹配对工作意义感的中介作用具有相应的调节作用。由此，提出假设 4。

假设 4：个人—组织价值观匹配通过工作意义感调节了企业环境行为感知对员工组织公民行为的正向间接影响，高个人—组织价值观匹配的间接影响可能强于低个人—组织价值观匹配的间接影响。

3.2.3 数据收集与假设验证

3.2.3.1 样本与数据收集

对中国江苏省、河南省和山东省的 3 家制造企业进行了纸质问卷调查，共招募 300 名员工进行数据收集。为避免单一时间点数据可能导致的共同方法偏差，共进行了两次调查，每次间隔 2 个月。在时间节点 1，300 名员工被要求报告基本个人信息，并评估其感知的企业环境行为、个人—组织价值观匹配度。两个月后（时间节点 2），再向有效完成第一份问卷的 272 名员工发出调查问卷，要求他们评估自己的工作意义感和组织公民行为。回收所有问卷后，剔除不完整问卷，有效数据为 235 份，回收率为 78%。样本的描述性统计分析显示，68.9% 的受访者为男性，48.1% 的受访者已婚，49.8% 的受访者年龄在 26~35 岁。此外，55.7% 的受访者在当前公司的工作时间少于 3 年，55.7% 的受访者拥有本科及以上学历。

3.2.3.2 测量问卷

为保证问卷设计和表述的合理性，按照 Brislin（1986）提出的方法将问卷翻译成中文。除非另有说明，所有项目均采用李克特五点量表（5 分"非常同意"到 1 分"非常不同意"）进行测量。

企业环境行为感知：采用 Zhao 等（2015）开发的 17 个项目的量表来测量，包括"向清洁产业转移"和"购买清洁材料"等题项。量表 Cronbach's alpha 为 0.95。

工作意义：采用 Spreitzer（1995）编制的 3 项目量表来测量，包括"我所做的工作对我来说非常重要"等，量表 Cronbach's alpha 为 0.89。

组织公民行为：由 Farh 等（1997）从 Hui 等（1999）简化而来的 15 个项目的量表来测量，包括"我愿意帮助新同事适应工作环境"等，量表

Cronbach's alpha 为 0.87。

个人—组织价值观匹配：借鉴 Hoffman 等（2011）从 Cable 和 DeRue（2002）量表中改编的 3 个项目来评估，包括 "我在生活中重视的事物与我的组织重视的事物相似" 等，量表 Cronbach's alpha 为 0.77。

控制变量：控制了性别、婚姻、年龄、任期和教育程度的影响。因之前的研究表明，这些变量与企业环境行为感知、工作意义感、组织公民行为等相关（Indartono and Wulandari，2014；Lee，2006；Ozen and Kusku，2009；Situ and Tilt，2018）。

3.2.3.3 实证结果

效度分析：利用 Mplus（Anderson and Gerbing，1988）比较了四因素模型（基线模型）和五个备选模型的各项拟合指标，四因素模型拟合指标良好（$x^2/df = 1.64$，CFI = 0.91，TLI = 0.90，RMSEA = 0.05），且明显优于替代模型，可以进行假设检验。

共同方法方差：通过比较加入了未测量潜在 CMV 因子的测量模型（$x^2/df = 1.59$，CFI = 0.92，TLI = 0.91，RMSEA = 0.05）和未加入 CMV 因子的测量模型（$x^2/df = 1.64$，CFI = 0.91，TLI = 0.90，RMSEA = 0.05），发现拟合指标的变化并不显著（分别为 ΔCFI = 0.01、ΔTLI = 0.01、ΔRMSEA = 0.00），说明不存在明显的共同方法偏差问题。

描述性统计：员工企业环境行为感知与组织公民行为呈显著正相关（r = 0.51，$p < 0.001$），工作意义感与个人—组织价值观匹配度呈显著正相关（r = 0.27，$p < 0.001$），初步验证了假设。

假设验证：分析结果表明，第一，员工企业环境行为感知与员工组织公民行为正相关（$\beta = 0.41$，$p < 0.001$），支持了假设 1。第二，企业环境行为感知与工作意义感正相关（$\beta = 0.36$，$p < 0.001$），工作意义感与员工组织公民行为正相关（$\beta = 0.32$，$p < 0.001$），且企业环境行为感知对员工组织公民行为的间接效应也是显著的（间接效应 = 0.08，95% CI = ［0.04，0.13］），支持了假设 2。第三，企业环境行为感知与个人—组织价值观匹配度交互项的非标准回归系数为 0.21（$p < 0.01$），$\Delta R^2 = 0.02$（$p < 0.01$），说明个人—组织价值观匹配正向显著调节企业环境行为感知与工作意义感之间的关系。当个人—组织价值观匹配值拟合度高时（$\beta = 0.47$，$p <$

0.001），工作意义感与企业环境行为感知之间的正相关关系高于个人—组织价值观匹配值拟合度低时（β=0.14，p>0.01），支持了假设3。第四，中介调节指数为0.047（95%CI［0.003，0.102］），表明存在中介调节效应。当个人—组织价值观匹配值拟合度较低时，中介效应不显著（Effect=0.032，95%CI［-0.011，0.070］），而当个人—组织价值观匹配值拟合度较高时，中介效应显著（Effect=0.106，95%CI［0.038，0.185］），两组间差异显著（Effect=0.073，95%CI［0.004，0.159］），假设4得到支持。

3.2.4　研究结论

第一，创新性将环保战略制定、环境管理、绿色技术创新、绿色生产决策等纳入企业环境行为整体性研究框架，扩展了企业环境行为在组织行为领域的应用，证实了企业环境行为转化为企业内部价值的可能性与有效性。

第二，企业环境行为的实施过程可以视作社会道德责任传递与展现环保精神的过程，通过参与员工会认可企业所投入的资源与努力，增加对企业的评价与认同，进而满足员工心理工作需求（即工作意义），促进角色外绩效，以保障企业经济效益。

第三，从企业和员工价值观互动的视角（精神层面），强调并支持了个人—组织价值观匹配的边界作用，在回答"为什么"和"如何做"问题的基础上也解释了"什么时候"的问题，对于理解企业环境行为内部价值转化过程中的组织认同机制具有重要作用，从而更好地实现提升企业行为资源供给到员工行为产出的有效性。

3.3　内部视角下企业 ESG 价值与绩效提升：一项实证研究

3.3.1　企业 ESG 价值与企业 ESG 绩效提升的必要性

3.3.1.1　企业 ESG 的价值讨论

企业 ESG 绩效会影响企业治理结果，包括企业价值（Wong et al.，2021；NekhiLi et al.，2021；王晓红等，2022；Zhou et al.，2022）和企业

绩效（La et al.，2021；Liu et al.，2022；王双进等，2022）等。关于企业
ESG 绩效和企业价值影响的研究，许多学者提出了企业 ESG 绩效与企业价
值之间的正相关关系。比如，Zhou 等（2022）的研究发现，上市公司 ESG
业绩的提升可以提升公司的财务业绩，从而提高公司的市值。Zheng 等
（2022）的实证研究表明，高质量的企业 ESG 绩效会引发媒体和分析师的关
注，从而通过增加利益相关者的压力来提升企业价值。同时，ESG 的实施
也会在一定程度上影响企业绩效，如企业财务绩效等。比如，La 等（2021）
证明银行业中企业 ESG 绩效和企业财务绩效之间存在积极且可验证的关系。
只是部分学者仍然持怀疑态度，认为企业 ESG 绩效对企业价值没有重大影
响或产生负面影响（Atan et al.，2018；Naeem and Çankaya，2022）。

3.3.1.2 企业 ESG 绩效提升的必要性

如前所述，在企业 ESG 决策困境影响研究方面，虽然理论界对于"企业
ESG 是否能够真正实现企业价值"尚未达成共识，但企业 ESG 绩效改善与企
业 ESG 绩效是两个问题，其改善是可以提高公司市场价值的。基于此，本书
借鉴 Zhou 等（2022）的研究结果，该研究在分析 ESG 绩效、财务绩效与公司
市值之间的关系及其影响机制的基础上，构建了线性回归模型和中介效应模
型，结果表明中国上市公司 ESG 绩效的改善可以提高公司的市场价值，公司
的财务绩效表现出明显的中介效应。因此，提升企业 ESG 绩效可能是化解企
业对于 ESG 能否真正实现企业价值这一决策困境的主要途径。

然而，国内大部分相关文献围绕环境、社会以及治理的单一方面展开，
较少有学者关注中国企业背景下企业 ESG 整体的影响因素，以及讨论高管
团队海外经历对企业 ESG 绩效的影响机制问题。在此基础上，该部分研究
试图结合高层梯队理论和烙印理论，以"高管背景特征—企业行为（绩
效）"为线索，寻求高管团队特征价值创造机制，为企业构建 ESG 体系和
未来发展提供重要方案。

3.3.2 理论基础

3.3.2.1 高层梯队理论

高层梯队理论（Upper Echelons Theory）主要有以下的内容。首先，高

层梯队理论建立在有限理性的基础上，管理者做出的战略选择是基于管理者对于战略环境的解读。在战略决策的过程中，企业所处的内外部战略环境较为复杂且变化多样，不同的企业管理者无法全面考虑企业内外部战略环境，会对其所处的组织环境做出高度的个性化解读与抉择，并因此做出不同的战略选择决策，进而影响企业绩效。其次，高管对外部环境的个性化构建是高管的经验、价值观和人格特征综合影响的结果。高管层是企业战略决策的重要力量，而不同的企业管理者的认知基础和价值观会影响其对企业内外部战略环境的解读，同时高管人员的认知基础和价值观可以根据其成员的人口统计学特征（如年龄、性别、教育背景等）进行推断。

3.3.2.2 烙印理论

"烙印"（Imprinting）概念源于生物学领域，动物学家 Douglas 于 1873 年在观察家禽行为的时候，发现刚孵化出来的幼禽会模仿所看到动物的肢体行为。Marquis 和 Tilcsik（2013）将烙印定义为在短暂的敏感时期，个体或者组织等主体对象产生与环境相关的特质，随着时间和环境的变化这些特质仍然存在。他们通过对烙印理论的回顾提出烙印理论的三个特征：第一，主体存在对外部环境高度敏感时期，该时期不仅是早期也是过渡期；第二，烙印是主体为了适应敏感时期的环境产生的特性的一个过程；第三，敏感时期的环境产生的烙印对主体有持续性的影响。烙印理论逐渐被应用于企业高管团队中，而个体形成烙印的重要条件之一就是高管个体发生的经历在敏感时期。因此，在研究烙印产生和发展的过程中，个体中什么时期是敏感期这个问题十分重要。

3.3.3 研究假设

根据高层梯队理论和烙印理论，高管团队在海外经历中会产生与其所处的环境相匹配的特征，从而形成一定的认知烙印（如价值观、认知、偏好等）和能力烙印（如管理能力、社会资源等），并且会对其价值认知和行为产生持久的影响力。拥有海外经历的高管团队具有良好的 ESG 管理意识，注重企业的利益相关者（如政府、社区等），从而能够提高企业 ESG 绩效。同时，拥有海外经历的高层管理团队具有前沿的知识、技术以及管理理念，并且具有国际的社会资源，进而提高企业的内部管理水平，从而影响企业

ESG 绩效的水平。因此，高管团队的海外经历会影响高管团队成员的认知和能力，从而提升企业 ESG 绩效水平。

首先，高管团队海外经历对高管团队的认知产生烙印，对高管团队的认知结构、决策偏好以及价值取向等产生影响，从而影响企业 ESG 绩效。根据高层梯队理论，高管团队的背景特征会影响高管们的价值观、态度以及认知偏好，并影响他们的信息处理和决策行为（Hambrick and Mason，1984）。因此，高管团队的海外经历会对高管团队的价值观、认知以及偏好产生相应的影响，从而会影响企业 ESG 绩效。

其次，拥有海外经历的高管团队具有较强的企业管理能力和宝贵的外部资源来解决环境、社会和治理问题，以提高企业 ESG 绩效。根据烙印理论，高管成员会在海外工作或者学习期间获得海外先进的管理理念和专业知识的能力烙印（乔鹏程和徐祥兵，2022）。由于海外的企业 ESG 绩效实践已经比较成熟，拥有海外经历的高管成员会熟悉海外 ESG 领域的最新实践经验，对海外公司的运作方式和企业 ESG 绩效实践有更多的了解。并且通过在海外学习或者海外任职的经历，高管团队成员会接受相关的丰富的技能培训或者优质的知识教育（乔鹏程和徐祥兵，2022），以此获得了先进的管理理念和专业知识，还培养了强大的管理能力（Feng et al.，2023）。因此，拥有海外经历的高管成员在"海归"之后能够将 ESG 相关实践的前沿知识、先进技术和管理理念引入公司（刘追等，2021），从而提升企业 ESG 绩效。基于此，提出以下假设。

H：高管团队海外经历与企业 ESG 绩效有正相关关系，即高管团队中拥有海外经历的成员比例越大，企业 ESG 绩效越高。

3.3.4　样本选择与数据来源

3.3.4.1　样本选择

时间段选取 2015～2020 年上市公司为样本进行研究。为了使数据更加有效和科学，剔除了以下企业：由于金融行业的特殊性，剔除金融保险类公司样本；剔除上市公司年报披露不翔实及数据缺失的样本；剔除研究期间 ST、ST＊的样本，以避免这些公司对数据结果的干扰；剔除 ESG 披露数据缺失的样本；剔除未连续披露 ESG 的公司或者披露时间较短（少于三年）

的公司，以保证样本的连续性。最终，经过筛选和剔除上述公司之后，获得了 260 家样本上市公司 1560 个有效平衡面板数据。此外，对有效平衡面板数据的主要连续变量进行上下 1% 的缩尾处理，以避免异常值对回归的影响。

3.3.4.2 数据来源

首先，使用的高管数据以及控制变量从 CSMAR 数据库和 Wind 数据库中获取，并且结合公司网站对部分数据进行了相关的补充。其次，本研究使用的企业 ESG 绩效数据从商道融绿的 ESG 数据库获取。应用 Excel 2019 和 Stata 16.0 等数据处理工具对研究样本数据进行分析和处理，并且运用 Python 软件进行文本分析。

3.3.5　变量设计

（1）解释变量：高管团队海外经历。使用企业中当年数据样本曾在海外工作或海外学习的高管团队成员人数在高管团队总人数中所占比例，用于测量高管团队海外经历。

（2）被解释变量：主要参考李彤彤（2021）评价企业 ESG 绩效的标准，采用 10 分制对企业 ESG 绩效进行赋分，将商道融绿的 ESG 评级 D~A+ 分别赋值为 1~10，分数越高代表企业 ESG 绩效越好（见表 3-2）。

表 3-2　商道融绿 ESG 评级赋值规则

单位：分

ESG 评级	企业 ESG 绩效评分
A+	10
A	9
A-	8
B+	7
B	6
B-	5
C+	4
C	3
C-	2
D	1

同时，为后续稳健性检验，参考张琳和赵海涛（2019）以及Zhou等（2022）的研究中根据标准普尔和穆迪的投资级和非投资级评级方法，将评级为B+或以上的企业ESG绩效量化为1，表明企业ESG绩效较好；其余评级为B及以下的量化为0，表示企业ESG绩效不佳。

（3）控制变量：主要对企业内部因素进行控制，包括公司规模、资产负债率、现金流比率、固定资产占比、独立董事比例、股权集中度、企业年龄、应收账款占比、两权合一、个体虚拟变量、行业虚拟变量和年份虚拟变量。

公司规模（Size）。参考Wang等（2022）以企业总资产的自然对数作为企业规模的测量方式。

资产负债率（Lev）。参考Wang等（2022）以及Tampakoudis和Anagnostopoulou（2020）的研究，使用总负债占总资产的比例衡量资产负债率。

现金流比率（Cashflow）。借鉴Fang等（2023）将经营活动产生的现金流量净额与总资产之比测量现金流比率。

固定资产占比（Fixed）。参考席龙胜和赵辉（2022）的测量方式，使用固定资产净额与总资产比值测量。

独立董事比例（Indep）。一个公司里有更多的独立董事，对管理人员的监督作用更大（He et al.，2022）。参考He等（2022）和Fang等（2023）将独立董事在董事会人数所占的比例作为独立董事比例的衡量方式。

股权集中度（Owner）。借鉴宋建波等（2016）将前五大股东持股数量与总股数作为股权集中度。

企业年龄（Firmage）。参考张璇（2019）的研究，企业年龄是以样本的观察年份减去企业成立年份的自然对数加1来测量。

应收账款占比（Rec）。参考蔡春等（2013）的研究，使用应收账款净额与总资产的比值作为应收账款占比。

两权合一（Dual）。参考Fang等（2023）的研究，企业的董事长和总经理是同一人则取1，否则取0。

3.3.6 模型设定

使用面板数据进行回归分析之前，通过Hausman检验选择使用固定效应回归还是随机效应回归（Hausman，1978）。其中，表 3-3 是 Hausman 检验的结果。

表 3-3　Hausman 检验结果

	Coef.
Chi-square test value	164.37
P-value	0.000

根据表 3-3 的 Hausman 检验结果选用固定效应模型，对企业个体、时间与行业进行三重固定，将回归模型选择三重固定效应模型。同时，为了克服异方差的干扰，在所有回归中都默认设定了稳健标准误调整，采用 Cluster 聚类稳健标准误进行处理。

为了检验高管团队海外经历与企业 ESG 绩效之间的关系，构建如下模型（3-1）。

$$Esgp_{i,t+1} = \alpha_{11} + \alpha_{11}Movesea_{i,t} + \sum \alpha_{1j}Conrtol_{i,t} + \varepsilon_{i,t} \qquad (3-1)$$

其中，*Movesea* 表示解释变量高管团队海外经历，*Esgp* 表示被解释变量企业 ESG 绩效，*i* 代表企业个体，*t* 代表年份时间。此外，*Controls* 表示本研究模型使用的一系列控制变量，包括公司规模、资产负债率、现金流比率、固定资产占比、独立董事比例、股权集中度、企业年龄、应收账款占比、两权合一、个体固定效应、行业固定效应和年份固定效应。ε 为随机干扰项，表示其他未计入上述模型的影响因素。

3.3.7　假设验证

3.3.7.1　相关性与回归分析

通过数据分析，发现高管团队海外经历（Movesea）与企业 ESG 绩效（$Esgp_{t+1}$）之间存在显著的正相关关系，初步验证了假设 H。此外，变量两两之间相关系数最大没有超过 0.8，不存在严重的共线性问题。同时，为了验证高管团队海外经历与企业 ESG 绩效的影响，利用模型（3-1）进行了回归。表 3-4 是高管团队海外经历与企业 ESG 绩效的回归分析检验结果。

检验结果显示，在控制个人固定效应、行业固定效应与时间固定效应之后，高管团队海外经历（Movesea）与企业 ESG 绩效（$Esgp_{t+1}$）系数为 0.721，在 10% 水平上显著，显著正相关。在其他因素不变的情况下，高管团队海外经历（Movesea）有利于提高企业 ESG 绩效（$Esgp_{t+1}$）水平，支持本研究的假设 H（见表 3-4）。

表 3-4　高管团队海外经历与企业 ESG 绩效的回归分析结果

研究变量	企业 ESG 绩效 $Esgp_{t+1}$
Movesea	0.721 *
	(0.391)
Size	0.180
	(0.146)
Lev	-1.127 **
	(0.444)
Cashflow	-0.231
	(0.460)
Fixed	0.684
	(0.486)
Indep	1.544 ***
	(0.515)
Owner	0.970
	(0.799)
Firmage	0.839
	(0.844)
Rec	0.428
	(0.758)
Dual	-0.216 **
	(0.085)
Constant	-3.115
	(4.175)
Stkcd	已控制
Year	已控制
Industry	已控制
N	1560
R^2	0.301
调整 R^2	0.292

注：* 、** 、*** 分别表示在 10%、5%、1% 的水平上显著，括号数据表示标准误（SE）。

3.3.7.2 稳健性检验：替换被解释变量衡量方法

使用替代变量是回归分析中常用的稳健性检验方法，通过替换被解释变量（企业 ESG 绩效）的衡量方式进行稳健性检验，使用"3.3.5 变量设计"中提到的衡量企业 ESG 绩效，用符号 Esgp_{t+1}^{*} 表示。参考标准普尔和穆迪的投资级和非投资级评级方法，将评级为 B+或以上的企业 ESG 绩效量化为 1，表明其企业 ESG 绩效较好；其余评级 B 及以下的量化为 0，表示企业 ESG 绩效不佳。

表 3-5 是主效应高管团队海外经历与企业 ESG 绩效的稳健性检验，用以探索高管团队海外经历对企业 ESG 绩效的影响。高管团队海外经历（Movesea）与企业 ESG 绩效（Esgp_{t+1}^{*}）回归系数为 0.327，在 5%水平上显著，显著正相关，再次验证了本研究的假设 H，表明结果具有稳健性。

表 3-5　高管团队海外经历与企业 ESG 绩效的稳健性检验

研究变量	企业 ESG 绩效 Esgp_{t+1}^{*}
Movesea	0.327**
	(0.151)
Size	0.095*
	(0.051)
Lev	-0.336**
	(0.166)
Cashflow	-0.081
	(0.167)
Fixed	-0.111
	(0.285)
Indep	0.661***
	(0.241)
Owner	-0.040
	(0.260)
Firmage	0.029
	(0.279)
Rec	0.025
	(0.254)

续表

研究变量	企业 ESG 绩效 $Esgp^*_{t+1}$
Dual	−0.029
	(0.032)
Constant	−2.598*
	(1.520)
Stkcd	已控制
Year	已控制
Industry	已控制
N	1560
R^2	0.129
调整 R^2	0.117

注：*、**、*** 分别表示在 10%、5%、1%的水平上显著，括号数据表示标准误（SE）。

3.3.8 结论与讨论

3.3.8.1 研究结论

高管团队的海外经历可以改善企业 ESG 绩效水平，以此回答了高管团队的背景特征会如何对企业 ESG 绩效产生影响。近些年，关于高管团队海外经历与企业 ESG 绩效之间的研究已经证明了高管团队的海外经历会对企业社会绩效、企业内部治理等（企业 ESG 绩效相关维度）具有一定的正向促进作用，这些研究能够支持本研究结论。

基于烙印理论，高管团队成员在海外学习或者海外工作期间，因为海内外的文化和制度差异较大，会面临角色转换的环境敏感时期，从而形成与所处环境相匹配的认知烙印和能力烙印（Marquisand Tilcsik，2013）。高管团队的海外经历能够通过相关教育，使高管团队成员拥有关注利益相关者、注意 ESG 的重要性和开放的思想等价值观念，这些会增强高管团队实施企业 ESG 绩效的动机。同时，高管团队在海外经历中熟悉海外 ESG 领域的最新实践经验，会接受相关的高质量知识教育或多元化技能培训（乔鹏程和徐祥兵，2022），提升自身的管理能力和得到国际社会宝贵的外部资源，从而可以使企业更好地实施环境、社会以及治理（ESG）实践，进而提升企业 ESG 绩效。

3.3.8.2 研究贡献与创新点

扩展了企业 ESG 绩效的研究领域以及前因变量的研究。基于高层梯队理论，考察了高管团队背景特征对企业 ESG 绩效的影响，丰富了基于中国环境实践现状的企业 ESG 绩效研究。企业 ESG 绩效的提高可以抑制管理者的不当行为（Gao et al.，2022），减轻新冠肺炎疫情等事件引发金融危机的金融风险（Broadstock et al.，2021），并且有利于企业价值的提高（Zhou et al.，2022；王晓红等，2022）。虽然目前国内外学者对企业 ESG 绩效进行探索和研究，但是这些研究大多聚焦其影响结果，较少考虑企业 ESG 绩效的前因变量，探究企业如何去提升企业 ESG 绩效。此外，现有研究在探讨提升企业 ESG 绩效的机制时，大多考察政府监督、媒体压力和地区发展等外部因素以及数字化转型、资本结构和董事会特征等内部因素，而较少考虑高管团队的背景特征对企业 ESG 绩效的影响。因此，基于高层梯队理论探究高管团队海外经历对企业 ESG 绩效的影响，是对相关领域文献的补充，也是对企业 ESG 管理水平提升方法的探寻。

4 员工亲环境行为视角下企业环境
治理困境的内涵与结构

4.1 引言

毋庸置疑，无论是社会层面还是企业层面，个体亲环境行为自觉的确是缓解当前环境问题的主要途径。从人类繁衍与可持续发展视角来说，人类需要将环保导向的社会规范内化为自我行为规范，以自觉实施亲环境行为来保护生态。然而，亲环境行为是一种特殊的亲社会行为，即环境行为往往是对他人有利，而参与环境行为的个体却无法得到直接的利益。研究者们指出人们在面对环境行为时会陷入不知如何权衡个体的短期利益与整体长期利益的情境，即社会困境（Irwin and Berigan，2013；Khachatryan et al.，2013）。

考虑到环境行为的道德本质（Heberlein，1972），本书认为个体在面对环境行为的选择问题时，面临的不仅是社会困境，也是基于道德考量而形成的伦理困境，并且这些困境的形成往往与特定的现实情境相关，如"我在哪里""与谁相关"，隐含了空间、社会关系等多个影响因素。而从人类繁衍与可持续发展视角来看，人类生存发展的无限性与生态资源的有限性之间的矛盾关系，将会固化为日常生活中个体自觉实施环境行为时需要经常面临的"心理栅栏"，促使人们不断思考如何解决人类生存发展与生态环境保护这两种已被社会所公认的价值取向何者优先的伦理困境问题。

因此，本书将立足于企业环境治理中员工亲环境行为的选择情境，研究企业员工实施亲环境行为过程中面临的伦理困境，以实现以下几点目标。其一，将伦理困境的研究聚焦企业环境治理领域，提出了亲环境行为伦理困境的概念，并用"心理栅栏"的具体形象把抽象化的亲环境行为伦理困境具象化，揭开亲环境行为伦理困境的神秘面纱。其二，将双继承理论和伦理困境的相关概念相结合，形成系统的亲环境行为伦理困境，并为双继承理论提供了更为丰富的实践解释。其三，凝练形成了高亲环境行为伦理困境的个人特征和情景特征，即人们在哪些方面更容易形成高困境，以及哪些人更容易形成高困境，为环境行为干预、环境政策设计提供参考。

4.2 企业环境治理的个体层困境解析

4.2.1 伦理困境的本质与内涵

伦理困境是什么呢？首先，要从了解"伦""理"的含义入手。东汉学者郑玄认为："伦，尤类也；理，犹分也。"由此可知，伦即人伦，一般引申为人际关系；理即治理、整理，引申为整治事物的伦理，进而引申为世事如何的必然规律。因此，从中文的词源含义来看，便是人际关系事实如何的规律以及应该如何的规范（张晓平，2011）。其次，困境是什么？是指人们在社会生活中所处的一种进退维谷、左右两难的境地。在这种境地中，无论人们做出何种选择，都有可能在解决部分问题的同时又激化另外一些矛盾。可见，所谓伦理困境，是指伦理主体行为涉及多重伦理关系而导致伦理选择困惑和冲突。西方学者首先开启了对伦理困境的研究，国内学者对伦理困境的研究相对较晚，但在内涵上表现出了较高的一致性（见表4-1）。

表 4-1 伦理困境的内涵研究

序号	学者	定义
1	Rathert 等（2016）	道德困境是指一个人必须在两种或两种以上的选择中做出选择，每种选择的道德结果都不太理想
2	Beauchamp（1995）、Childress（1994）	道德困境或道德问题总是涉及冲突，需要在可取或不可取中选择或平衡选择。道德困境至少有两种形式：其一，有证据表明行为 x 在道德上是正确的，有证据表明行为 x 在道德上是错误的，但双方的证据都是不确定的；其二，代理人认为，基于道德理由，他或她都应当而且不应当履行 x 行为。备选方案 x 和 y 背后的原因是好的和重要的，而且这两组原因都不占主导地位

序号	学者	定义
3	Walker（2010）	第一，两种矛盾的伦理选择是同时发生的。第二，应当从两种冲突的伦理选择中选择一种。第三，很难与两种选择进行比较。第四，不能拖延选择。第五，无法解决问题。第六，对一个人来说，它是一种被打破的修复、丧失或无力感
4	Kim 和 Park（2005）	是指基于道德理由人们应该做或不做某事的情况。冲突和选择问题是道德困境的核心
5	Davis（1977）	在现实状况下在做"好事"与做"对事"之间无法抉择或抉择无法获得满意结果的情景
6	Sofia Kalvemark（2004）	当一个人知道正确的事情时，就会发生这种困境，但是制度或其他限制使得很难追求理想的行动
7	韩东屏（2011）	困境是主体在行为选择时才有可能会遇到的一种特殊情境，困境已不是由在正价值与负价值、正价值与无价值之间进行选择导致，而是在正价值与正价值之间进行选择时产生
8	吴沁芳（2012）	广义角度：是指普遍意义上的伦理困境，即社会生活中存在的所有伦理道德矛盾、冲突和危机。狭义角度：仅是指道德生活中的"两难困境"（道德冲突），是道德主体在进行道德选择时所遇到的矛盾状态，即道德主体在特定情况下必须做出某种选择，而这种选择一方面符合道德准则，同时违背了另一道德准则；一方面实现了某种道德价值，但同时又牺牲了另一道德价值，从而使主体陷入举棋不定、左右为难的境地
9	金新（2016）	是指主体在实践过程中为实现一种善而采取的伦理行为，必然会损害或阻碍另一种善的实现，其本质是道德意识的内在矛盾

可见，国内外学者对伦理困境的定义多集中在"冲突""抉择"方面，反映了与现代社会特点相应的价值多元性和矛盾性。比如，Ehnert（2011）将困境定义为人们必须在两种或两种以上彼此关联却相互矛盾的选择之间做出艰难抉择的情况，而伦理困境则是指人们不得不在多种利益原则或行为准则中选择其一而放弃他者的情况（Jameton，1984；Ehnert，2011）。吴沁芳（2012）认为伦理困境是指道德主体在进行道德选择时所遇到的矛盾状态，即道德主体在特定情况下必须做出某种选择，而这种选择符合道德准则。困境的产生已不是由在正价值与负价值、正价值与无价值之间进行选择导致，而是在正价值与正价值之间进行选择时产生（韩东屏，2011）。当人们面对多种选择，从不同角度来看，每一个选择都是"正确"的；但选择之间存在冲突，做出了其中一个选择就意味着放弃了其他选择，则无

法达到完美的结果。比如，医生在做紧急手术前，有时会面临家属拒绝签字的情况。基于个人的想法，医生想要遵循"救死扶伤"的医德，因此应该选择做手术救助病人；而基于社会规范，法律规定了"做手术需要亲属签字"，因此医生不能够选择做手术。无论选择哪一方都可以说是"正确"的，但也都是"有遗憾的"（Rosalind Hursthouse，1999）。个体不得不在个人原则与制度规范之间做出决定，伦理困境便由此产生。可以看出，伦理困境通常是人们面对多种利益原则或行为准则存在冲突时无法抉择何者优先的两难情境。多种不一致的伦理或行为准则所形成的冲突点就像是"横"在人们行为选择时的"心理栅栏"，使得人们在行为选择时踌躇不前，陷入纠结的两难境地。

"你有一个苹果，我有一个苹果，互相交换，每人还是一个苹果；你有一种思想，我有一种思想，互相交流，我们都有了两种思想"是萧伯纳关于思想交换的经典观点（George，2022）。但如果是"你（政策、社会、组织等）有一个标准，我有一个标准（价值观、信念等），互相碰撞，又不可兼得，则会引发'心理栅栏'的产生，让我们陷入困境"。可见，伦理困境不仅涉及个体因素，也涉及社会因素，它的产生是源自在"社会—个体"规范不匹配，抑或是个体的多个规范不可兼容的情境下，个体需要进行"对谁有利"或者"哪个选择更利己"的行为选择过程。而个体对伦理困境的认知，则是面对具有冲突性的、不可兼得的"社会—个体"或者个体内部多种规范时，对其所产生"心理栅栏"的整体性认知和判断过程。

4.2.2　双继承理论

1981 年 Cavalli-Sforza 和 Feldma 提出的双继承理论可以更好地解释行为伦理困境的产生过程。双继承理论综合了本能论与社会规范理论的观点，认为人类行为的发展与进化会受到基因和文化的共同作用，并且二者之间也会相互影响（Beevers et al.，2007）。其中基因通过赋予人类本能来影响人类的行为；而文化则是通过人类主体嵌入社会文化之中，通过社会环境的规范来影响人的行为（Nisbett，2001），这里的"文化"特指个体没有通过基因的遗传，而是通过社会学习获得的心理特征。基因选择和文化选择之间呈现一种因果相互作用的关系，从而影响人们的行为（Beevers et al.，

2007）。即人们的基因选择会影响哪些特定的文化规范被传播并保持稳定，而人们的文化选择则会影响哪些遗传特征会被强化并保持稳定（Henrich，2016；Richerson，2008）。

可以发现，基因选择与文化选择都会对人们的行为选择产生一定程度的影响。Schwartz 区分了"个人规范"和"社会规范"（Schwartz，1997），个人规范是出于内在动机，即人们本身观念使其想要进行某种行为的动机；而社会规范是出于工具性动机，即人们考虑到社会大众的看法，为了避免犯错去遵守社会规范（Olive et al.，2014）。个人规范是人本身便具有的，通过基因进行传递的（Olive et al.，2014），而社会规范是行为规则和标准，是通过文化进行传递的（Chudek and Henrich，2011；Gintis，2003；Boyd and Richÿerson，2009）。

如图 4-1 所示，从遗传进化开始，人类的基因便赋予其高级的社会学习能力，而在社会文化的影响下，个体向他人学习到了通过奖励和惩罚构成的强制性约束，这种强制性约束会使整个人类社会存在一种稳定的文化规范。人们都基于这种约束的标准进行行为选择，便会逐渐对基因的选择造成压力，在进化过程中基因选择不得不受到文化选择的影响。在两者的交互作用下形成了规范性的体系，人类发生进化。继而在文化选择的持续作用下产生"规范动机"，而这种规范动机是一种行为主体由内在出发想要"做正确的事情"的动机，是因为它是正确的，而不是作为避免惩罚或获得社会回报的手段，即人们能够将社会规范内化，个人规范与社会规范达到了统一，人们便会自觉产生亲环境行为（Kim et al.，2013），从而实现人类的繁衍和可持续发展。

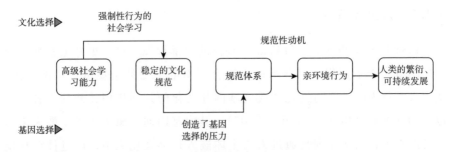

图 4-1 双继承理论与规范性动机

资料来源：作者参考 Taylor et al.，（2018）绘制。

4.2.3 亲环境行为伦理困境的本质

4.2.3.1 双继承理论视角下的解读

根据双继承理论，个体亲社会行为的演化其实是基因选择和文化选择共同作用的结果（Davis et al.，2018）。基因选择通过使人们产生心理适应性来影响哪些文化特征传播并保持稳定，即形成个人规范体系；文化选择则通过将文化嵌入社会从而形成社会规范，影响哪些遗传特征传播并保持稳定（Henrich，2016；Davis et al.，2018），那么基因选择和文化选择的互动过程其实也是个人规范和社会规范的互动过程。这里，社会规范是由社会群体的期望构成，而个体规范则是由自身期望构成（Schwartz，1977）。当二者产生冲突时，对于处于正常道德水平发展阶段的个体来说，虽然无论选择遵从哪一种规范，在某一角度上都是"正确"的，但都会存在遗憾（Rosalind Hursthouse，1999），从而引发"个人—社会"交织方面的伦理困境。同时，由于双继承理论是进化论在文化领域的延伸（Russel，2018），无论是基因选择还是文化选择，其最终目的都是让人类适应环境进而实现人类的繁衍发展（Cavalli-Sforza and Feldman，1981；Brown and Richerson，2014）。可见，双继承理论其实也隐含了人类生存发展的"长期性"与当下生态资源耗费的"短期性"之间的矛盾关系，当二者不可兼得时，无论选择哪一方都是不完美的，引发个体在"现时—未来"选择时的伦理困境。

由于亲环境行为伦理困境是伦理困境的一个具体领域，具有个体和社会的双重属性（Tam，2017；Vanegas，2018；Wittmann，2018）。本书认为个体面对亲环境行为伦理困境时的"心理栅栏"状态实际上可以视为一种"选择对谁有利的行为"或者"哪个选择更利己"的认知过程。例如，Klein 等（2017）基于亲环境行为本身的冲突性，建立了一种带有自私、合作和亲环境选择选项的社会困境范式。因此，个体选择实施亲环境行为能够改善社会整体环境，选择不实施则会暂时获得更多的个人利益，无论选择哪一方都是"正确"的，但也都是"有遗憾的"。可见，亲环境行为伦理困境是一个多元的、复杂的心理过程，意味着当人们面临不同的情境时，组成"心理栅栏"的"冲突元素"（指选项）也可以是不同的，但本质都是使你迟疑、犹豫并暂停去思考该何去何从，因为无论选择哪种"冲突元素"都是"正确"的，也都会对未选择的另外一种"冲突元素"抱有遗憾。这种想对所有"正确"的兼有，抑或是想对所有"遗憾"的退避，都会让个体感知强烈的"冲突感"和"纠结感"，继而让个体在心理上筑起一道"栅栏"，让人们陷入行为选择的困境中。因此，个体对亲环境行为伦理困境的认知过程，其实是个体对系列冲突点所形成的"心理栅栏"进行的整体性解读、评价和判断的过程，这些冲突点是由多种不一致的伦理或行为准则引发的（芦慧等，2023）。

　　除了具有"个体—社会"交织的特征外，亲环境行为伦理困境还应关注时间特征。在长期的工业化发展过程中，环境成为现代化及工业化的牺牲品，遭到一系列的破坏、污染及资源浪费（Shittu et al.，2021）。随着经济发展的进步，"满足当下"资源消费观的抨击声音越来越多，"延迟满足"可持续发展观的支持声音日渐高涨且愈发紧迫（Nhamo et al.，2020），折射出亲环境行为伦理困境与其他伦理困境存在的显著差别——长期利益和短期利益的复杂矛盾——将使个体除了面对"个体—社会"交织的伦理困境外，还将涉足"现时—未来"交织的伦理困境，继而形成"个体—社会"的横向困境与"现时—未来"纵向困境交织的复杂局面，自此，个体感知的组成"心理栅栏"的冲突点数量及组合也将随之增加（见图4-2）。

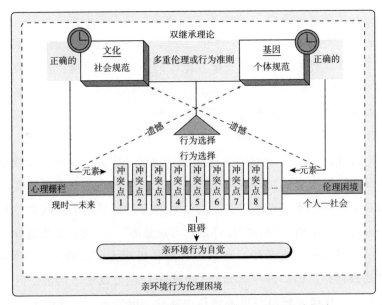

图 4-2　双继承理论视角下的亲环境行为伦理困境解读

4.2.3.2 人性假设视角下的解读

伦理困境的产生有两个关键因素：冲突与选择。冲突发生在"好的事"（对自身以及相关主体有益处的行为）与"对的事"（道德标准要求下的正确的行为）之间（Davis，1977），或者道德标准本身存在冲突；选择意味着行为主体不得不在同一时间面对发生冲突的多种因素，从而不得不选择一方而放弃另一方。本书基于冲突与选择的视角，绘制了伦理困境的演化图来进行理解。

从基于困境的两大因素（冲突与选择）来看，选择 1 与选择 2 之间发生了冲突，而行为主体必须在这种冲突情境下进行选择时，便遇到了一个进退两难的境地，即困境。而当选择 A 与选择 B 出现在伦理情景中时，便发生了伦理困境。基于 Mac Intyre 和韩东屏对于伦理困境结构的探究，可将其划分为需求选择、道德规范、角色利益这三类（Mac Intyre，1992；韩东屏，2011）。需求选择指的是行为主体的需求因素之间发生了冲突，概括来说即物质层面的需求与精神层面的需求不可兼得（如金钱与尊严、现实与理想等）；道德规范意为行为主体面临的问题涉及道德规则与制度规则，而这两种规则之间产生了冲突（如医生"治病救人"的医德与"做手术需要亲属签字"的法规）；角色利益则指的是不同主体之间利益诉求不同，行为主体面临"保小家"与"保大家"的冲突（Mac Intyre，1992；韩东屏，2011）。

通过人性假设将这三类伦理困境的冲突内容进行整理：当行为主体站在"经济人"的视角思考伦理情景时，要追求自利与经济利益最大化（胡国栋，2017），更多关注自身的想法与观念，在需求选择方面便是倾向于现实利益的物质需求，在道德规范方面更关注于自身所认同的道德规则，在角色利益方面更多倾向于带给自身更密切利益的小家利益。总体来说，即倾向于站在自身所认同的视角思考伦理问题，能够为"我"以及"我"的利益相关主体带来益处"好事"。而当行为主体站在"社会人"视角进行思考时，会追求社会整体利益以及人际关系，关注他人的观念以及社会规范的约束，在需求选择方面便是倾向于精神层面的精神需求，在道德规范方面更关注于社会认同的制度规则，在角色利益方面更多倾向于思考整体社会的"大家"利益。总体来说，即站在社会大众的视角来思考问题，倾向于选择制度规则以及社会的要求告诉我们的"正确的事情"（Davis，1977）。

那么，当这种好的事与对的事出现在有关环境问题的情境中时，人们基于个人利益最大化的追求，倾向于目前对自身来说更"好"的事情，即为了维持自身的发展，需要对自然资源进行消耗；而人的发展不是单一个体的发展，为了生命的延续和整体人类社会的利益，便要选择从社会大众的视角来看"正确"的事，即维持生态平衡，实现资源的可持续发展。选择不实施亲环境行为所产生的资源消耗与选择实施亲环境行为的资源节约发生了冲突，便产生了亲环境行为伦理困境（见图4-3）。

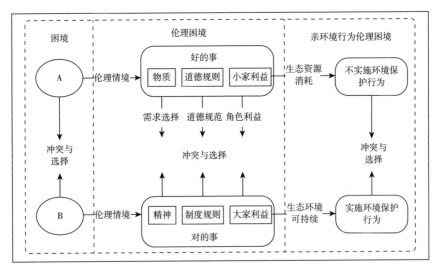

图 4-3　伦理困境演化示意

4.2.4　企业员工亲环境行为伦理困境的内涵

个体亲环境行为伦理困境主要体现了个体在亲环境行为选择时对"环境美与资源足"和"自我需求与发展"二者优先权如何进行排序的考量。理论上，行为主体产生行为选择的伦理困境意味着行为主体面临着多重伦理准则之间的冲突或矛盾，并且无法在面临当前的冲突与矛盾时找到"最优"的行为途径，迫使行为主体不得不做出以何种伦理准则为优先的抉择，即不得不进行"某类行为执行与否以及是否自觉执行"的选择。

具体到员工参与企业环境保护实践的特定情境，由于亲环境行为属于道德行为范畴，且自身所具有的"自我行为成本特征"与"利他特征"之间的逻辑矛盾，员工个体首先必然面对由减少自我成本引发的"短期利己"与"长短期利他"之间的伦理情境，进而陷入在"短期利己"与"长短期利他"进行选择的伦理困境。这里,"己"是指员工自身以及对员工而言有显著意义的相关主体,隐含着员工个体所认同或需求的伦理准则;"他"则是指更加广泛的其他主体,比如企业主体、领导主体、同事主体以及企业所代表的社会或自然主体等,隐含的是其他主体认同或期望的多重伦理准则。如此,员工所面临的亲环境行为伦理困境本质上是"利'他'导向所期望的多重行为准则和个体自身所认同或需求的行为准则之间的冲突或矛盾",导致员工陷入要做出"是否实施亲环境行为"的行为选择,或者在进行行为选择后没有达到满意的结果。也就是说,企业亲环境行为伦理困境主要体现了员工亲环境行为实施选择时对企业环境治理所隐含"社会环境规范、企业环境规范和他人规范"与"自我环境规范"二者之间所存在的"心理栅栏"形态的理解,以及应该以哪种环境规范为优先权进行排序的考量。

企业员工进行亲环境行为选择时,一方面考虑到自我的工作需求、生活习惯和环保理念(即"我"的价值诉求与规范),另一方面也要兼顾企业以及企业所代表的社会、领导、同事等利益相关者的现阶段发展需要(即"他"的价值诉求与规范),两者之间的冲突元素或者各自内部的冲突元素都会形成企业员工亲环境行为实施的"心理栅栏",引发员工亲环境行为伦理困境,阻碍员工亲环境行为自觉的实现。那么,企业员工对亲环境行为伦理困境的认知过程是基于员工环境规范嵌套于企业环境规范的情境下,通过对系列冲突点进行整体性识别、解读、评价和判断,进而选择符合一方利益的"正确"行为的认知过程。

4.3 基于扎根理论的企业员工亲环境行为伦理困境初始结构探究

4.3.1 企业员工亲环境行为伦理困境访谈设计

由于员工亲环境行为伦理困境是一个全新的概念,并且没有相关的研究能够借鉴,需要通过扎根理论对员工环境行为伦理困境的内容和结构进行探索性研究。扎根理论方法是一种被广泛运用的基础质性研究方法,其目的是构建新的理论或概念命题,并且扎根理论主要应用于未被完全解释的现象。一般来说,这种方法不会有固定的规则规定如何进行扎根理论研究，只有一般的指导步骤，其核心有三个问题：持续性解释、经验数据以及归纳、演绎和验证。

首先，拟通过客观性和代表性两个方面选择调研对象，通过理论抽样来选择代表性员工进行开放式的深度访谈，考虑到个体知识和素养水平与其环境行为有正相关关系（周全等，2017），本书认为素养愈高的员工对环境行为伦理困境的状态描述得愈全面深刻，因而在进行访谈时主要以企业HR主管、高管和知识以及素养水平较高的基层员工进行深度访谈，最终确定的受访者共 48 位。此外，由于研究概念较为抽象，为了使受访者能够对研究概念有更加清晰的认识，该部分研究邀请了 3 位专业人士（1 名环境管理领域的专家、2 名研究生）共同对员工亲环境行为伦理困境进行了较为通俗化的定义，即亲环境行为伦理困境是指个体在面临是否选择实施亲环境行为时所产生的难以选择的心理感受或者在进行选择后没有达到满意的结果。

其次，使用非结构化问卷（开放式问卷）对受访者进行一对一的面对面访谈，每位受访者深度访谈时间大约为 30 分钟。为了保证访谈过程的一致性，访谈前首先对研究小组成员进行了培训，并在正式访谈中抽选两名小组成员进行访谈。访谈前首先征求受访者的意见是否同意录音，在征得同意以后将访谈过程录为音频文件，或者在受访者拒绝的情况下以文本速记的形式记录访谈过程，访谈结束后整理全部访谈资料，详细地完成访谈记录和备忘录。在访谈过程中，访谈人员首先向受访者描述了关于伦理困境的定义，即个体在面临是否选择实施亲环境行为时所产生的难以选择的心理感受或者在进行选择后没有达到满意的结果，然后围绕"1. 您在日常生活和工作当中是否会主动实施环保行为？实施的原因是什么？2. 有没有不环保的行为？这样做的原因是什么？3. 当您在日常的生活和工作中面临环保行为的选择时，您是否会犹豫要不要实施环保行为？您是否会在犹豫的过程中产生纠结的心理感受？为什么？请您详细地阐述一下。4. 假设您处于不同的空间范围内，如在家和在单位，您在选择实施或不实施环保行为前感受到的纠结程度是一样的吗？您在处于不同空间时实施或不实施环保行为分别是基于什么样的考虑？5. 除了上述提到的空间不同，您还会因为什么原因或者在什么情况下，在选择实施或不实施环保行为前会产生这样纠结的感受？"这 5 个开放式问题对受访者进行开放式访谈。在确认当在访谈了 48 位受访者之后达到了理论饱和度（即当所收集的数据中没有新的类别或属性产生时即为理论饱和）可结束访谈。

4.3.2 企业员工亲环境行为伦理困境访谈内容整理

在上述访谈的基础上，采用迭代的方式进行数据分析以获取关键的见解。采用开放式编码过程对原始数据进行编码，首先根据受访者的语言提取与亲环境行为伦理困境有关的重要的和典型的语句，并根据其内涵分配具体的编码，最终将这些编码归类为一级类别。接着，通过轴向编码将这些类别归为高阶轴向类别，即二阶主题和轴向编码类别。在轴向编码过程中，首先利用开放式编码来识别出现的中心现象，然后进一步研究数据之间的共性和个性，据此创建类别用来表示现象背后的本质与含义。基于这个过程，本书研究了一级类别以识别它们之间的共性，然后将这些编码进行分组以归类到高阶轴向类别，获得了员工亲环境行为伦理困境的结构。表 4-2 显示了访谈数据中出现的包含一级类别、二阶主题和轴向编码类别的部分样本。为了方便整理原始资料，研究人员在整理过程中对每条语录进行了编码，如编码 A1-3 代表第三位受访者在回答第 1 个问题时的内容。

表 4-2 员工亲环境行为伦理困境维度及其部分原始资料佐证

主范畴	概念	涉及员工亲环境行为伦理困境的原始资料语句
成本型"心理栅栏"的员工亲环境行为伦理困境	因为需要支付额外时间、精力等成本而不去实施环保行为；就算需要支付额外的时间、精力等成本，也会主动实施环保行为（25）使用时间成本较低的高碳交通工具，使用时间成本高的低碳交通工具（12）担心经济成本太高而不去购买环保产品，愿意支付高额成本去购买环保产品（8）	A2-2 如果环保产品价格更高，自己可能不会选择环保产品，但是我也知道环保比较重要 A2-2 如果只是生活方式的转变，可以接受环保，但如果必须要购买高科技的环保产品导致我的生活成本更高，我可能就会犹豫该怎么选 A3-4 如果环保对我来说利大于弊，我不会犹豫，但是有些时候弊大于利，比如说需要花费很多时间，我就会犹豫 A5-4 看时间充裕还是不充裕，例如出行有时候时间不充裕，只能开车或者打车 A3-5 食物打包带着比较麻烦，就会纠结打包不打包 A3-7 环保行为实施起来比较简单就会做，很复杂就会犹豫 A3-8 出行时如果时间比较紧张，会纠结到底乘坐公共交通还是打车 A5-12 扔垃圾时，时间上不允许到处找垃圾桶或垃圾桶距离过远，只能扔地上 A5-14 简单的随手就能做的环保行为不会纠结，如果是一些需要我花费比较多的精力的环保行为，或者给我带来不方便的行为我就会比较纠结 A2-15 因为有时候时间上可能比较紧张，我自己也不太方便，只能那样做了

续表

主范畴	概念	涉及员工亲环境行为伦理困境的原始资料语句
生活质量型"心理栅栏"的员工亲环境行为伦理困境	虽然方便自己的生活但是会污染环境的产品（比如外卖、使用塑料袋等），自己不会去购买；方便生活但是会污染环境的产品（比如外卖、使用塑料袋等），自己也会去购买（19） 选择高碳但有利于自身健康的生活方式（比如开通暖气），适应低碳但会影响自身健康的生活方式（10） 为了满足正常生活以外的其他需要而消费更多资源，只维持基本正常生活需求而努力节约资源（6）	A1-1 出门多乘坐公共交通，天气不好就不得不打车 A5-1 人如果要进行正常的生活，就不可避免地要去消耗资源。但人们也会因为要去满足更多的、额外的其他需求而去消耗更多的资源。因此，人们就会在维持正常生活而节约资源，还是要去满足自己更多的需要去消费更多的资源之间进行纠结 A2-2 日常出行基本都是开车，乘坐公共交通比较少，我也知道环保现在比较重要，我开车主要是工作习惯导致的 A2-2 工作地点远，或者买东西多，会选择开车，主要是因为便利性考虑，我也没办法 A3-2 天气太冷，外卖方便，但是也会耗费更多的资源 A3-2 吃外卖比较多，因为其他可以选择的就餐方式少 A3-3 实施环保行为如果会影响我目前的生活质量就会犹豫，力所能及就不会犹豫 A3-4 不环保虽然不太好，但是打车又舒适又方便 A3-4 有时候也会打车，行李多路途远不方便乘坐公共交通，这也没办法 A3-4 开空调会犹豫、纠结，因为知道这样做会消耗资源，但是健康也很重要 A4-5 单位或公共场所是否环保依据个人习惯，有的环保行为不符合我的习惯，可能会忽略，但是也会注意到对环境不好 A2-6 不想做饭时会点外卖，虽然知道会产生一些垃圾，但是点外卖比较方便 A3-6 在超市如果买东西很多，直接手拿不方便只能使用塑料袋，这时候会在到底要不要用塑料袋之间感到纠结
关系型"心理栅栏"的员工亲环境行为伦理困境	在单位或公共场所会为了同事或他人的便利舒适而不去刻意节约资源，在单位或公共场所不用顾及同事或他人是否舒适便利而继续实施资源节约行为（10） 如果我上级忽视环保，我会与上级保持一致而忽视环保行为；不管上级是否实施环保行为，我都会遵循自我生态环境价值导向而实施环保行为（11）	A4-2 在公共场合或者单位，考虑到那么多人的感受，我不会擅自关空调或实施其他节约、环保的行为，不想剥夺其他人享受的权利 A5-2 会考虑到我身边亲近的人，不能因为自己做一些不环保的行为比较方便而伤害到其他人 A1-3 在单位的公共宿舍开不开空调看大家，不会特意要求别人不开空调，希望不要产生不必要的矛盾 A4-4 在单位会有从众心理，即使想环保也要看大家是不是接受，这样会有好的人际氛围 A4-7 在单位你想节约用电什么的，去实施环保行为时要顾虑其他人的感受，不能你想怎样就怎样，可能会给其他人带来不方便 A4-14 有时候去做一些环保的事情，但是也会考虑到单位里其他人可能会因为自己的行为有不舒服的感受 A4-15 在单位觉得差不多就行，也不要和别人起冲突 A5-17 对于不环保行为，如果只是想到会有陌生人受到伤害，而且也不知道他们会受到多大的伤害，我就会纠结要不要去做 A4-20 在单位比如说节约用电，可能你觉得这是一件好事，但是也可能会给其他人带来不方便

续表

主范畴	概念	涉及员工亲环境行为伦理困境的原始资料语句
关系型"心理栅栏"的员工亲环境行为伦理困境	选择高碳但有利于家人健康的生活方式（比如开通暖气），适应绿色低碳但会影响家人健康的生活方式（5）在家里，会为了家人的便利舒适而不刻意节约资源；在家里，不用顾及家人是否舒适便利而继续实施资源节约行为（9）	A4-21 在单位一般就是谁最后离开然后谁去关灯，但是我看着灯满楼道地亮着也会比较心疼，担心剩下走的人忘记关灯，我直接关了还有些不合适，这时候就有点纠结了 A5-28 家人的方便和舒适，比如说有时候我觉得可以把空调关了，但是家里人可能会觉得冷或者热，我就可能会再开一会儿 A4-29 如果我的环保行为会给别人带来麻烦，我会纠结要不要做 A5-29 考虑到我身边人的感受，尤其是我的家人，即使说我希望节约用水用电，但是我也希望我的家人在家里方便 A3-35 如果不开暖气，冬天很冷，人就容易得病，为了家人健康，特别是孩子的健康，我会开暖气 A4-35 因为感觉家人身体健康最要紧，只能破坏环境
角色型"心理栅栏"的员工亲环境行为伦理困境	作为领导或管理者，会带头在单位实施环保行为；作为职员，为有效完成工作不会刻意实施环保行为（4）作为自然界的一员，为维护美好和谐的生态环境而实施环保行为；作为个体，会为了个人的舒适便利而不刻意实施环保行为（4）作为公民，为了拥有良好的生活环境会实施环保行为；作为职员，为有效完成工作不会刻意实施环保行为（3）作为公民，为了拥有良好的生活环境会实施环保行为；作为家长或子女，为了家人的舒适便利不会刻意实施环保行为（2）	A5-3 我是从事采矿业的员工，日常工作中会有一些不环保的事情，也算是工作需要。但我自己平时是注重环保的人，特别是在家里和公众场合，都会节约资源，注重环保 A5-3 我作为小组领导，工作中也会让我的员工注意环保，但是有时候给上级汇报工作之类的，我也会首先考虑花点心思把面子功夫做好，这个时候也就顾不得环保了 A4-12 在工作中以满足工作需要为主，就算不环保也只能继续这样做，但在其他场合能节约资源就会节约资源 A5-28 我自己的方便是我很看重的，比如说有时候会与环保有冲突，如果不是很严重的环境污染，我还是希望自己能更加方便些，但是我也愿意尽到我的责任去保护自然 A5-28 家人的方便和舒适，比如说有时候我觉得可以把空调关了，但是家里人可能会觉得冷或者热，我就可能会再开一会儿 A2-33 工作中做衣服染色，对空气不好，但因为客户需要和工作需要必须做 A5-34 只要不花费太多精力，就算自己得不到环保带来的好处，都愿意去实施环保行为 A4-43 但是有些情况做一些不环保的行为也是迫不得已，比如说你给领导看文件，为了美观和方便领导看，我一般会选择单面打印，这种时候我就会心里有些纠结 A3-46 因为我如果做一些不环保的事情我自己也会觉得对环境不好，但是有的时候也要考虑自己家里人以及自己的方便和舒适 A3-46 在家，家里有孩子和老人，他们的吃喝用也不能节省着不买，该消耗的还是要消耗，但是在满足自己更多需要去消费更多资源时我会感到纠结 A4-46 即使有一些不环保的行为，也是希望我和家人能够方便舒适 A3-46 还有比如说关于消费野生动物，我希望地球上每个生物都能得到尊重和保护，但是有些时候也会不得不去消费一些和野生动物有关的制成品

续表

主范畴	概念	涉及员工亲环境行为伦理困境的原始资料语句
角色型"心理栅栏"的员工亲环境行为伦理困境	作为自然界的一员,会主动实施保护野生动植物等行为;作为个体,会为自己的需求而实施消费野生动植物等行为(2)	A5-48 作为单位的领导,我会倡导我的员工以及自己去实施环保行为,节约资源;但如果作为职员,自己则可能为了完成上面交给的任务而无法顾及环境问题太多 A3-48 我个人是比较抵制买野生动物皮毛制成的衣物,但是偶尔也会购买,主要是因为它的保暖性能的确更好,而且能满足人的一点虚荣心,因此在购买的时候也会觉得有些纠结
规范型"心理栅栏"的员工亲环境行为伦理困境	遵循基于环保的群体规范实施环保行为,违背基于环保的群体规范而不去实施环保行为(5) 抵触要求过于细致的环保政策(比如垃圾分类政策)而不去实施环保行为,遵从环保政策(比如要求细致的垃圾分类政策)主动实施环保行为(6) 遵守诸如燃放烟花等非环保型传统习俗,抵制诸如燃放烟花等非环保型传统习俗(8)	A1-4 在公共场所会刻意环保,即使自己可能不想实施环保行为的时候也会学别人的环保行为,不想承受舆论压力 A1-2 垃圾分类细则很多,个人以前没这习惯,因此感觉日常生活会有不方便 A3-2 当大家都这么做(垃圾分类),自己也慢慢开始做,这样能和大家维持比较正常的关系,即使我本身不太愿意 A3-3 像上海垃圾分类那么细,浪费太多时间就不想主动去做 A2-4 家里过年放鞭炮烟花,传统习俗,庆祝过节,虽然不太环保但是这种时候好像去阻止也不太好 A5-5 垃圾分类会觉得给自己的生活带来一些不方便,因此会感到犹豫 A4-13 在外面会在意别人对自己的看法,担心自己的不环保行为是不是看起来显得不合群 A4-23 在单位我实施环保行为时,会想到这样做显得我有些和别人不一样,而且万一给别人带来困扰也不好,然后就会纠结到底要不要做 A5-23 我可能还会考虑到一些类似面子上的问题吧,比如说我身边的人都没有实施环保行为,我如果要做的话就会显得很突兀
时序型"心理栅栏"的员工亲环境行为伦理困境	为了大家(包括亲朋好友)未来拥有健康的生态环境而去实施环保行为,为了自我当前的舒适便利而不去实施环保行为(3) 为了后代拥有良好生态环境而去实施环保行为,为了自我当前的舒适便利而不去实施环保行为(5)	A5-1 虽然有时候不太愿意实施环保行为,但是我担心自己的子孙后代看不到我看过的自然美景,不希望环境毁在我这代人手上 A1-7 我很担心自己的子孙后代的生存环境越来越差,我们这代人已经消耗太多,一想到这些,在我可能会实施不环保的行为时就会纠结 A5-7 还有就是大家的健康,以后可能医疗会更发达,但是环境的改变导致大家健康的受损我认为是无法完全用医疗来弥补的 A5-25 未来的人们生活怎么办呢,我们的下一代怎么办呢,考虑到这些在我不太愿意做环保的时候就会比较纠结 A5-26 如果我是一个不环保的人,其他人也和我一样,环境变差了我们的健康就会受损,家人的健康也会受损,因此还是希望能尽量做一些环保的事

续表

主范畴	概念	涉及员工亲环境行为伦理困境的原始资料语句
空间型"心理栅栏"的员工亲环境行为伦理困境	当我在家和在单位这两种不同的场所时，我都会表现出同等程度的环保行为；当我在家和在单位这两种不同的场所时，我会表现出不同程度的环保行为（7） 当我在家和在公共场所这两种不同的空间时，我都会表现出同等程度的环保行为；当我在家和在公共场所这两种不同的空间时，我会表现出不同程度的环保行为（7） 当我在单位和在公共场所这两种不同的空间时，我都会表现出同等程度的环保行为；当我在单位和在公共场所这两种不同的空间时，我会表现出不同程度的环保行为（3）	A3-1 公共场合实施不环保行为会犹豫，会被人看到，会显得自己没素质 A4-2 在公共场合或者单位，考虑到那么多人的感受，我不会擅自关空调或做其他节约、环保的行为，不想剥夺其他人享受的权利，在家会随意一些 A4-3 在公共场所不环保可能受到潜在的监督，所以即使我不愿意也会更加注重环保，在他人心中塑造有素质的人的形象，家里就都是亲近的人了 A4-3 不想跟别人起冲突，因此在公共场合不会阻止别人开空调，在家我可以和家人商量 A4-4 在单位倾向于考虑其他人的感受，不能因为我的个人不环保行为影响大家。在家里的时候我会考虑家人的舒适感，不会太在意资源节约等 A4-7 公共空间实施环保行为时要顾虑其他人的感受，不能你想怎样就怎样，家里我可以问家人这样是不是合理 A5-9 在单位和公共场合更注意环保，不讲卫生随便破坏环境，其他人会有异样眼光，尴尬内疚。在家里可能就不会这样 A3-10 在外面捡地上的垃圾会在意别人的看法，不想被人认为自己不爱卫生，在家就是正常地打扫卫生 A4-14 比如说在家我可能会关注空调需不需要开着，把它调在合适的温度，基本上26度或27度就可以了，也比较环保一些，而且能省电。但是在单位就觉得不需要管太多 A5-17 在公共场所的时候我不知道我的环保行为是不是能被别人接受，我就会纠结要不要做

　　基于所获取员工实施环境行为过程中可能产生的伦理困境状态与形态的精准描述，对标相关环境规范，着重挖掘员工环境行为伦理困境的一般情境和具体情境，从"环境美与资源足—自我需求与发展"冲突的视角初步探析员工环境行为伦理困境的内容与结构，然后，采用扎根理论这一探索性研究技术，对上述所收集到的资料进行持续分析和比较，通过开放式编码、主轴编码和选择性编码这三个关键步骤将原始资料不断进行归类、提炼，使之概念化、范畴化，并对各主范畴之间的关系进行理论化整合，提炼出员工环境行为伦理困境的内容与结构，并最终凝练出员工环境行为伦理困境的内涵，同时获取初步测量题目。通过对原始语句的编码分析，

研究人员初步提取了212个词条，随后再次对词条进行概念层次的整合，并对这些概念化的词条进行范畴化以形成概念的维度类别。本阶段由两位研究生和一位专家共同参与，首先由两位研究生独立思考对词条进行类别划分，再由专家进行审核和再归纳，经过反复提炼和归纳，最终保留7个一阶类别共34个条目。

4.3.3 企业员工亲环境行为伦理困境初步结构

经过最后的归纳，共得出企业员工亲环境行为伦理困境的7个维度，分别是空间型"心理栅栏"、时序型"心理栅栏"、关系型"心理栅栏"、角色型"心理栅栏"、规范型"心理栅栏"、成本型"心理栅栏"和生活质量型"心理栅栏"。

4.3.3.1 空间型"心理栅栏"的员工亲环境行为伦理困境

关于空间视角的研究属于一个广泛的研究领域，也有学者将其称为空间认知（Evans，1980），涵盖了人们在物理环境中如何感知、设计和行动的研究。Bugental（2000）提出了五个社会领域：一是附属领域，二是等级权力领域，三是联合集团领域，四是互惠领域，五是交配领域。每一个领域在功能上都因对某些社会线索的不同敏感性和不同的操作原则而不同，该划分基于一定的关系与物质基础，表现为抽象的空间范围。基于空间型"心理栅栏"的伦理困境表现为"如果我们的首要任务是在'这里'生存，那么我们应该如何衡量我们在'这里'和'那里'获得的便捷与舒适的生存条件的优先权"，不同空间下对环保诉求的差异或冲突便会使员工建筑起"心理栅栏"。因此，基于空间"心理栅栏"的员工亲环境行为伦理困境内涵表现为，在员工进行亲环境行为选择时该如何在"这里"和"那里"不同的空间范围内衡量"环境美与资源足"和"自我需求与发展"的优先权。

4.3.3.2 时序型"心理栅栏"的员工亲环境行为伦理困境

时间视角的概念已经与许多心理学和社会学概念相关联。这个概念指的是个人预测未来事件以及反映过去和现在的能力（Lennings and Burns，1998）。在某些关于环保或事故的结果研究中，部分学者指出考虑到环境结果的发生往往是一种持续性的事后表现，因此有必要从跨期的视角研究环保的相关决策（孙彦，2011）。在跨期决策中，决策者一般会把延迟结果的价值转换为当前的主观价值，因此延迟越久，在时间折扣的影响下，转化出的当前主观价值越小（刘扬等，2016）。在此基础上，满足当下的"现时"利益与延迟满足的"未来"利益之间的冲突便会使个体围起"心理栅栏"。因此，时序型"心理栅栏"的员工亲环境行为伦理困境表现为，员工进行亲环境行为的选择时该如何衡量"现时"自我享受或发展的权利和"未来"子孙后代及其他生物的生存权利的优先权。

4.3.3.3 关系型"心理栅栏"的员工亲环境行为伦理困境

Hwang（1987）以"情感性—工具性"的高低作为标准，将关系划分为三种类型：情感性关系、混合性关系及工具性关系。情感性关系指的是遵循"需求原则"，通过带有情感的社会交换过程，满足成员对归属感、温情等的需求。混合性关系一般是遵循"人情法则"的熟人关系。工具性指的是遵循"公平原则"，成员通过资源交换而实现其物质需求满足的交换过程。Tsang（1998）以关系基础作为分类标准，将关系分为血缘关系和社会关系。杨中芳、彭泗清（1999）提出人际关系包含三种成分：既定成分（先赋性、后天性）、情感成分以及工具成分。杨宜音（1999）在此基础上将工具性分解为"义务互助"和"自愿互助"两种成分，将人际关系扩充为四种类型：亲情关系、市场交换关系、友情关系、恩情关系（人情关系）。实践中，坚持环保原则与满足关系主体期望之间的冲突很可能会促使员工个体建筑起"心理栅栏"。因此，基于关系型"心理栅栏"的员工亲环境行为伦理困境表现为，员工进行亲环境行为的选择时该如何在以"自我"为中心的人际关系圈中衡量"环境美与资源足"和各种人际关系的优先权。

4.3.3.4 角色型"心理栅栏"的员工亲环境行为伦理困境

西方最重要的伦理学家之一 MacIntyre（1992）列举了三类道德困境，包括需求选择、道德规范、角色利益等。一方面，个体由于社会活动的多样性会产生多种不同的角色，比如在家庭中的父母或儿女角色、在单位中的职工或领导角色等；另一方面，员工个体在不同的角色中具有不同的责任和权利，而这些责任和权利并不总是兼容。因此，员工会形成基于角色冲突的"心理栅栏"形态，具体表现为员工在进行亲环境行为的选择时如何衡量扮演保护环境和资源的"社会人"和扮演维护其他与自身责任和权利相关的个体或群体发展的"经济人"的优先权。

4.3.3.5 规范型"心理栅栏"的员工亲环境行为伦理困境

规范是指在某一情境下形成的特定的行为准则,一般包括命令性规范和描述性规范,命令性规范是指在某种情境中被明确指出行为准则(Cialdini et al.,1990),而描述性规范是指大部分人做了什么,涉及个体对其他人行为的感知(Sheeran and Orbell,1999)。可见,命令性规范对于个体行为的影响是直接的,而描述性规范对于个体行为的影响是间接的,并且对于个体来说,他们更倾向于在社会学习的过程中去模仿自己身边大部分人的行为,因为"如果每个人都选择去做或者相信,这件事一定是明智之举"(Cialdini et al.,1991)。而基于规范型"心理栅栏"的员工亲环境行为伦理困境的内涵表现为,员工在进行亲环境行为选择时因自我认知和命令性或描述性规范之间的冲突或矛盾而构筑了"心理栅栏",进而产生了难以选择的心理。

4.3.3.6 成本型"心理栅栏"的员工亲环境行为伦理困境

成本涉及员工感知的为实施亲环境行为所付出的物质以及精神上的努力,如时间、精力、金钱等,这也体现了亲环境行为的成本特征,说明员工在实施亲环境行为的过程中具有一定程度的"利己"诉求(节约实施亲环境行为的行为成本),而弱化了实施亲环境行为"利他"特征(提升社会总体福利)。与此同时,个体往往希望自己被他人看作"绿色的"而不是"贪婪的",这也反映了个体对于保持积极的自我概念的需求。因此,基于成本"心理栅栏"的员工亲环境行为伦理困境内涵表现为员工亲环境行为选择时在"利己"和"利他"两种考虑下而形成的"心理栅栏",进而产生难以选择的心理。

4.3.3.7 生活质量型"心理栅栏"的员工亲环境行为伦理困境

生活质量是个体对于自身生活的舒适便利以及身心健康等方面的需求,反映了个体追求"消耗型"的高水平生活质量与亲环境行为"节约型"特征之间的矛盾,同样说明了员工在实施亲环境行为过程中具有一定程度的

"利己"诉求（追求高水平的生活质量），而弱化了实施亲环境行为"利他"（提升社会总体福利）特征。因此，基于生活质量"心理栅栏"的员工亲环境行为伦理困境内涵表现为员工在追求高水平的生活质量和提升社会总体福利两种考虑下而形成的"心理栅栏"，继而产生难以选择的心理。

4.4　企业员工亲环境行为伦理困境正式结构研究

4.4.1　员工亲环境行为伦理困境量表编制与预调研

为进一步验证上一阶段所得的初始结构的合理性，需要利用定量研究方法，通过数据对员工亲环境行为伦理困境结构体系进行进一步的梳理和检验。根据系统性与严谨性的原则，针对上述所得的 34 项词条设计了员工亲环境行为伦理困境初构初始量表，从而使被试者能够清晰地判断出自身所面临的亲环境行为伦理困境的程度。量表主要测量员工在行为选择 1 与行为选择 2 中的纠结程度，采用李克特五点计分法，"非常纠结"（记 5 分）到"不纠结"（记 1 分）

首先，进行小规模的预调研用以评估初始问卷的质量，并根据结果提纯和修订相应的初始题项。研究人员于 2019 年 12 月至 2020 年 1 月通过问卷星平台发放问卷，并利用微信、QQ 等网络工具扩散问卷，最终共回收问卷 150 份，剔除无效问卷后剩余 131 份，有效问卷率为 87.3%。数据收集完毕后先利用 Cronbach's α 系数对初始问卷的信度进行了检验，以此判断量表的可靠性。之后利用单项—总量修正系数（CITC）检验每个题项的信度，净化原始量表中的不必要题项，确保量表中题项均具有良好的信度（34 项条目的顺序依次将其重新编号为条目 1、条目 2……）。经检验，量表Cronbach's α 系数为 0.977，远大于 0.7，各题项 CITC 值在 0.63~0.83 波动，均大于 0.5，说明量表题项具有较好的纯度。

接下来开始正式预调研。研究人员于 2020 年 2 月至 5 月通过问卷星发放问卷，共回收问卷 530 份，剔除无效问卷共回收问卷 438 份，有效问卷率为 82.6%。将这 438 份数据平均分为两份，一份用于探索性因子分析，另一份用于验证性因子分析。用于探索性因子分析的 219 份数据中，男性占比 40.6%，女性占比 59.4%；25 岁及以下占比 38.8%，26~35 岁占比 41.1%，36~45 岁占比 10.9%，45 岁以上占比 9.1%；已婚占比 42.9%，未婚占比 57.1%；工龄 5 年及以下占比 49.3%，6~10 年占比 21.9%，11~15 年占比 15.1%，16~20 年占比 8.7%，20 年以上占比 5.0%；受教育水平高中/中专及以下占比 8.2%，大专占比 12.3%，本科占比 53.4%，硕士占比 20%，博士占比 5.9%；高层管理人员占比 3.1%，中层管理人员占比 46.5%，基层管理人员占比 21.0%，普通一线员工占比 1.3%，其他占比 27.8%；国有企业占比 26.9%，私营企业占比 23.7%，外资企业占比 1.3%，合资企业占比 2.7%，集体企业/个体户占比 6.3%，事业单位/党政机关占比 24.6%，无业或其他占比 14.1%；家庭人数 1~2 人占比 7.7%，3 人占比 29.6%，4 人占比 43.3%，5 人及以上占比 19.1%；月收入在 3000 元以下占比 42.0%，3000~5000 元占比 23.2%，5001~10000 元占比 25.5%，10001~20000 元占比 8.2%，20001~50000 元占比 0.4%，5 万元以上占比 0.4%。

利用 SPSS20.0 对形成的员工亲环境行为伦理困境结构进行探索性因子分析，经过逐项删除因子载荷小于 0.5 的条目，得到了 24 项员工亲环境行为伦理困境条目，进一步检验 KMO 值，发现 KMO 值为 0.933，大于 0.7，并且 Bartlett 球型检验结果在 0.01 水平上显著，最终的 4 个因子共解释了观察变量总变异量的 72.793%，说明利用当前数据进行探索性因子分析是合适的，因子载荷矩阵如表 4-3 所示（这 24 项条目的顺序依次将其重新编号为条目 1、条目 2……）。

表 4-3　员工亲环境行为伦理困境初始问卷的因子矩阵

	旋转后的成分矩阵			
	1	2	3	4
条目 25	0.795			
条目 27	0.781			
条目 17	0.780			
条目 16	0.774			
条目 31	0.766			
条目 30	0.728			
条目 32	0.692			
条目 26	0.672			

续表

旋转后的成分矩阵				
	1	2	3	4
条目 22		0.789		
条目 13		0.759		
条目 20		0.732		
条目 19		0.695		
条目 21		0.672		
条目 15			0.820	
条目 34			0.793	
条目 9			0.746	
条目 14			0.671	
条目 10			0.559	
条目 5				0.727
条目 11				0.673
条目 6				0.632
条目 4				0.624
条目 3				0.563
条目 1				0.552

注：提取方法为主成分分析法，旋转方法为凯撒正态化最大方差法，旋转在 5 次迭代后已收敛。

从表 4-3 中可以看出，在进行因子分析后所有条目旋转为 4 个维度。

其一，因子 1 包含 8 个条目，原属于角色型、规范型"心理栅栏"的亲环境行为伦理困境。他人期望共同塑造了关于某一角色应有行为模式的共同参考标准，即角色规范，个体也被期望做出与角色相符的行为（Mantere，2008）。当某些角色要求与环保角色期望不一致时，员工往往会产生纠结与不适。例如，"作为公民，我有义务遵守国家环保政策，所以我会实施环保行为 VS 作为职员，我会以做好工作为前提，而不是优先考虑是否符合国家环保政策，所以我不会刻意实施环保行为"。因此将这种由"环保的角色期望"与"其他角色期望"之间的冲突而形成的"心理栅栏"称为基于角色型"心理栅栏"（Role，R.）的员工亲环境行为伦理困境。

另外，最初设定时序导向的两个条目都归入了这一维度中。经过进一步分析，发现对于长期利益的考虑其实也可以看作个体感受到未来的他人以及子孙后代对于个体的期望。Jeurissen（2004）指出，后代期望个体为维护未来的良好环境实施可持续行为，个体当下的行为实施前也应该考虑到后代的合理期望，因此说多元主体的期望其实也具有时间属性。原有时间维度的冲突点是对于长短期利益之间的矛盾，结合研究结果，可以说这种长期利益依附于未来他人的期望所赋予的角色责任上，而短期利益则是当下他人期望所赋予的角色责任。因此，时间维度与角色维度的合并也在情理之中。

其二，因子 2 包含 5 个条目。这部分条目的冲突都与空间场所有关，如"我在家和在公共场所会实施环保行为 VS 我在家和在公共场所的环保行为表现是不同的""在公共场所和单位，我会因为担心他人的眼光而倾向于实施环保行为 VS 在公共场所和单位，我不会因为他人的眼光而去实施环保行为"。这里涉及个体的完整活动空间，即家庭空间、工作空间和公共空间（Chen et al.，2017），而亲环境行为会在不同领域展现出不同的情况。首先，不同空间会存在不同的他人期望，如个体是否实施亲环境行为，在工作空间可能受制于同事、领导的期望，在家庭空间又受到家人期望的影响。其次，这种依附于空间的他人期望与自我需求可能存在冲突，如在家庭空间，自身的环保需求可能与家人对于舒适的期望产生冲突。此外，不同空间关于自身需求的考虑也会有所不同，如在家里可能更注重节约成本，在公共空间可能会更注意自身的舒适。因此，可将员工个体在不同空间进行亲环境行为选择过程中，空间的差异而产生的心理认知冲突称为基于空间型"心理栅栏"（Space，S）的员工亲环境行为伦理困境。

其三，因子 3 包含 5 个条目，原属于关系型"心理栅栏"的亲环境行为伦理困境。个体满足他人期望的倾向本质上是依托于个体与他人不同程度的情感联系（Hwang，1987）。情感联系的程度不同，他人期望对个体行为的影响程度便也不同。如和普通同事属于工具型互动，会较少考虑或在特定情境下考虑情感交换对象的期望；相比较而言，和家人属于情感型互动，会因为频繁的情感交换使得个体增加对情感交换对象期望的感知，从而让个体更倾向于满足家人的期望。例如，"即便家人期望舒适便利，我也会坚持低碳理念实施环保行为（如室内温度较低时不开暖气）VS 我为了迎合家人对于舒适便利的期望而不刻意去实施环保行为（RS3）"。可以看出，满足其期望的过程中包含着个体"不想影响他人或破坏与他人现有关系"的心理认知，从而陷入"坚持自我观念"还是"迎合他人期望"的纠结，刺激个体筑起"心理栅栏"，因此将这一维度称为基于关系型"心理栅栏"

（Relationship，RS）的员工亲环境行为伦理困境。

其四，因子4包含6项条目，原属于成本型、生活质量型"心理栅栏"的亲环境行为伦理困境。在个人规范中，对于环保的价值诉求往往与个体对于高水平生活质量的追求产生冲突。例如，"我倾向于选择环保的生活用品或生活方式（如自带编织袋购物、室内温度较低时不开暖气）VS 我倾向于选择方便舒适但对环境有害的生活用品或生活方式（如购买塑料袋、室内温度较低时持续开暖气）"关系个体对于衣物和家居用品的选择，"我倾向于选择低碳交通工具，尽管会影响我的舒适便利（如公交车）VS 我倾向于选择舒适便利的高碳交通工具（如私家车）"是个体的绿色出行问题，"我倾向于选择环保的饮食方式（如堂食、使用公共餐具）VS 我倾向于选择方便但对环境有害的饮食方式（如点外卖、使用一次性餐具）"则反映了绿色饮食方式的问题。这里"衣食住行"便是人类生活的基本内容，暗含了个体对获得高质量生活的追求（包括金钱、时间、精力、生活便利性和舒适度等），有时会与环保需求形成对立。因此，可以认为当个体面临亲环境行为选择时，原本界定的组成个人规范导向的"心理栅栏"可以具象化为"高质量生活的追求"因素与"环境保护的追求"因素之间的冲突，为了表达更精确，可将其称为基于生活质量型"心理栅栏"（Life，L）的员工亲环境行为伦理困境。亲环境行为伦理困境结构示意如图4-4所示。

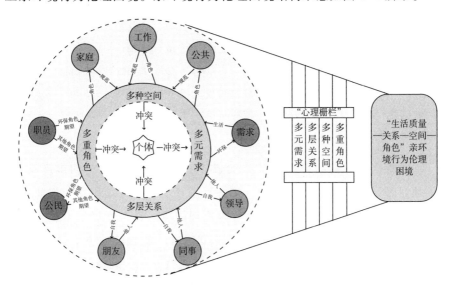

图4-4 亲环境行为伦理困境结构示意

4.4.2 员工亲环境行为伦理困境量表的验证

为了验证探索性因子分析得出的企业员工亲环境行为伦理困境结构，需要进行验证性因子分析，测量量表的内部一致性、聚合效度以及区分效度。利用剩余的 219 份数据进行员工亲环境行为伦理困境的验证性因子分析。

该部分使用与研究前阶段相同的技术，对 24 项题项做了内部一致性分析，结果显示，每个子维度与总维度的 Cronbach's α 值均大于 0.8，说明量表信度结果良好（Fornell and Larcker, 1981）。在聚合效度检验方面，以验证提出的测量项目能够代表结构本身，结果显示，四个维度对应各个题目的因子载荷均大于推荐的最小值 0.60（Chin et al., 1997），说明各个潜变量对应所属题目具有代表性。另外，各个潜变量的平均方差变异（AVE）均大于 0.4，且组合信度（CR）均大于 0.7，通过聚合效度检验。最后，运用 Amos 24 软件对前述 24 项条目进行结构效度检验，与其他模型相比，原四因子模型的拟合度最好（$x^2 = 748.792$，$x^2/\mathrm{df} = 3.343$，RMSEA = 0.085，SRMR = 0.0479，GFI = 0.854，CFI = 0.907），且差异通过了水平为 0.001 的显著性检验，说明模型区分效度良好（见表 4-4）。

表 4-4 员工亲环境行为伦理困境验证性因子分析相关数据

	x^2	df	x^2/df	CFI	GFI	RMSEA	SRMR	Δx^2	$\Delta\mathrm{df}$
四因子	748.792	224	3.343	0.907	0.854	0.085	0.0479		
三因子	924.992	227	4.075	0.879	0.819	0.097	0.0585	176.200***	3
二因子	1070.999	229	4.677	0.851	0.791	0.107	0.0653	322.207***	5
单因子	1373.271	230	5.971	0.797	0.732	0.124	0.0846	624.479***	6

注：*** 表示 $p < 0.001$。

验证性因子分析结果验证了员工亲环境行为伦理困境的四维度结构：生活质量型亲环境行为伦理困境、关系型亲环境行为伦理困境、空间型亲环境行为伦理困境、角色型亲环境行为伦理困境。表 4-5 展示了员工亲环境行为伦理困境的正式结构，并对每一个条目所隐含的冲突点进行标注。如"我愿意改变高碳习惯，选择低碳生活方式（比如，选择低碳交通工具、少开空调）VS 我想要维持原来习惯的高碳生活方式（比如，选择高碳交通工具、高度依赖空调）"对应的冲突点为"高碳习惯维持"与"高碳习惯改变"。

表 4-5 员工亲环境行为伦理困境正式结构

维度	序号	行为选择 1	VS	行为选择 2	"心理栅栏"	
生活质量型亲环境行为伦理困境	L1	我倾向于选择环保的生活用品或生活方式（如自带编织袋购物、室内温度较低时不开暖气）	VS	我倾向于选择方便舒适但对环境有害的生活用品或生活方式（如购买塑料袋、室内温度较低时持续开暖气）	关注生活用品/方式的舒适便利	关注生活用品/方式的环保性
	L2	我倾向于选择低碳交通工具，尽管会影响我的舒适便利（如公交车）	VS	我倾向于选择舒适便利的高碳交通工具（如私家车）	关注出行的舒适便利	关注出行的低碳性
	L3	我愿意改变高碳习惯，选择低碳生活方式（比如，选择低碳交通工具、少开空调）	VS	我想要维持原来习惯的高碳生活方式（比如，选择高碳交通工具、高度依赖空调）	高碳习惯维持	高碳习惯改变
	L4	我会主动实施环保行为，即使需要付出更多时间、精力和金钱等个人成本	VS	我不会付出额外时间、精力和金钱等个人成本去实施环保行为	关注节约成本	关注环境保护
	L5	我倾向于选择环保的饮食方式（如堂食、使用公共餐具）	VS	我倾向于选择方便但对环境有害的饮食方式（如点外卖、使用一次性餐具）	关注饮食方式的舒适便利性	关注饮食方式的环保性
	L6	我会在维持基本正常生活需求的水平上努力节约资源	VS	我会为了满足正常生活以外的其他需求而消费更多资源	奢侈享受	质朴节俭
关系型亲环境行为伦理困境	RS1	即便陌生人期望舒适便利，我也会坚持低碳理念实施环保行为（如劝说他人拾起垃圾）	VS	我为了迎合陌生人对于舒适便利的期望而不刻意去实施环保行为	迎合陌生人高碳的享受期望	坚持自我的低碳观念
	RS2	即便同事期望舒适便利，我也会坚持低碳理念实施环保行为（如双面打印，但不便于观看）	VS	我为了迎合同事对于舒适便利的期望而不刻意去实施环保行为	迎合同事高碳的享受期望	坚持自我的低碳观念

续表

维度	序号	行为选择1	VS	行为选择2	"心理栅栏"	
关系型亲环境行为伦理困境	RS3	即便家人期望舒适便利，我也会坚持低碳理念实施环保行为（如室内温度较低时不开暖气）	VS	我为了迎合家人对于舒适便利的期望而不刻意去实施环保行为	迎合家人高碳的享受期望	坚持自我的低碳观念
	RS4	不管他人是否实施环保行为，我都会主动实施环保行为	VS	不管他人是否实施环保行为，我都会和他人做出一样的行为	迎合他人的高碳行为	坚持自我的低碳观念
	RS5	我会主动监督并制止他人破坏环境的行为	VS	为避免冲突，我会对他人破坏环境的行为视而不见	默许他人破坏环境	制止他人破坏环境
空间型亲环境行为伦理困境	S1	我在家和在单位都会实施环保行为	VS	我在家和在单位的环保行为表现是不同的	公共空间	家庭空间
	S2	我在家和在公共场所会实施环保行为	VS	我在家和在公共场所的环保行为表现是不同的	工作空间	家庭空间
	S3	我在单位和在公共场所会实施环保行为	VS	我在单位和在公共场所的环保行为表现是不同的	公共空间	工作空间
	S4	在家里，我会因为担心家人的眼光而实施环保行为	VS	在家里，我不会因为家人的眼光而实施环保行为	家庭空间的他人期望	个人观念
	S5	在公共场所和单位，我会因为担心他人的眼光而倾向于实施环保行为	VS	在公共场所和单位，我不会因为他人的眼光而去实施环保行为	公共空间和单位的他人期望	个人观念
角色型亲环境行为伦理困境	R1	作为自然界的一员，我会优先考虑维护良好的生态环境，因此我有责任实施环保行为	VS	作为独立的个体，我会优先考虑自身的生活舒适性，不会刻意实施环保行为	自然界的生态期望	自我期望
	R2	作为公民，我有义务遵守国家环保政策，因此我会实施环保行为	VS	作为职员，我会以做好工作为前提，而不是优先考虑是否符合国家环保政策，因此我不会刻意实施环保行为	社会期望（正式规范）	组织期望

续表

维度	序号	行为选择 1	VS	行为选择 2	"心理栅栏"	
角色型亲环境行为伦理困境	R3	作为公民，我有义务遵守国家环保政策，因此我会实施环保行为	VS	作为家庭成员，我会以家人生活舒适为前提，而不是优先考虑是否符合国家政策，因此我不会刻意实施环保行为	社会期望（正式规范）	家人期望
	R4	我会为了维护周围人的环保共识而实施环保行为	VS	我不在意是否符合周围人的环保共识，因此我不会刻意实施环保行为	公众期望	自我期望
	R5	作为公民，我有义务遵守国家环保政策，因此我会实施环保行为	VS	作为独立个体，我会注重自身的便利，而不是优先考虑是否符合国家环保政策，因此我不会刻意实施环保行为	社会期望（正式规范）	自我期望
	R6	我会抵制污染环境的传统习俗（如燃放烟花）	VS	我不会抵制污染环境的传统习俗（如燃放烟花）	自然界的生态期望	社会期望（非正式规范）
	R7	我愿意为了后代可以享受良好的生态环境而实施环保行为，即使牺牲当前生活的舒适感	VS	我不愿意为了后代可以享受到更好的生态环境而降低当前的生活舒适感去实施环保行为	未来他人（后代）的期望	自我期望
	R8	我会为了让身边人未来拥有更健康的生态环境而实施环保行为	VS	我不会为了让身边人未来拥有更健康的生态环境而降低当前的生活舒适感去实施环保行为	未来他人（身边人）的期望	自我期望

注：R 代表角色维度，S 代表空间维度，RS 代表关系维度，L 代表生活质量维度。

4.5 企业员工亲环境行为伦理困境正式结构的两类解读

4.5.1 双继承视角下的正式结构解读

4.5.1.1 基于角色型"心理栅栏"的员工亲环境行为伦理困境

命令性或描述性规范所体现的多元主体期望共同塑造了关于某种角色所应有行为模式的参考标准，即角色规范。在特定亲环境行为选择情境中，如果个体面临的多元主体期望相互冲突，其多元角色规范也互为冲突，便会形成由"角色规范冲突"而引发的"心理栅栏"（即角色型"心理栅栏"），进而导致伦理困境的产生。该维度主要反映的是员工进行亲环境行为选择时为满足自己的社会角色需要或者社会群体规范要求而不得不倾向于选择实施或不实施亲环境行为的矛盾的心理，属于角色型"心理栅栏"的冲突点，因此将该维度命名为基于角色型"心理栅栏"的员工亲环境行为伦理困境。

4.5.1.2 基于关系型"心理栅栏"的员工亲环境行为伦理困境

个人规范隐含了个体真实价值诉求，命令性或描述性规范则隐含了其他主体的价值诉求。个体总是嵌入多元主体形成的社会网络中，会因自我与其他主体的"关系"而倾向于实施满足他人诉求的行为（Hwang，1987）。在特定亲环境行为选择情境中，个体可能因自身诉求与关系主体的诉求产生冲突，产生由"关系冲突"（即关系型"心理栅栏"）而引发的伦理困境。例如，天气寒冷时，作为环保主义者的你不会选择以开空调的方式御寒，但周围同事却都赞同开空调取暖。这种"坚持自我的环保诉求"与"迎合同事的非环保诉求"属于关系型"心理栅栏"的冲突点。该维度主要体现了员工个体亲环境行为选择时因涉及某种血缘关系（包括子孙后代）或社会关系而不得不倾向于选择实施或不实施亲环境行为的矛盾的心理，因此将该维度命名为基于关系型"心理栅栏"的员工亲环境行为伦理困境。

4.5.1.3 基于空间型"心理栅栏"的员工亲环境行为伦理困境

该维度题项内涵涉及个体平日活动的工作、家庭和公共场所等完整空间，反映的是个体依附于由不同空间中所承载的环保角色期望差异性和个人诉求差异性所形成的"心理栅栏"。比如，个体因工作空间的员工角色环保期望和家庭空间的子女角色环保期望的差异性而纠结于"是否保持空间行为一致"；又如，个体在公共场所追求的高碳便利和在家庭场所注重的节约成本的冲突差异犹豫"是否保持空间行为一致"。该维度主要体现了个体在不同空间领域下会因角色环保期望或个人环保诉求的差异而陷入"是否要保持空间行为完全一致"的困境，因此将该维度命名为空间型"心理栅栏"的员工亲环境行为伦理困境。

4.5.1.4 基于生活质量型"心理栅栏"的员工亲环境行为伦理困境

特定情境下，如果个人规范体系中的多个价值观不可兼得时，个体需要权衡哪个价值观为先的问题。相似的，如果特定情境个体的环境价值观与生活价值观（如"便捷"）不一致时，便会形成由基于自我生活价值体系冲突而引发的"心理栅栏"（即生活质量型"心理栅栏"），导致个体犹豫或纠结以哪个价值观优先的问题而陷入伦理困境，进而阻碍了环境行为自觉。该维度主要体现了员工个体在进行亲环境行为选择时对于高生活质量水平的追求，而这种高水平的生活质量也暗含了员工在决定是否实施亲环境行为时对于将要付出的成本的担忧，因此将该维度命名为基于生活质量型"心理栅栏"的员工亲环境行为伦理困境。

4.5.2 人性假设视角下的正式结构解读

基于对伦理困境的相关研究以及环境领域的伦理困境文献梳理，绘制了人性假设视角下的亲环境行为伦理困境深层内涵与结构图（见图4-5）。

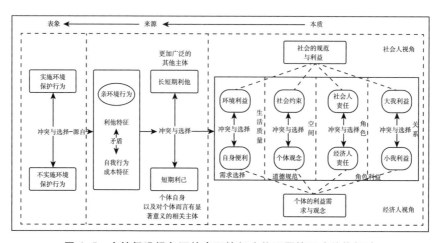

图 4-5 人性假设视角下的亲环境行为伦理困境正式结构解读

从亲环境行为伦理困境的表现来看，单个行为主体出现了双重利益偏好的选择（Lei et al.，2020），即行为主体在面临环境问题时需要基于多种因素在实施环境保护行为和不实施之间进行选择，产生了进退两难的境地。同时，基于"社会人"与"经济人"的人性假设，可以对员工亲环境行为伦理困境四维度进行如下解读。

第一，生活质量维度上，员工一方面考虑到要对环境进行保护（"社会人"视角），另一方面又发现在保护环境的同时会降低自己的生活质量（"经济人"视角），从而陷入环境利益与自身便利性的冲突选择中；这一维度实际上便是需求选择类的伦理困境，即追求自身便利的物质需要与想要环保的精神需要。

第二，空间维度上，员工自身对亲环境行为的实施有着自身的利益诉求（"经济人"视角），但同时会受到社会空间的规范与约束（"社会人"视角），当利益诉求与约束发生冲突时，员工便会陷入困境中；这一维度实际上便是道德规范类的伦理困境，即在自身所认同的道德标准与不同场合的规范之间进行选择。

第三，角色维度上，员工在生活中扮演着不同的角色，不同角色要求其承担不同的责任，导致员工作为社会角色需要承担的环境责任（"社会人"视角）与作为家庭角色等所要承担的个体责任（"经济人"视角）出现冲突，使其不得不进行抉择而陷入困境。这一维度实际上是角色利益类的伦理困境，即身为不同角色时的"小我"与"大我"范围产生了变化。

第四，关系维度上，员工从"经济人"视角要考虑自身利益以及对员工而言有显著利益相关者的利益，从"社会人"视角则会考虑更加广泛的主体乃至社会整体的利益。当双方的利益发生冲突时，员工便会陷入基于关系维度的困境选择中；该维度实际上是关系利益类的伦理困境，即面对不同关系时在"小我"利益与"大我"利益之间进行选择。

以上提到的四维度冲突都可以概括为员工个体"社会人"视角与"经济人"视角所产生的冲突。"经济人"假设认为人都从自己的利益出发思考问题，看重自身的想法（乔治，2013），即员工会从自身利益出发，以个人规范来思考问题。而"社会人"假设认为人是需要自我实现的，人们除了要满足自身的物质需求，更注重社会性需求，需要得到尊重与进行人际交往，会考虑他人的看法（乔治，2016），即员工会关注社会他人对自身的约束，以社会规范来思考问题。基于双继承理论，当基因选择与文化选择能够相互作用，即个人规范与社会规范最终达成一致时，员工将会自觉产生亲社会的行为（Davis et al., 2018）。具体到环境问题上，个人环境规范便是个人的利益需求与选择，而社会环境规范则是社会的利益与规范，当两者可以达成一致时员工能够自觉实施亲环境行为，不会产生困境。因此说亲环境行为伦理困境产生的根本原因还是个人环境规范与社会环境规范没能够成功达成一致。

总体来看，员工亲环境行为伦理困境体系主要体现了个体在进行亲环境行为选择时对"环境美与资源足"（社会规范）和"自我需求与发展"（个人规范）二者优先权如何进行排序的考量，其本质也是在"利己"与"利他"之间进行选择的伦理困境。

5　员工行为视角下企业环境治理
困境现状与博弈分析

5.1　企业员工亲环境行为伦理困境的现状研究

5.1.1　样本选取

为了解我国企业员工亲环境行为伦理困境的呈现特征，该章节从人口统计学和城市群角度对员工亲环境行为伦理困境的现状进行剖析。依据第四章中所形成的企业员工亲环境行为伦理困境正式问卷来设计调研问卷，各个维度的词条赋名皆如表 4-5 中所示，比如生活质量型各个词条对应着 L1、L2、L3、L4、L5、L6 等。调研量表主要测量员工在行为选择 1 与行为选择 2 之间的纠结程度，采用李克特五点计分法，"非常纠结"（记 5 分）到 "不纠结"（记 1 分）。正式调查从 2020 年 9 月开始到 2021 年 6 月结束。选取中国六个城市群（京津冀城市群、长江三角洲城市群、北部湾城市群、中原城市群、哈长城市群、呼包鄂榆城市群）进行调查，纳入了跨越不同经济水平、教育水平、环境治理水平的城市群，以捕捉区域的异质性。

在中国，不同地区的发展水平有所不同。发展迅速的城市群有更好的机会获取环保基础设施和更优厚的教育资源，当地的企业员工更有可能具有环境意识（Hornsey et al.，2016）。如果以年人均可支配收入来体现城市群的经济发展水平，这六个城市群涵盖了从 29126 元（哈长城市群）到 55088 元（长三角城市群）不等；以 "各地区每 10 万人口中大专学历及以上人数" 来体现每一个城市群中的居民受教育水平。此外，一个地区的环境治理水平也会对当地企业员工的亲环境行为选择造成影响，因此使用

"生活垃圾无害化处理能力（吨/日）"来展现每个城市群的环境治理能力，其中，北部湾城市群的生活垃圾无害化处理能力较强（54750 吨/日），而呼包鄂榆城市群的能力最弱（15829 吨/日）。

考虑到调研时间段内公共卫生事件的影响，此次调研依旧选择线上方式发放问卷。问卷分为基本信息和亲环境行为伦理困境调查两个部分。调查问卷采用滚雪球抽样法分发给六个城市群的企业员工。发放了 2800 份问卷，回收 2633 份，对所有问卷进行真实性删减后得到 2081 份有效问卷，有效回收率为 74.32%。其中，女性占比 55.2%，未婚占比 53.7%。此外，35.8% 的受访者年龄在 25 岁及以下，42.3% 的受访者拥有学士学位，28.9% 的受访者的月可支配收入为 3001~5000 元。

5.1.2 数据分析与结果

5.1.2.1 企业员工亲环境行为伦理困境项目的差异性分析

图 5-1 展现了所有受访者（企业员工）亲环境行为伦理困境情况。图中的均值线从整体呈现了每个维度的得分，条形图分维度呈现了每个题项的得分，描绘出受访者在亲环境行为选择过程中所构筑"心理栅栏"的现实"画像"。

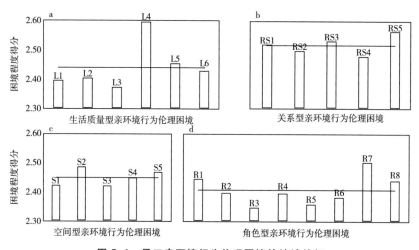

图 5-1 员工亲环境行为伦理困境的统计特征

整体来看，所调研企业员工的总体亲环境行为伦理困境得分均值为2.449分，呈现出中等水平（最高值为5分）。其中关系维度的困境程度最高（关系型亲环境行为伦理困境得分为2.520分，生活质量型亲环境行为伦理困境得分为2.443分，空间型亲环境行为伦理困境得分为2.450分，角色型亲环境行为伦理困境得分为2.407分）。这可能与中国独有的关系文化有关。人情是维系当代中国人际关系的主要纽带，"面子"调节着中国人际关系的方向和程度（Wei and Li，2013），当因为亲环境行为的实施影响与个体相关的其他利益群体时，人们更容易受到类似于"坚持自我观念"与"迎合他人期望"的冲突点的限制。关系型"栅栏"成为企业员工最普遍的"心理栅栏"。

（1）分维度来看，在被问及生活质量型亲环境行为伦理困境时（图5-1a），员工主要关注的是"我会主动实施环保行为，即使需要付出更多时间、精力和金钱等个人成本 VS 我不会付出额外时间、精力和金钱等个人成本去实施环保行为（L4）"，说明员工对于环保行为所要消耗的个人成本十分敏感，这也与前景理论中对于损失厌恶的描述相符（Frederiks et al.，2015）。此外，员工对于"我倾向于选择环保的饮食方式（如堂食、使用公共餐具）VS 我倾向于选择方便但对环境有害的饮食方式（如点外卖、使用一次性餐具）（L5）"的纠结程度也比较高，这可能因为"食"是所有人都要频繁面对的，一日三餐都会存在饮食方式选择的问题，该选择的高频出现使人们感知更高的困境。"环境保护"与"节约个人成本"形成的冲突点、"饮食方式的舒适便利性"与"饮食方式的环保性"形成的冲突点是构成生活质量型"心理栅栏"的主力。

另外，结果显示员工对于"我愿意改变高碳习惯，选择低碳生活方式（比如，选择低碳交通工具、少开空调）VS 我想要维持原来习惯的高碳生活方式（比如，选择高碳交通工具、高度依赖空调）（L3）"的困境程度相对较低。这可能是因为人们往往很难改变长久以来形成的习惯（Lally et al.，2010），直接放弃了"高碳习惯改变"，做出了"高碳习惯维持"的选择，因此困境程度较低。

（2）图5-1b显示，员工在"我会主动监督并制止他人破坏环境的行为 VS 为避免冲突，我会对他人破坏环境的行为视而不见（RS5）"方面的困境程度最高。与其他题项相比较，它涉及"劝阻他人"，存在关系破裂的隐患。和谐是中国社会的主要文化价值（Chen and Starosta，1997），员工认为要求自己进行环保比去劝阻他人要更容易一些，因为"劝阻"这一行为有可能得罪别人，被认为是"多管闲事"，违背了人们对于和谐关系的追求。因此，基于自身环保意识驱动的"制止他人破坏环境"与基于和谐关系驱动的"默许他人破坏环境"所形成的"心理栅栏"更难以跨越。同时，"即便家人期望舒适便利，我也会坚持低碳理念实施环保行为（如室内温度较低时不开暖气）VS 我为了迎合家人对于舒适便利的期望而不刻意去实施环保行为（RS3）"也是人们纠结程度较高的一点，这与对于关系维度的理论推断也是吻合的。与其他关系相比，与家人的情感联系程度最高（Hwang，1987），因此对其期望的关注程度也更高。当家人的期望与自身的低碳理念冲突时，"迎合家人高碳的享受期望"与"坚持自我的低碳观念"之间的冲突点形成的"心理栅栏"也更明显。

另外，员工在"不管他人是否实施环保行为，我都会主动实施环保行为 VS 不管他人是否实施环保行为，我都会和他人做出一样的行为（RS4）"方面困境程度不高，这可能是因为人类的从众思想，人们往往会做出与他人一致的行为（Bernheim，1994；Zhang et al.，2021）。因此，在遇到他人都实施或不实施环保行为时，往往会做出与大多数人相同的选择，这样困境程度不会很高。

（3）图 5-1c 显示，空间维度中员工主要纠结于"我在家和在公共场所会实施环保行为 VS 我在家和在公共场所的环保行为表现是不同的（S2）"，这可能与"面子文化"有关。中国传统文化背景下的自我往往代表着一个群体（Chu，1985），一个人的"面子"不仅是自己的名誉，更多的是与之相关联的家庭、亲戚、朋友甚至同事的形象（Joy，2001）。可以说，个体对于自身面子的维护本质上是在外人面前维护自身所代表的群体的形象（Li and Su，2007）。因此，在公共场所这个充满陌生人的空间，员工个体认为自身的不环保行为可能会给自身所代表的群体抹黑，为了在外人面前维持自身所代表的群体的良好形象而选择环保（Wei and Li，2013；Griskevicius and Van，2010）。而在家里都是自己的亲人，不需要考虑"面子"问题。另外，公共场所的物品都是公有的，家庭的物品都是私人物品，人们可能会对私人物品倾向于保护和节约，而对公共物品缺乏这种意识（Geuss，2009；Young，1986）。这些差异使得员工个体在"公共空间"和"家庭空间"的冲突点十分明显。另外，人们对于"在公共场所和单位，我会因为担心他人的眼光而倾向于实施环保行为 VS 在公共场所和单位，我不会因为他人的眼光而去实施环保行为（S5）"的纠结程度也相对较高，这与上述观点相符，即员工个体重视维持自身在外人面前的良好形象以及满足单位场所中的他人期望，但个人价值诉求又不能被忽视，两者之间产生冲突便会让个体感知较高程度的困境。

相比较而言，员工在"我在家和在单位会实施环保行为 VS 我在家和在单位的环保行为表现是不同的（S1）"和"我在单位和在公共场所会实施环保行为 VS 我在单位和在公共场所的环保行为表现是不同的（S3）"的困境程度则比较低。S1 与 S2 相比，都是家庭空间和其他空间相比较，在家里和单位中面对的是自己熟悉且长期接触的人群，而公共场所面对的大部分都是陌生人，因此员工在家庭空间和工作空间所感受到的群体差异会比家庭空间和公共场所小。S3 与 S2 相比，是公共场所和其他空间相比较，在公共场所与单位这两种空间的物品大多都属于公共物品（Geuss，2009；Kaul Stern，1999），而家里的则是私人物品，因此公共场所和工作空间的物品属性差异会比公共场所和家庭空间的差异小一些。由此，S1 与 S3 的纠结程度会相对较低。

（4）图 5-1d 显示，角色维度中员工对"我愿意为了后代可以享受良好的生态环境而实施环保行为，即使牺牲当前生活的舒适感 VS 我不愿意为了后代可以享受到更好的生态环境而降低当前的生活舒适感去实施环保行为"（R7）与"我会为了让身边人未来拥有更健康的生态环境而实施环保行为 VS 我不会为了让身边人未来拥有更健康的生态环境而降低当前的生活舒适感去实施环保行为"（R8）这两个有关"现时—未来"的问题有很大的困扰，说明对长短期利益的衡量确实是困扰员工个体的重要因素，人们认为未来他人的期望与当下自我期望的重要性相当。此外，与其他角色选择相比，员工在面对"作为自然界的一员，我会优先考虑维护良好的生态环境，因此我有责任实施环保行为 VS 作为独立的个体，我会优先考虑自身的生活舒适性，不会刻意实施环保行为"之间的选择时更纠结（R1）。在"自然界的生态期望"和"自我期望"之间纠结，说明现阶段企业员工已经具备了人与自然和谐共生的生态思想，会更加关注维护生态环境的责任，因此当其与自身利益存在冲突的时候更容易陷入困境。

另外，员工在"作为公民，我有义务遵守国家环保政策，因此我会实施环保行为 VS 作为家庭成员，我会以家人生活舒适为前提，而不是优先考虑是否符合国家政策，因此我不会刻意实施环保行为（R3）"方面的困境程度很低。这可能是因为不同的人群已经对这两者做出了选择。父母大多将家人的期望作为自己的首要目标，而正在上学的孩子或者单身青年还没有开始承担家庭责任，可能更倾向于选择"社会期望（正式）"，因此在这一问题上大家的纠结程度便相对较低。

5.1.2.2 基于人口统计特征的企业员工亲环境行为伦理困境异质性分析

使用 SPSS25.0 软件进行单因素方差分析，表 5-1 展示了差异性分析结果，月可支配收入在所有维度均无显著性差异，因此未列举。

表 5-1 员工亲环境行为伦理困境的地理与人口统计学变量差异性分析

维度	地理和人口统计学变量				
	城市群	性别	婚姻状况	年龄	受教育水平
生活质量型	0.000	0.001	0.287	0.024	0.007
	京津冀城市群最高	女性>男性	—	26~35 岁最高	硕士及以上最高
关系型	0.000	0	0.067	0.001	0.004
	京津冀城市群最高	女性>男性	—	26~35 岁最高	硕士及以上最高
空间型	0.000	0.002	0.003	0.000	0.003
	京津冀城市群最高	女性>男性	未婚>已婚	26~35 岁最高	硕士及以上最高
角色型	0.000	0.002	0.006	0.001	0.047
	京津冀城市群最高	女性>男性	未婚>已婚	26~35 岁最高	硕士及以上最高
总体情况	0.000	0.002	0.02	0.001	0.006

从表 5-1 可以看出，性别在亲环境行为伦理困境的各维度上存在显著差异，婚姻状况在亲环境行为伦理困境的空间和角色维度上存在显著差异，年龄在亲环境行为伦理困境的各维度上存在显著差异，受教育水平在亲环境行为伦理困境的各维度上存在显著差异。基于此，可以对这些差异达到统计学意义的因素进行进一步分析。图 5-2 以热力图的形式展现了企业员工亲环境行为伦理困境各个维度在不同人口统计学变量中的特征。

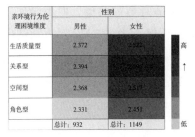

亲环境行为伦理困境维度	性别	
	男性	女性
生活质量型	2.372	2.522
关系型	2.394	2.596
空间型	2.368	2.517
角色型	2.331	2.451
	总计：932	总计：1149

亲环境行为伦理困境维度	婚姻状况	
	已婚	未婚
生活质量型	2.426	2.480
关系型	2.445	2.512
空间型	2.374	2.516
角色型	2.346	2.442
	总计：963	总计：1118

亲环境行为伦理困境维度	年龄				
	≤25岁	26~35岁	36~45岁	46~55岁	≥56岁
生活质量型	2.447	2.533	2.306	2.422	2.552
关系型	2.532	2.620	2.280	2.380	2.505
空间型	2.496	2.569	2.196	2.271	2.564
角色型	2.430	2.475	2.235	2.287	2.354
	总计：745	总计：726	总计：316	总计：249	总计：45

亲环境行为伦理困境维度	受教育水平			
	高中/中专及以下	大专	本科	硕士及以上
生活质量型	2.346	2.426	2.512	2.575
关系型	2.376	2.512	2.567	2.578
空间型	2.326	2.435	2.497	2.497
角色型	2.289	2.374	2.459	2.480
	总计：542	总计：471	总计：880	总计：188

图5-2　员工亲环境行为伦理困境的人口统计学特征差异性分析

从图5-2可以看出，第一，女性员工的整体困境程度要高于男性员工。这可能与两性的特征有关，相比于男性，女性的心思更为细腻，做选择时考虑的因素更复杂（Barker，1992）。并且在中国传统文化背景下，女性一般承担较多家庭责任（Thébaud et al.，2021），会更多考虑子女、家人的舒适等因素，因此在进行亲环境行为选择时存在更多的顾虑，便也更容易搭建起"心理栅栏"。

第二，未婚群体员工在空间和角色的困境程度都高于已婚人群。相较于已婚群体，未婚群体员工的生活不稳定，思维成熟度低（Kim et al.，

2016)，因此容易被不同环境因素以及多种角色压力因素干扰，搭建起空间和角色型的"心理栅栏"。另外，相较于未婚群体，已婚群体的员工对于后代问题的思考更为深刻，对于后代的生存环境更为重视，即"天平"更容易倾向于有利于后代的一边，多元主体的冲突便会减弱，因此亲环境行为伦理困境的程度也相对较低。

第三，26~35岁的员工人群困境程度最高，该结论与现实情况也较相符。这一年龄段的员工群体一般处于"成家立业"阶段，开始面对生活的压力以及承担起各种角色压力，并且"父母效应"使他们寻求子女未来的福利（Dupont，2004）。与年轻人相比他们要承担更多角色，与年龄更大的群体相比他们又缺少经验，因此更容易陷入困境当中。

第四，随着学历的增加，各个维度上的困境程度都有所增加。究其原因，可能是学历较高的员工群体相比于学历较低的员工群体，对当前形势有更高的了解，更有可能意识到环境问题可能造成的损害（Torgler et al.，2007）。同时，"高学历"也给他们带来了更高的实施亲环境行为的道德压力。因此，当他们面对多元主体以及多重规范，又不得不做出亲环境行为的选择时，会更加明显地感受到"心理栅栏"的存在。

5.1.2.3　基于地理特征的企业员工亲环境行为伦理困境异质性分析

如图5-3所示，不同城市群中的企业员工在亲环境行为伦理困境上存在较大差异。从整体来看，京津冀地区的企业员工亲环境行为伦理困境程度最高，其次是中原城市群、长三角城市群和北部湾城市群，哈长城市群和呼包鄂榆城市群的员工亲环境行为伦理困境程度较低。

京津冀城市群的企业员工在生活质量维度和关系维度的困境程度相对较高。京津冀城市群的受教育水平和经济水平都比较高，说明此地区员工具有一定的环境意识。但京津冀城市群的环境治理水平并不高，并且雾霾污染严重（Lu et al.，2018）。当地企业员工较高的环境意识与当地较差的环境状况之间存在矛盾，使得当地员工不得不频繁地面对环境问题，因此京津冀地区整体的困境水平较高。同时，在这种情境下人们认为应该付出更多成本去改善当地的环境问题（Shao and Fan，2018），但消耗太多个人成本又意味着不能保证自身高水平生活质量。由此，京津冀地区的企业员工在"高质量生活追求"与"环境保护"之间的冲突所形成的生活质量型"心理栅栏"显得难

亲环境行为伦理困境维度		城市群					
		京津冀城市群	长三角城市群	北部湾城市群	中原城市群	哈长城市群	呼包鄂榆城市群
生活质量型	L1	2.67	2.67	2.54	2.72	1.82	2.24
	L2	2.83	2.47	2.38	2.63	1.62	2.15
	L3	2.72	2.46	2.31	2.59	1.64	2.15
	L4	2.86	2.68	2.71	2.77	1.94	2.39
	L5	2.73	2.62	2.47	2.73	1.60	2.17
	L6	2.70	2.57	2.46	2.62	1.69	2.25
	L		2.54	2.45	2.65	1.72	2.21
关系型	RS1	2.71	2.63	2.58	2.77	1.77	2.32
	RS2		2.67	2.59	2.69	1.66	2.26
	RS3	2.75	2.79	2.54	2.74	1.79	2.25
	RS4	2.66	2.69	2.45	2.76	1.72	2.16
	RS5		2.64	2.70	2.74	1.84	2.37
	RS		2.68	2.57		1.76	2.27
空间型	S1	2.66	2.59	2.43	2.68	1.68	2.06
	S2	2.70		2.38	2.72	1.74	2.20
	S3	2.72	2.63	2.46	2.59	1.69	2.12
	S4	2.73	2.67	2.45	2.66	1.70	2.12
	S5	2.74	2.65	2.48	2.64	1.78	2.21
	S			2.44	2.66	1.72	2.14
角色型	R1	2.72	2.62	2.43	2.08	1.65	2.16
	R2	2.64	2.50	2.46	2.60	1.77	2.09
	R3	2.60	2.47	2.35	2.54	1.68	2.11
	R4	2.62	2.60	2.32	2.60	1.72	2.16
	R5	2.60	2.52	2.35	2.55	1.64	2.17
	R6	2.68	2.50	2.31	2.54	1.76	2.20
	R7		2.68	2.60		1.73	2.14
	R8	2.72	2.72	2.34	2.61	1.73	2.17
	R	2.66	2.58	2.39	2.61	1.71	2.15
亲环境行为伦理困境			2.61	2.46	2.66	1.72	2.19
		总计：338	总计：343	总计：238	总计：635	总计：305	总计：222

图 5-3 基于地理特征的员工亲环境行为伦理困境差异性分析

以跨越。另外，可以看到六个城市群员工亲环境行为伦理困境中，关系维度的困境水平都是最高的，京津冀地区的居民也不例外。这更加说明了"关系"因素对中国员工个体亲环境行为选择的影响之大。

中原城市群的企业员工在关系维度的困境得分明显高于其他维度。中原城市群处于经济繁荣地（长江三角洲城市群与京津冀城市群）中间，是儒家文化的发源地。这一地区的居民深受传统思想影响，十分注重礼仪规范，看重亲戚、朋友关系的维护。随着社会经济的发展，传统思想与现代思想产生碰撞，环境保护的问题变得更为复杂，使得这一地区的居民更容易产生冲突感，尤其是在关系因素上，更容易形成"心理栅栏"。

长三角城市群的企业员工在关系和空间维度上的困境程度较高。此地区教育水平、经济水平以及生活垃圾处理能力都较高，人们环保意识高，同时生活水平已经有了一定的保障，这一地区的企业员工对清洁环境的要求可能更高。但也因为可支配收入水平较高，员工可能会有较高的炫耀性消费倾向，从而对于人际关系有更高的敏感度（Pitta et al.，2012；Kim and Jang，2014）。并且长三角地区的第三产业占比高，第三产业增加值在地区生产总值中的比重超过 50%，因此当地员工从事服务行业的比重也会更高。由此，接受到不同空间的礼仪规范培训的人群比例更高，使得这部分人群对于人际关系和空间规范会有更多的思考，因此他们更容易在关系型、空间型"心理栅栏"前踌躇不前。

哈长城市群和呼包鄂榆城市群的经济发展水平、受教育水平以及生活垃圾处理能力都不高，这些因素可能使得当地居民在生活中较少关注环境问题的重要性，缺少环境意识，相应地也不容易陷入困境之中。

5.1.2.4　基于双因素的企业员工亲环境行为伦理困境分析

根据表 5-1 的结果，企业员工的总体亲环境行为伦理困境在人口统计学变量（性别、婚姻状况、年龄、受教育水平）上存在显著性差异，可以进一步进行差异性分析。使用 MATLAB 9.9 软件分析影响员工亲环境行为伦理困境的不同人口统计学变量之间的相互作用，进一步了解不同类型员工的亲环境行为伦理困境的特征（见图 5-4、5-5、5-6、5-7、5-8、5-9）。

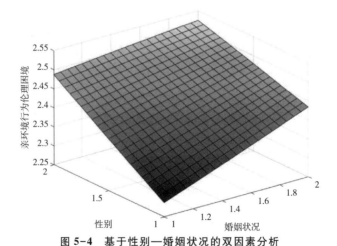

图 5-4　基于性别—婚姻状况的双因素分析

注：表示性别的坐标轴上，1~2 分别代表男性、女性；表示婚姻状况的坐标轴上，1~2 分别代表已婚、未婚。

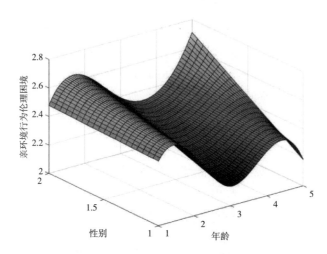

图 5-5　基于性别—年龄的双因素分析

注：表示性别的坐标轴上，1~2 分别代表男性、女性；表示年龄的坐标轴上，1~5 分别代表≤25 岁、26~35 岁、36~45 岁、46~55 岁、≥56 岁。

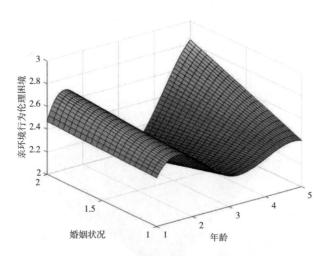

图 5-6　基于婚姻状况—年龄的双因素分析

注：表示婚姻状况的坐标轴上，1~2 分别代表已婚、未婚；表示年龄的坐标轴上，1~5 分别代表≤25 岁、26~35 岁、36~45 岁、46~55 岁、≥56 岁。

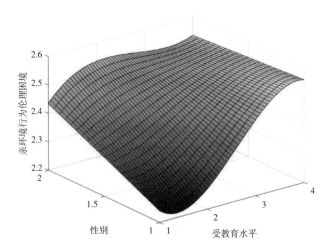

图 5-7 基于性别—受教育水平的双因素分析

注：表示性别的坐标轴上，1~2分别代表男性、女性；表示受教育水平的坐标轴上，1~4分别代表高中/中专及以下、大专、本科、硕士及以上。

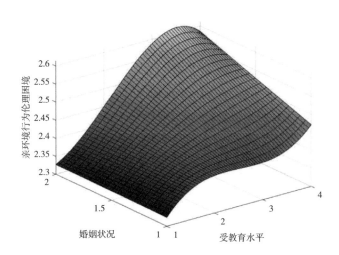

图 5-8 基于婚姻状况—受教育水平的双因素分析

注：表示婚姻状况的坐标轴上，1~2分别代表已婚、未婚；表示受教育水平的坐标轴上，1~4分别代表高中/中专及以下、大专、本科、硕士及以上。

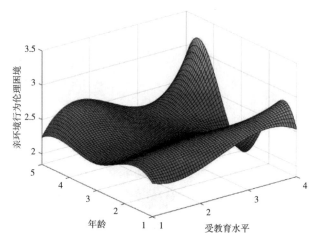

图 5-9　基于年龄—受教育水平的双因素分析

注：表示年龄的坐标轴上，1~5 分别代表≤25 岁、26~35 岁、36~45 岁、46~55 岁、≥56 岁；表示受教育水平的坐标轴上，1~4 分别代表高中/中专及以下、大专、本科、硕士及以上。

结果显示，已婚的女性员工亲环境行为伦理困境程度最高，26~35 岁的女性员工以及 55 岁以上的女性员工亲环境行为伦理困境程度很高，学历为硕士及以上的女性员工亲环境行为伦理困境程度最高，未婚的 26~35 岁员工以及未婚的 56 岁及以上员工亲环境行为伦理困境程度很高，学历为硕士及以上的未婚员工亲环境行为伦理困境程度最高，学历为硕士及以上的 26~35 岁员工以及学历为硕士及以上的 56 岁及以上员工亲环境行为伦理困境程度很高。

5.2　角色视角下企业环境治理个体层困境博弈分析

5.2.1　博弈模型构建

在基因—文化共同进化的过程中，环境导向个人规范和社会规范本应决定个体的自觉性亲环境行为。但是，实际中个人规范和社会规范会受到其他动机的影响产生各种矛盾，导致现实情境中个人并不能顺利产生自觉性的亲环境行为。个人自觉性亲环境行为会随着社会道德规范、个人道德规范而变化，在不同的道德情境下会产生不同的行为判断。个人在产生自觉性亲环境行为且面临着两个相互冲突的价值时，会考虑任何可行或不可行的解决方案，在相互冲突的道德利益上做出妥协的判断。在亲环境行为伦理困境的产生过程中，个体需要实现社会导向规范与个人规范之间达成妥协一致，面临着生活质量、关系冲突、角色冲突对自觉性亲环境行为产生的影响。以下将从员工个体角度结合基于四组"心理栅栏"的亲环境行为伦理困境结构进行博弈分析，将员工个人规范的实现作为思考和建模的出发点，充分考虑四组"心理栅栏"情境对企业员工自觉性亲环境行为产生的影响，结合时间维度与空间维度对不同情境下的行为判断进行归纳性分析。

当员工个体面临是否进行亲环境行为的选择时，博弈过程是从认知到决策的跨越，这个过程受到多种因素的影响。同时，在不同情境下也会有不同的决策方式。此处假设在员工个体亲环境行为伦理困境中，所有参与者都是追求各自利益最大化的"理性经济人"。

首先，在生活质量型"心理栅栏"中，员工个体作为亲环境行为的实施者，产生亲环境行为的动机前会考虑是以自身的环境价值观为先，还是以其他价值观为先，利益冲突点在于生活水平的便捷提升和自身环保诉求的二者选择。其次，基于角色型、关系型"心理栅栏"，员工会以多元主体（如政府、组织、同事、家庭等）的环保期望为参考标准去抉择是否采取亲环境行为。因此，在博弈过程中，涉及主体众多，但各个主体的影响程度不一，为简化后续分析，将博弈主体提炼为员工个体、政府、企业和社会公众，其中社会公众主体包括自我、同事、家人、陌生人等不同的主体。亲环境行为伦理困境中由于涉及主体众多，复合分析较为复杂，此处先对单一的博弈过程进行分析，最后再融入时间、空间因素考虑。同时博弈过程只考虑不同主体与员工个体之间的博弈，员工个体与其余主体之间的博弈可以视作相互影响、相互感知的过程，最终员工个体会依据各个主体之间的决策结果权衡自身利益与损失，最终决定是否产生亲环境行为。

结合员工亲环境行为伦理困境的本质，设定博弈过程以员工个体的自身利益与损失为出发点。员工个体利益可以分为环境效益与其他效益，环境效益的增长会给个体带来长久良好的生存环境，其他效益包括经济收益、生活便捷性、生活质量水平等，目的是在实现员工自身利益最大化的同时生态环境得到更好的提升，但同时员工会面临一定的损失，从而会陷入困境中。在博弈理论中，"囚徒困境"描述了追求利益最大化的理性人是怎样陷入困境的，决策集合中的"坦白"就相当于个体采取亲环境行为，在博弈过程中，各个主体都不能提前知晓各方的决策选择，因此，下文博弈分析以囚徒困境为基础，结合亲环境行为伦理困境结构，进行员工个体与其他主体的博弈分析（见图 5-10）。

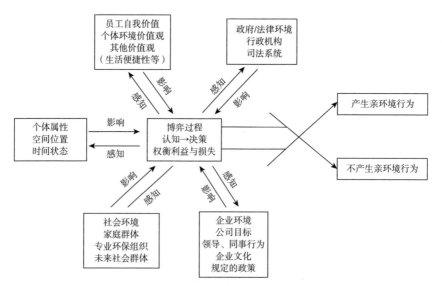

图 5-10 亲环境行为伦理困境的员工个体博弈决策基本模型

同时，在亲环境行为伦理困境中，员工个体不易做出决策，故此处根据伦理困境调查问卷数据对不同具体情境下的困境博弈进行分析。根据前述内容，企业员工亲环境行为伦理困境调查问卷填写者需要在给出的李克特五点选项中选择能够体现自己的判断与决策倾向的选项。最终所有数据得分以 3 为最大模糊点（N 点），越趋近于 5，表示被调查个体越倾向于陷入困境，不易做出决策；越接近于 1，表示被调查个体越倾向于在实施亲环境行为和其他行为选择之间做出决策，以下分析中将用"倾向值"表示困境各题得分的平均值，"倾向值"情况如图 5-11 所示。

根据本章节 5.1.2 部分的现状分析可以看出，员工四种心理栅栏下的总体"倾向值"均值为 2.449，表明员工对该情境下的判断是倾向于在选择之间做出决策的，且员工在面临亲环境行为伦理困境时能够依据所有信息做出决策，以及员工在面临不同情境下的博弈时可以做出利于自身的行为决策。因此，以下分析中假设员工个体在不同情境下可以做出自己的决策判断，不受困于任何选择。

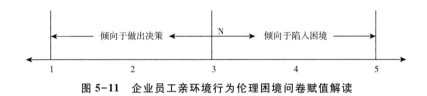

图 5-11　企业员工亲环境行为伦理困境问卷赋值解读

此外，员工个体的空间位置会影响其行为决策的产生，包括公共空间、家庭空间、工作空间三类。在公共空间，员工亲环境行为会受到政府/法律的影响，其决策判断依赖于政府的决策。在家庭空间，员工亲环境行为选择由自身利益、家庭成员利益决定。在工作空间，员工亲环境行为的产生与企业环境相挂钩。员工在空间规范下的亲环境行为伦理困境"倾向值"为 2.450，表明员工在不同空间内是更易做出决策的。结合以上分析，同时为了简化模型，将员工在不同情境下的博弈情形归为以下三类进行分析，最后再结合时间维度对博弈进行归纳分析。

5.2.2　个体层面不同情境下的亲环境行为选择博弈分析

5.2.2.1　员工个体与其他社会主体之间的博弈分析

在社会环境中，员工自我身处的环境是复杂的，其行为会受到家人、陌生人等不同个体行为的影响，此处的博弈可以视作员工个体与其他不同个体之间的博弈。其他不同个体归为一个博弈主体，其特征是该主体的行为模式会受到员工个体行为模式的影响，员工个体不同的行为选择同时也会受到其他个体的影响，最终目的是实现环境效益最大化，同时自身损失降到最低。对员工个体而言，自身环保价值观和其他价值观在博弈中是非常重要的，同时，其他个体例如家庭成员、社会环保组织成员等都会对员工个体的亲环境行为动机产生促进或者抵制作用，而员工个体实施亲环境行为对其他个体会造成生活上、经济上的损失，但是这种损失不会太大。

假设个体彼此之间都不了解各自的决策方案，策略集合都为｛采取亲环境行为，不采取亲环境行为｝，如果二者都采取亲环境行为，那么带来的环境效益必然是最大的。但是从员工个体角度出发，行为本身首先符合自身的环境价值观，对其他个体的行为会有规范作用，但同时员工个体生活上的便捷性、质量水平等会有所下降，对其他个体生活也会造成一定的影响。这里体现了个体的理性并非与集体的理性相互契合，可以采用"囚徒困境"模型进行简要分析（见表5-2）。以 W 表示员工个体与其他个体获得的最大效益，W 中大部分效益是采取亲环境行为后带来的环境效益，用 M 表示获得的最小效益，Z 为员工个体的低综合效益，Q 为其他个体（家人、同事、陌生人等）的低综合效益。

表5-2　员工个体—其他个体的效益矩阵

		员工个体	
		采取	不采取
其他个体	采取	(W, W)	(Q, Z)
	不采取	(Z, Q)	(M, M)

根据上述囚徒困境模型，(Z, Q) 和 (Q, Z) 两种情况是指在一个主体选择采取亲环境行为的前提下，另外一个主体不采取或者被动采取亲环境行为，此时产生的效益是消极的。从员工个体出发，如果其他个体不采取亲环境行为，虽然员工个体亲环境行为对环境产生积极效益，但在一定概率下会对他人生活产生消极影响。比如，"我"在采取亲环境行为时也许会给家人生活带来不便，也许会给同事带来一些烦恼，这些利益的损失会导致效用不足。(M, M) 这种情况是指博弈主体都不采取亲环境行为，此时这种策略组合对生态环境的消极影响是最大的，每个个体产生的效益是最低的。(W, W) 表示员工个体与其他个体都积极采取亲环境行为，当员工个体周围的家人、陌生人等都有亲环境行为动机时，员工个体采取亲环境行为在满足自身环保诉求的同时也符合其他多元个体的环保诉求，促进环境行为自觉，共同满足了环保期望，此时会实现双方效益最大化，同时员工个体因为角色冲突或者关系冲突产生的损失会达到最小，(W, W) 等于最佳策略选择，将会实现帕累托最优。

5.2.2.2　员工个体处于企业情境的博弈分析

在企业环境情境下，涉及的员工个体效益主要是环境效益，以及员工个体在企业中的绩效、与同事相处关系好坏等综合效益,情境主体仍然是员工本身。结合困境中四种"心理栅栏"涉及企业情境的数据,该情境下员工个体的总体"倾向值"为 2.449,表明员工对企业情境下亲环境行为困境判断是不易于陷入困境,倾向于环境效益的促进,当面临企业困境时更乐于去采取亲环境行为。

当员工个体身处企业情境时,此时不将政府/法律纳入博弈参与方考虑,员工亲环境行为的产生会受到公司目标、上层领导行为、企业文化等因素的影响,这些因素可以归结为公司是否采取亲环境行为。员工个体与企业的策略选择都是 {采取亲环境行为,不采取亲环境行为}。表 5-3 为员工个体—企业的囚徒困境模型。其中 M 是指参与方采取亲环境行为所获得的环境效益,C 是指员工个体、企业环保行为付出的成本;如果两方均采取亲环境行为,那么员工个体、企业的环境效益为 M-C;如果员工个体采取亲环境行为,企业不采取,那么员工个体将获得环境效益 M-C,企业获得环境效益 M;如果企业采取亲环境行为,员工个体不采取,那么企业将获得环境效益 M-C,员工个体获得环境效益 M;如果双方都不采取,那么获得的环境效益都为 0。

表 5-3 员工个体—企业的效益矩阵

		员工个体	
		采取	不采取
企业	采取	(M-C/2, M-C/2)	(M-C, M)
	不采取	(M, M-C)	(0, 0)

当 C>M>C/2>0 时,采取亲环境行为是企业的劣势策略,同样,对于员工个体来说亦是劣势策略。理性的参与方不会选择采取策略,从而(不采取,不采取)是该博弈的纳什均衡,员工个体和企业都会在博弈中陷入囚徒困境,而造成困境的原因在于环保行为成本 C 较大,即使一方单独承担,最终获得的总收益也是负的。

当 M>C>0 时,员工个体和企业都没有劣势策略,博弈存在两个纳什均衡,分别为(采取,不采取)和(不采取,采取)。出现两个纳什均衡的原因在于亲环境行为带来的效益 M 与付出成本 C 相比较大,总效益也是大于 0

的，这也导致了博弈参与方都没有明显劣势策略的局面。

5.2.2.3 员工个体处于政府/法律情境下的博弈分析

在企业情境下，将政府加入博弈中。由于公众参与环境保护已多次被正式写入国家法规，政府在员工个体亲环境行为伦理困境中的主要功能是通过国家环保政策提升公众环境保护参与程度，以及奖励环境保护行动参与者。员工个体身为国家公民，有责任和义务去参与环境保护。员工个人的行动策略为｛遵守环保政策，不遵守环保政策｝，政府的行动策略为｛规制，不规制｝。假设员工个人在一个特定周期内的经济收入为 Y，采取亲环境行为的成本为 C2，不采取的生活成本为 C2′，同时员工个体在此周期内需要支出的固定成本为 C1，政府的监管效率为 k。如果政府稽查到员工个体的不环保行为，员工个体需要接受罚款处理，罚款为检查出的环保成本的 a 倍。此外，在此周期内，假定税率 t 保持不变。政府进行规制的概率为 x，混合策略 X′=（x，1-x）；员工个体采取亲环境行为的概率为 y，混合策略 Y′=（y，1-y），效益矩阵如表 5-4 所示。

表 5-4　员工个体—政府的效益矩阵

		员工个体	
		遵守	不遵守
政府	规制	（-C1，-C2）	｛（k+ka-1）Yt-C1，（1-k-ka）Yt-C2′｝
	不规制	（0，-C2）	（-Yt，Yt-C2′）

在混合战略下，通过 2×2 收益矩阵对二者分别进行博弈均衡点求解，可得：

$$政府: M = -C1 - [akYt - (1-k)Yt - C1] - 0 + (-Yt) = -(1+a)kYt < 0$$
$$m = -Yt - [akYt - (1-k)Yt - C1] = C1 - (1+a)kYt$$
$$员工个体: N = -C2 - [(1-k-ka)Yt - C2'] - (-C2) + Yt - C2' = kYt + kaYt$$
$$n = Yt - C2' - (-C2) = -C2' + Yt + C2$$

另外，可以得到：$y = \dfrac{m}{M} = 1 - \dfrac{C1}{(1+a)kYt}$；$x = \dfrac{n}{N} = \dfrac{C2 - C2' + Yt}{(1+a)kYt}$

纳什均衡因此满足下列关系：

$$\begin{cases} y \geq 1 - \dfrac{C1}{(1+a)kYt}, x = 0 \\[3mm] y = 1 - \dfrac{C1}{(1+a)kYt}, 0 < x < 1 \\[3mm] y \leq 1 - \dfrac{C1}{(1+a)kYt}, x = 1 \end{cases} \quad \begin{cases} x \leq \dfrac{C2 - C2' + Yt}{(1+a)kYt}, y = 0 \\[3mm] x = \dfrac{C2 - C2' + Yt}{(1+a)kYt}, 0 < y < 1 \\[3mm] x \geq \dfrac{C2 - C2' + Yt}{(1+a)kYt}, y = 1 \end{cases}$$

从上面两个式子可以看出，政府进行规制的概率 x 与员工个体遵守的概率 y 彼此之间相互联系、相互影响，一个主体的行动策略完全受另一主体行动策略选择的影响。再结合两个式子求出交点，该交点就是二者的混合纳什均衡点：

$$（政府,个体）= \left\{ \left(\frac{C2 - C2' + Yt}{(1+a)kYt}, 1 - \frac{C2 - C2' + Yt}{(1+a)kYt} \right), \left(1 - \frac{C1}{(1+a)kYt}, \frac{C1}{(1+a)kYt} \right) \right\}$$

根据以上分析，当政府规制概率为 $\dfrac{C2 - C2' + Yt}{(1+a)kYt}$ 时，员工个体将会以 $1 - \dfrac{C1}{(1+a)kYt}$ 的概率选择遵从作为自己的行动决策，二者达到均衡状态。

5.2.3 时间维度下员工个体亲环境行为博弈分析

上述博弈分析中，假设员工个体所处的环境大体是一致的，并且都只考虑一阶段的博弈过程，不考虑多阶段的博弈过程。在现实中，员工个体亲环境行为的产生是基因选择和文化选择共同作用的结果，此处忽略员工个体作出决策的时间间隔。同时，实践中参与者会有一系列动作行为，在信息不完整的情况下，博弈中的每一个参与者都不一定能了解到对方的特征种类和出现的概率，也就是说，参与者知道不同特征的种类和决策概率，但是他们并不清楚自己的特征种类和决策概率。在时间维度下，博弈参与方都有一系列的行动，因此，第二行动者可以从第一行动者的行为决策中获取关于第一个行动者的决策信息，从而确定或修正他对第一个行动者行为决策作出的反应战略。

从员工个体的角度来看，亲环境行为的产生会受到生存发展的"长期利益"与当下生态资源耗费的"短期利益"之间矛盾的影响，同时每一阶段的行为选择都会受到上一阶段行为选择的影响。在这种条件下，非完全信息下多主体博弈模型较为复杂，涉及变量较多，因此为了简化博弈理解分析，以双个体为亲环境行为困境博弈中的参与者，分别为个体 1 和个体 2，以亲环境行为实施效果为行动决策，实现自身利益最大化，固定成本都为 $c \geqslant 0$。博弈过程中，个体 1 先进行决策，确定投入的亲环境行为成本为 $q_1 \geqslant 0$ 后，个体 2 考虑个体 1 的行动策略后再进行决策，确定投入成本为 $q_2 \geqslant 0$；设逆需求函数 $p(Q) = a - q_1 - q_2$，$Q = q_1 + q_2$，a 为环境需求指数，则可以得到收益函数：

$$\Pi_{i,t}(q_1, q_2) = q_i(p(Q) - c), \ i = 1, 2$$

在此基础上，引入时间变量 $t = 1, 2$，此时逆需求函数为：

$$p(Q_1) = a - q_{1,t} - q_{2,t}$$

收益函数变为：

$$\Pi_{i,t}(q_{1,t}, q_{2,t}) = q_{i,t}(p(Q_1) - c), i = 1, 2$$

当 $t = 1$ 时，第一阶段，因为个体 1 先进行决策，所以个体 1 只能选择投入成本 $q_{1,1}$，个体 2 在观察到个体 1 的决策后选择自己的投入成本为 $q_{2,1}$。

对于个体 1 来说，为实现自己的利润最大化，需要求解下式：

$$\max\Pi_{1,1}(q_{11}, 0) = q_{1,1}(a - q_{1,1} - c)q_{1,1} \geqslant 0$$

对其求导，得到：

$$\frac{d\Pi_{1,1}}{dq_{1,1}} = 0, q_{1,1}^* = \frac{1}{2}(a - c) \ \frac{d\Pi_{1,1}}{dq_{1,1}} = 0 \ q_{1,1}^* = \frac{1}{2}(a - c)$$

对于个体 2 来说：

$$\max\Pi_{2,1}(q_{1,1}^*, q_{2,1}) = q_{2,1}(a - q_{1,1}^* - q_{2,1} - c), q_{2,1} \geqslant 0$$

对其求导，得到：

$$\frac{d\Pi_{2,1}}{dq_{2,1}} = 0, q_{2,1}^* = \frac{1}{2}(a - c - q_{1,1}^*)$$

将两次求导结果相结合，可以得到 t＝1 时的均衡解：

$$(q_{1,1}^*, q_{2,1}^*) = \left(\frac{1}{2}(a-c), \frac{1}{4}(a-c) \right)$$

当 $t＝2$ 时，第二阶段，因为个体 2 在 $t＝1$ 时做出了决策 $q_{2,1}^*$，所以个体 1 有了决策信息去改进自己的预测，$q_{2,2} = q_{2,1}^*$。

与 $t＝1$ 时相同进行分析，可以得到 $t＝2$ 时的博弈均衡解为：

$$(q_{1,2}^*, q_{2,2}^*) = \left(\frac{3}{8}(a-c), \frac{5}{16}(a-c) \right)$$

当 $t＝3$ 时，个体 1 所参考的决策信息是个体 2 前两期的决策，此处需要引入未知系数 $m>0$ 来确定对第一期和第二期的重要程度来进行预测：

$$q_{2,3} = \frac{1}{m+1}(mq_{2,1}^* + q_{2,2}^*)$$

对个体 1 来说，实现自身利润最大化需考虑以下问题：

$$\max \Pi_{1,3}(q_{1,3}, q_{2,3}) = q_{1,3}(a - q_{1,3} - q_{2,3} - c), q_{3,1} \geq 0$$

对其进行一阶求导：

$$\frac{d\Pi_{3,1}}{dq_{1,3}} = 0, q_{1,3}^* = \frac{1}{2}(a - c - q_{2,3}^*) \frac{d\Pi_{3,1}}{dq_{1,3}} = 0 \; q_{1,3}^* = \frac{1}{2}(a - c - q_{2,3})$$

$$q_{1,3}^* = \frac{1}{2}(a-c)\left(1 - \frac{1}{m+1}\left(m\frac{1}{4} + \frac{5}{16} \right) \right)$$

对于个体 2，同样可以得到：

$$q_{2,3}^* = (a-c)\left(1 + \frac{1}{4(m+1)}\left(m\frac{1}{4} + \frac{5}{16} \right) \right)$$

因而 t＝3 时博弈均衡解为：

$$(q_{1,3}^*, q_{2,3}^*) = \left(\frac{1}{2}(a-c)\left(1 - \frac{1}{m+1}\left(m\frac{1}{4} + \frac{5}{16} \right) \right), \right.$$

$$\left. (a-c)\left(\frac{1}{4} + \frac{1}{4(m+1)}\left(m\frac{1}{4} + \frac{5}{16} \right) \right) \right)$$

当 t=4，5，…，n 时，同样可以不断递推，当 t=n 时：

$$q_{2,n} = \frac{1}{m+1}(mq_{2,n-2}^* + q_{2,n-1}^*)$$

相似的，根据以上的方法计算可以得到：

$$(q_{1,n}^*, q_{2,n}^*) = \left(\frac{1}{2}\left((a-c) - \frac{1}{m+1}(mq_{2,n-2}^* + q_{2,n-1}^*)\right),\right.$$
$$\left.\frac{1}{4}\left((a-c) + \frac{1}{4m+4}(mq_{2,n-2}^* + q_{2,n-1}^*)\right)\right)$$

此时可以令数列 $A_n = q_{1,n}^* q_{1,n}^*$，$B_n = q_{2,n}^* q_{2,n}^*$。

当 $n \to +\infty$ 时，易证得 $\{B_n\}$ 是有界的，同时单调递增，根据单调数列极限定理，$\{B_n\}$ 在（0，$+\infty$）上是收敛的，同时它的极限处于 0 与 $\frac{1}{2}(a-c)$ $\frac{1}{2}(a-c)$ 之间。

对 $q_{2,n}^* = \frac{1}{4}\left((a-c) + \frac{1}{4m+4}(mq_{2,n-2}^* + q_{2,n-1}^*)\right)$ 两边同时取极限：

$$\lim_{n \to +\infty} q_{2,n}^* = \frac{1}{4}\left((a-c) + \frac{1}{4m+4}(m\lim_{n \to +\infty} q_{2,n-2}^* + \lim_{n \to +\infty} q_{2,n-1}^*)\right)$$

同理可以证明，$\{A_n\}$ 数列也是收敛的，它的极限也为 $\frac{1}{3}(a-c)$。

根据上述的分析推导，当 $n \to +\infty$ 时，博弈均衡解为：

$$(q_{1,n}^*, q_{2,n}^*) \to \left(\frac{1}{3}(a-c), \frac{1}{3}(a-c)\right)$$

根据以上分析可以得出，考虑到时间维度，前阶段博弈优先采取亲环境行为的一方收益较后决策采取亲环境行为的一方多一些，但是前期采取亲环境行为会产生一部分代价，随着时间的推进，维持这个优势同时需要耗费一定的成本。类似的，在多主体参与博弈时，这个结论也同样适用。因此，若要想生态环境可持续性达到最大，环境效益达到最大，个体综合收益最大，员工个体必须先拥有先决策优势，先采取亲环境行为的一方会拥有先决优势，对自身生活、短期和长期的环境发展都有利。

5.2.4　博弈结论

（1）当员工个体相关的其他个体都产生亲环境行为动机时，员工个体采取亲环境行为会达到综合效益最大化，既满足了自身环保诉求，也符合其他个体的环保诉求，其余损失也是最小的。

（2）当员工个体处于企业情境中时，需考虑环保收益与付出成本，大多数情况下收益大于成本，员工个体采取亲环境行为时总效益是大于 0 的，博弈各方都达到均衡。

（3）当政府规制概率为 $\dfrac{C2 - C2' + Yt}{(1 + a)kYt}$ 时，员工个体将会以 $1 - \dfrac{C1}{(1 + a)kYt}$ 的概率选择遵从作为自己的行动决策，二者博弈达到均衡状态，在政府/法律情境下，需要依据实际参数进行分析。

综合上述博弈分析，员工个体在面临亲环境行为伦理困境时博弈的外在因素是多变的，在社会情境、企业情境、政府/法律情境下的决策判断中，通过分析不同情境下的员工个体博弈，可以发现员工行为决策受限于投入成本与最终所获得的环境效益。员工个体充当的其实是中间利益调和者的角色，一方面需要保护自身的利益不受太大损失，另一方面又要考虑其他个体的环境生存价值。员工个体对不同博弈情境下的决策都具有一定的差异，因此会产生不同的成本去维系个人权利与环境效益处于一个稳定的良性状态。针对员工个体亲环境行为伦理困境进行博弈分析，可以为企业员工做出合理决策提供参考建议，员工个体也可依据该分析所得结论，在面对相互矛盾、冲突的因素时做出最优决策。

6　企业环境治理个体层困境的成因与结果：空间导向利益分层的视角

6.1　引言

6.1.1　工作—家庭界面环境价值观一致性是员工亲环境行为及其困境产生的关键驱动

《公民生态环境行为调查报告（2021年）》显示，公众对环境责任的认识和以对环境负责任的方式行事的意愿普遍较高，但不同领域的实际行为仍有差异，"高认知、低践行"的现象依然存在。既然个体已经具备了保护环境和绿色发展的意识，那么究竟是什么原因阻碍了个体实施亲环境行为，导致人们处于是否自觉实施亲环境行为的矛盾之中？如前所述，空间导向员工利益分层是解读个体亲环境行为困境及其行为选择的触发要素。

空间导向员工利益分层的问题如果映射在企业环境管理体系中，就转化为工作—家庭界面员工环境价值观一致性的问题。工作—家庭界面环境价值观一致性（Congruence of Environmental Values in the Work-home Interface）是指个体在工作和家庭两类场域下环境价值观的差异或一致的程度。不同空间场域中，个体的环保价值诉求排序可能不同。比如，当你在家庭场域中，你会考虑到电费的问题而去节约用电，但在工作场所中可能因电费的公共支出特征而追求个人舒适不去节约用电。那么，当基于工作—家庭界面的环保价值体系发生冲突时，员工在不同空间场域下的亲环境行为困境就会产生，相应的，员工在工作场所与家庭场所的亲环境行为一致性就难以实现。因此，本书在该部分将聚焦企业员工在工作场所和家庭场所下环保价值诉求体系的一致性程度，探析企业员工工作—家庭环境价值观一致性的内涵和结构，从环境价值观一致性程度影响亲环境行为伦理的联动视角深度解析员工在工作场所和家庭场所亲环境行为不一致的成因，从而帮助企业员工突破亲环境行为伦理困境，有效提升工作—家庭界面亲环境行为的一致性，为整体社会的绿色生产生活与人类的可持续发展作出贡献。

6.1.2 工作家庭分割偏好是环境价值观一致性影响员工亲环境行为伦理困境的边界条件

工作家庭分割偏好（Work-family Segmentation Preference）反映出个人合并或分离工作和家庭角色的程度（Ckreiner，2006）。分离偏好的个体往往会把工作和家庭角色分开，防止跨领域行为的发生；而合并偏好的个体则会把工作和家庭角色融合在一起，并试图模糊两者之间的界限。在企业环境治理实践中，员工个体的工作—家庭界面环境价值观一致性越低，员工在工作和家庭两个空间的环境价值观排序差异越大，导致员工在面对冲突性的但都是正确的行为时就越纠结，其亲环境行为伦理困境程度就越高；反之亦然。

在此情境下，对于工作家庭分割偏好高的个体，无论是在心理上还是在行为上，在日常工作与生活中都会表现出对工作与家庭的清晰分割，工作—家庭界面价值诉求的不一致可能不会对其造成太大的冲突，可能会弱化由工作—家庭界面环境价值观不一致所引发的伦理困境；而对于工作家庭分割偏好低的个体，工作—家庭界面价值诉求的不一致可能对其引发较高的冲突，进而强化工作—家庭界面环境价值观不一致所引发的伦理困境。可见，对于无论是分割偏好还是整合偏好的企业员工，其工作家庭分割偏好可能都会成为影响员工工作—家庭界面环境价值观一致性与其亲环境行为伦理困境的边界条件。

6.1.3 场所约束性是员工亲环境行为伦理困境影响不同场所亲环境行为的边界条件

场所强度（Situational Strength）是指由外部实体提供的关于潜在行为的可取性的内隐性或显性线索，也称为情境强度（Peters et al.，1982）。场所强度会让个体产生心理压力，使得个体参与和/或避免特定的行动过程；这种压力反过来又会减少相关的行为差异，也就是说，场所强度可能会限制个体差异化的表达。而场所约束性作为场所强度的维度之一，被定义为个人的决策和行动自由受到个体可控之外的力量所限制的程度。Peters 等（1982）把约束性定位于"抑制能力和动机的表达"，包括限制个体差异表达的情景特征，阻止员工行使自我自由裁量权来决定执行哪些任务以及如何与何时执行。约束条件可能会受到各种信息来源的影响，包括正式的政策和程序、行为监测系统、密切的监督和外部法规。

场所约束性作为情景特征变量，衡量的是场所外部控制力量对个体的限制程度。场所约束性越大，个体所处场域对个体动机和行为的限制就越大；反之就越小。在企业员工亲环境行为伦理困境影响工作场所亲环境行为的路径中，工作场所约束性越大，企业员工工作场所亲环境行为不仅会受到员工个体亲环境行为伦理困境的影响，同时也会受到工作场所所体现的监督、非正式规范等诸多因素的影响，导致亲环境行为伦理困境作用于员工工作场所亲环境行为的力量会越减弱；反之亦然。相似的，在家庭情境下，家庭场所约束性越大，员工在家庭场所亲环境行为受到亲环境行为伦理困境的影响会越减弱。基于此，可以推论出工作场所约束性在员工亲环境行为伦理困境和工作场所亲环境行为的负向影响关系之间起到负向调节作用，家庭场所约束性在员工亲环境行为伦理困境和家庭场所亲环境行为的负向影响关系之间也是起到负向调节作用，那么，无论是基于工作还是家庭的场所约束性，可能都会成为员工亲环境行为伦理困境影响工作或家庭场所亲环境行为的边界条件。

6.1.4 研究目的和意义

6.1.4.1 研究目的

第一，明晰不同空间视角下企业员工工作—家庭界面环境价值观一致性的内涵和结构。第二，构建企业员工工作—家庭界面环境价值观一致性、亲环境行为伦理困境、工作场所和家庭场所亲环境行为之间的关联模型，并对其进行实证分析。第三，论证并验证亲环境行为伦理困境在影响员工亲环境行为自觉实现时所充当的强烈的负面角色，要实现员工亲环境行为自觉，必须克服亲环境行为伦理困境。第四，引入工作家庭分割偏好变量，将其作为员工工作—家庭界面环境价值观一致性对员工亲环境行为伦理困境影响过程中的调节变量，探究工作家庭分割偏好的调节作用，并对其进行实证检验。第五，引入工作场所约束性变量和家庭场所约束性变量，将其分别作为亲环境行为伦理困境对工作场所亲环境行为和家庭场所亲环境行为影响过程中的调节变量，分别探究工作场所约束性和家庭场所约束性的调节作用，并对其进行实证检验。

6.1.4.2　研究意义

理论意义：鉴于目前尚未有研究关注企业员工亲环境行为伦理困境对员工亲环境行为的影响作用，以及从不同空间视角下探究企业员工工作—家庭界面环境价值观一致性对员工亲环境行为伦理困境的影响机理，本书在该部分所进行的研究将具有四方面的理论意义。其一，可为缓解企业员工亲环境行为伦理困境以及如何实现亲环境行为自觉的研究路径提供理论借鉴，并为后续个体亲环境行为伦理困境研究提供文献支撑。其二，创新性地从基于空间的利益分层视角解析企业员工亲环境行为伦理困境及行为的形成过程，并将空间导向员工利益分层的问题转化为工作—家庭界面员工环境价值观一致性的问题，以此探讨工作—家庭界面环境价值观一致性对员工亲环境行为伦理困境形成的影响过程，丰富了员工亲环境行为伦理困境领域的研究。其三，以员工工作场所亲环境行为和家庭场所亲环境行为作为双因变量，可为后续不同空间下个体亲环境行为的一致性或差异性研究提供理论借鉴。其四，将工作家庭分割偏好以及工作场所约束性和家庭场所约束性分别引入研究框架作为调节变量，延展了员工亲环境行为领域的研究边界。

实践意义：所得研究结论一方面可以帮助企业意识到企业员工亲环境行为的自觉实现是需要帮助员工克服自身的亲环境行为伦理困境，而打破工作与家庭的场域边界，构建并塑造员工工作—家庭界面的环境价值观一致性是纾解困境的主要途径；另一方面，企业在环境治理中要强调工作场域的强约束性，同时鼓励员工家庭成员塑造家庭场域的强约束性，可以帮助员工实现在工作及家庭场所中亲环境行为的提升，改善企业环境绩效，维护公司的可持续发展形象，促进企业在我国"双碳"战略进程中能够深度履行社会责任。

6.2 理论基础与研究假设

6.2.1 理论基础：认知失调理论

认知失调理论（Cognitive Dissonance）是由社会心理学家莱昂·费斯汀格（Leon Festinger）在 1957 年提出的，指的是一个人的行为、态度和信念之间存在矛盾和不一致时，会产生一种不愉快的心理状态，即认知失调（Festinger，1957）。这种心理状态会促使人们寻找解决矛盾的方式，以恢复自己的内部平衡。认知失调理论可以用来解释人们为什么会改变自己的信念、态度和行为，以符合自己的内部一致性。认知失调理论的基本假设是人们渴望一致性，当自己的信念、态度和行为之间存在矛盾时，会感到不愉快和不舒服。为了恢复内部平衡，人们会采取行动来减少认知失调，例如改变自己的信念和行为、寻找新的信息来支持自己的信念等。

认知失调是人类思考和行为的一大动因。认知失调最强烈而且最令人不适的处境是一个人的行为威胁了他自身的行为表象。它之所以令人感到不安，正是因为它迫使人们去面对自我的看法和行为之间的差距。当个体接触到与自身信念不一致的信息时，当个体为了获得一种理想的结果去做不愉快的事时，当个体所做的事与其之前的态度或信念不一致时，当个体做出与自身价值观或道德标准不一致的行为时，就会引起失调。人们大多都对自己有一个积极的自我概念，当人们的行为被认为是不合理的、不道德的或没有能力的时候，人们就很可能失调。当个体行为的后果是积极的但是以虚伪的方式做事时也会失调。

此外，认知失调理论也指出，个体必须保持认知的协调或心理的均衡，不适感促使人们向均衡方向做出转变。个体的认知如果存在不适状态，不适程度越大，个体就越想做出改变去调整和消除不适，如此个体的认知、行为和态度向积极方向转变的可能性就越大。费斯汀格提出了有关认知不协调的两大基本假设：一是"作为这种心理上的不适，不均衡的存在感将促使人们去努力减少这样的不适，并通过努力去达到均衡一致"，二是"当不协调出现时，除设法减少它以外，人们还可以能动地避开那些很可能使这种不协调增加的情境因素和信息因素"。

6.2.2 研究假设

6.2.2.1 工作—家庭界面环境价值观一致性与员工工作及家庭场所亲环境行为

价值观是人们生活中的指导准则和方向，是形成态度和行为的基础，在行为研究中是十分重要的影响因素，因此关于价值观与行为的关系研究一直是理论界研究的热点。关于环境价值观，目前国内外学者在环境行为领域将其作为一个重要的个体心理变量，认为其对亲环境行为具有正向预测作用（Kennedy et al.，2009）。Axelrod（1994）、Karp（1996）等认为关于环境问题，个人利益和集体利益冲突经常发生，这时候价值观可能就发挥了很重要的作用。人们可能有多元的价值观并且它们之间可能会发生冲突，当两个价值观冲突的时候，原有被认可的两项价值观的互相作用将会比任何单个价值观所代表的水平更好地预测一个人的环境行为。

环境价值观作为个体自我概念认知结构的核心组成部分（芦慧、陈红，2019），环境价值体系的内容与结构的差异会导致个体亲环境行为的差异与变化。如前所述，工作—家庭界面环境价值观一致性是指员工个体在工作和家庭两类场域下环境价值观的差异或一致的程度。这里需强调的是，考虑到我国公民当前环境素养普遍提升（芦慧等，2023），故而本书认为企业员工工作—家庭界面环境价值观一致性隐含的是基于员工高工作场域环境价值观和高家庭场域环境价值观的工作—家庭界面环境价值观的双高一致性。工作—家庭界面环境价值观一致性越高，员工在工作场所和家庭场所下的环境价值观内容及排序的差异越小，对于自我的环境价值体系的内容及结构的认同程度就越高，对环境保护的支持立场就越坚定，员工无论是在工作场域还是家庭场域，皆会展现较高水平的亲环境行为水平。相反，工作—家庭界面环境价值观一致性越低，员工在工作场所和家庭场所下的环境价值观内容及排序的差异就越大，对环境保护的支持决心可能会发生动摇，相对于环境价值观一致性高的情境下，员工的工作场域以及家庭场域的亲环境行为水平可能会降低。基于此，提出以下假设。

假设1a：员工工作—家庭界面环境价值观一致性对工作场所亲环境行为具有正向影响。

假设1b：员工工作—家庭界面环境价值观一致性对家庭场所亲环境行为具有正向影响。

6.2.2.2 员工亲环境行为伦理困境的中介作用

亲环境行为伦理困境是个体在实施亲环境行为前纠结的状态。根据认知失调理论，当个体价值观不一致的时候会产生压力与紧张感，将通过比对缓解压力或紧张的多种行为应对方式来做出行为回应（Festinger，1957）。那么，在比对多种行为应对方式的过程中，个体则会产生行为的困境。相应的，在企业环境治理情境下，员工工作—家庭界面环境价值观的不一致意味着员工面临着多个行为准则的冲突，这种冲突所形成的"心理栅栏"将会引发自身压力或紧张感，通过比对多种缓解方式与途径，员工可能会陷入究竟以哪类行为方式为选择的纠结和犹豫的状态，进而产生亲环境行为伦理困境（芦慧等，2023）。这种不一致程度越高，员工面临的冲突就越强，相应地所产生的亲环境行为伦理困境就越强。相反，员工在工作—家庭界面下环境价值观的高度一致则显示出员工行为准则的高度一致，可能不会出现由需要思考是否实施亲环境行为而引发的压力和紧张感，因此也不会纠结于究竟应该选择何种行为应对，员工的亲环境行为伦理困境降低。

员工亲环境行为不仅是需要个体切身付出时间和精力才得以完成的行为（Taylor et al.，2018），也需要员工个体通过向他人传达环境态度和支持环境政策等方式来间接促进环境保护。当员工在实施亲环境行为时，所面临的伦理困境程度越强，则说明感受到的行为规范之间的冲突性越强，所形成的"心理栅栏"就会越高。在此情境下，员工对跨越栅栏的犹豫度和纠结度就会越高，考虑到亲环境行为的"利他"和"自我成本"之间的逻辑矛盾，不仅担心自己付出的成本不能即时得到回报，还会担心因自己采取利他行为带来的其他人"搭便车"情况，无论是在工作场域还是在家庭场域，员工都会降低自觉实施亲环境行为的可能性。此外，由于员工需要克服所形成的"心理栅栏"，无论是在工作场域还是在家庭场域，都会降低向同事、家人传递环保态度的意愿，亲环境行为自觉下降。基于此，提出以下假设。

假设 2a：亲环境行为伦理困境在工作—家庭界面环境价值观一致性与工作场所亲环境行为之间起到中介作用。

假设 2b：亲环境行为伦理困境在工作—家庭界面环境价值观一致性与家庭场所亲环境行为之间起到中介作用。

6.2.2.3 工作家庭分割偏好的调节作用

工作家庭分割偏好描述了个体对工作和家庭的领域认知、心理和行为分离的程度，属于人格特征（Kreiner，2006）。企业员工在进行日常工作活动时会经常性地协调工作与家庭之间的边界，而工作与家庭两个领域之间的过渡主要取决于个体对两个领域的分割或整合程度。高分离偏好的员工往往会把工作和家庭角色分开，不愿意实施跨领域行为；而高合并偏好的员工则倾向于把工作和家庭角色融合在一起，工作—家庭的边界模糊且融合度高。企业环境治理实践中，由于高工作家庭分割偏好的员工倾向于将工作场所和家庭场所分割开来，就算自身的工作与家庭环境价值观差异程度高（即一致性程度低），员工也不容易将这种工作与家庭的差异感知为明显的冲突情境（芦慧、陈红，2019），此类价值观差异可能不会形成员工实施亲环境行为时的"心理栅栏"，员工亲环境行为伦理困境降低。相似的，对于高工作家庭分割偏好的员工，如果工作—家庭界面环境价值观一致性程度高，则员工亲环境行为伦理困境程度就会降低。相反，由于低工作家庭分割偏好的员工倾向于将工作场所和家庭场所感知于一体，如果员工工作—家庭界面环境价值观一致性程度低，员工就会更容易将这种工作与家庭的差异感知为明显的冲突情境，将会促使该类差异转为员工亲环境行为选择时的"心理栅栏"，员工亲环境行为伦理困境提升。同样，对于低工作家庭分割偏好的员工，如果工作—家庭界面环境价值观一致性程度高，就会强化员工对亲环境行为的认同，则员工亲环境行为伦理困境程度降低。基于此，提出以下假设。

假设 3：工作家庭分割偏好弱化了工作—家庭界面环境价值观一致性与员工亲环境行为伦理困境之间的负相关关系。工作家庭分割偏好越高，工作—家庭界面环境价值观一致性与亲环境行为伦理困境之间的负相关关系越弱；工作家庭分割偏好越低，工作—家庭界面环境价值观一致性与亲环境行为伦理困境之间的负相关关系越强。

进一步，结合假设1、假设2以及假设3，提出以下有调节的中介假设。

假设4a：工作家庭分割偏好弱化了亲环境行为伦理困境在工作—家庭界面环境价值观一致性与工作场所亲环境行为之间的中介关系。工作家庭分割偏好越高，工作—家庭界面环境价值观一致性通过亲环境行为伦理困境对工作场所亲环境行为的正相关关系越弱；工作家庭分割偏好越低，工作—家庭界面环境价值观一致性通过亲环境行为伦理困境对工作场所亲环境行为的正相关关系越强。

假设4b：工作家庭分割偏好弱化了亲环境行为伦理困境在工作—家庭界面环境价值观一致性与家庭场所亲环境行为之间的中介关系。工作家庭分割偏好越高，工作—家庭界面环境价值观一致性通过亲环境行为伦理困境对家庭场所亲环境行为的正相关关系越弱；工作家庭分割偏好越低，工作—家庭界面环境价值观一致性通过亲环境行为伦理困境对家庭场所亲环境行为的正相关关系越强。

6.2.2.4 场所约束性的调节作用

根据认知失调理论，当个体陷入亲环境行为伦理困境的认知失调状态时，个体自身的认知产生不和谐，而基于场所约束性这一情景特征变量，个体对场所约束性的认知与自身行为是比较一致的。为了减弱认知失调的负面状态，可以通过减少失调认知的重要性或增加不失调认知的重要性这些方式。而个体的认知与环境是密不可分的，个体的行为与环境之间也有关系。认知和意识会因为环境的特征而改变，行为也会受到环境特征的影响。因此，本书提出场所约束性这一表示情景强度的环境特征变量，作为亲环境行为伦理困境与亲环境行为之间的调节变量。

场所约束性的概念从场所强度中来得。场所强度指的是由外部实体提供的关于潜在行为的可取性的内隐性或显性线索。场所强度会限制个体差异化的行为表达。场所强度包含四个方面：清晰性、一致性、约束性和后果。因此，场所强度越强，该场所对个体的行为约束越大，个体会受到场所规范等的影响，从而对个体实际做出的行为产生影响。具体来说，工作场所约束性越大，企业员工接收到的亲环境行为内外部影响因素就越多源，即不仅会受到自身亲环境行为伦理困境的影响，也会受到工作场所中非正式规范等诸多因素的影响，导致亲环境行为伦理困境作用于员工工作场所亲环境行为的力量减弱；反之，工作场所约束性越弱，员工接收到的亲环境行为影响因素就越单一，亲环境行为伦理困境作用于其工作场所亲环境行为的力量增强。相似的，对于家庭场所约束性来说，推理思路和影响规律亦是如此。因此，本书提出以下假设。

假设5a：工作场所约束性弱化了亲环境行为伦理困境与工作场所亲环境行为之间的负相关关系。工作场所约束性越高，亲环境行为伦理困境与工作场所亲环境行为之间的负相关关系越弱。工作场所约束性越低，亲环境行为伦理困境与工作场所亲环境行为之间的负相关关系越强。

假设5b：家庭场所约束性弱化了亲环境行为伦理困境与家庭场所亲环境行为之间的负相关关系。家庭场所约束性越高，亲环境行为伦理困境与家庭场所亲环境行为之间的负相关关系越弱。家庭场所约束性越低，亲环境行为伦理困境与家庭场所亲环境行为之间的负相关关系越强。

结合假设1a和假设1b、假设2a和假设2b以及假设5a和假设5b，本书提出以下有调节的中介假设。

假设6a：工作场所约束性弱化了亲环境行为伦理困境在工作—家庭界面环境价值观一致性与工作场所亲环境行为之间的中介关系。工作场所约束性越高，工作—家庭界面环境价值观一致性通过亲环境行为伦理困境对工作场所亲环境行为的正相关关系越弱；工作场所约束性越低，工作—家庭界面环境价值观一致性通过亲环境行为伦理困境对工作场所亲环境行为的正相关关系越强。

假设6b：家庭场所约束性弱化了亲环境行为伦理困境在工作—家庭界面环境价值观一致性与家庭场所亲环境行为之间的中介关系。家庭场所约束性越高，工作—家庭界面环境价值观一致性通过亲环境行为伦理困境对家庭场所亲环境行为的正相关关系越弱；家庭场所约束性越低，工作—家庭界面环境价值观一致性通过亲环境行为伦理困境对家庭场所亲环境行为的正相关关系越强。

基于上述假设，绘制出本书的研究模型，变量之间的关系具体如图6-1所示。

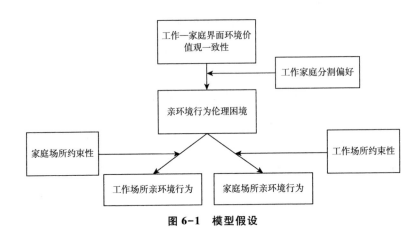

图 6-1　模型假设

6.3　问卷设计与发放

6.3.1　量表编制

6.3.1.1　量表内容设计

　　该量表的内容包括三个方面。一是卷首语，旨在说明本问卷的研究目的和意义。二是个人资料的填写，包括受访者性别、婚姻状况、年龄、教育程度、在岗年限、岗位等级等人口统计学变量。三是调查问卷的主要内容，包括工作—家庭界面环境价值观一致性、员工亲环境行为伦理困境、员工工作场所亲环境行为、员工家庭场所亲环境行为、员工工作家庭分割偏好以及员工工作场所约束性和员工家庭场所约束性。

6.3.1.2　工作—家庭界面环境价值观一致性量表的编制

　　参考 Stern 和 Dietz 编制的环境价值观量表来进行员工工作—家庭界面环境价值观一致性量表的编制（Stern and Dietz，1999）（见表 6-1）。环境价值观共有 12 个题项，分为三个维度：1~4 题项为利己价值观，5~8 题项为利他价值观，9~12 题项为生态圈价值观。问卷采用李克特五点计分法，"1"到"5"依次分别表示从"非常不重要"到"非常重要"。

表 6-1　环境价值观量表

序号	题项内容
1	有影响力（对他人和事件有影响）
2	财富（物质财富、金钱）
3	权威（领导或指挥的权力）
4	社会地位（对他人的控制、支配）
5	社会公正（纠正不公正，关爱弱者）
6	平等（人人机会平等）
7	乐于助人（为他人谋福利）
8	世界和平（没有战争和冲突）
9	保护环境（保护自然）
10	尊重地球（与其他物种和谐相处）
11	防止污染（保护自然资源）
12	与自然和谐相处（融入自然）

表 6-2 显示了在参考 Stern 和 Dietz 的环境价值观量表的基础上，分别纳入工作场域和家庭场域情境，来形成员工工作—家庭界面环境价值观一致性测量量表。采用李克特五点计分法，"1"到"5"依次分别表示从"非常不重要"到"非常重要"。

表 6-2　改编后的工作—家庭界面环境价值观一致性量表

序号	题项	题项具体内容
1	社会地位	在单位，支配他人（如同事）对我的重要性程度
		在家里，支配他人（如子女）对我的重要性程度
2	财富	在单位，组织的财富对我的重要性程度
		在家里，家庭的财富对我的重要性程度
3	权威	在单位，领导权或指挥权对我的重要性程度
		在家里，领导权或指挥权对我的重要性程度
4	有影响力	在单位，我的影响力对我的重要性程度
		在家里，我的影响力对我的重要性程度
5	平等	在单位，机会平等对我的重要性程度
		在家里，机会平等对我的重要性程度
6	世界和平	在单位，与领导、同事没有冲突对我的重要性程度
		在家里，与家人没有冲突对我的重要性程度

续表

序号	题项	题项具体内容
7	社会公正	纠正工作场所中的不公正现象对我的重要性程度
		纠正家庭场所中的不公正现象对我的重要性程度
8	乐于助人	在单位,为领导和同事谋取福利对我的重要性程度
		在家里,为家人谋取福利对我的重要性程度
9	防止污染	在单位,避免组织污染环境对我的重要性程度
		在家里,避免家庭污染环境对我的重要性程度
10	尊重地球	在单位,保护动植物对我的重要性程度
		在家里,保护动植物对我的重要性程度
11	与自然和谐相处	在单位,融入自然(如单位的绿化程度)对我的重要性程度
		在家里,融入自然(如家庭的绿化程度)对我的重要性程度
12	保护环境	在单位,保护自然对我的重要性程度
		在家里,保护自然对我的重要性程度

6.3.1.3 员工亲环境行为量表的编制

采用刘贤伟编制的 12 题项亲环境行为量表(刘贤伟,2012),分别测量员工在工作场所和家庭场所实施亲环境行为的频率和情况(见表 6-3)。采用李克特五点计分法,"1"到"5"依次分别表示从"从不"到"总是"。

表 6-3　员工亲环境行为量表

序号	题项内容
1	公开表达支持环保的言论
2	与他人讨论环保问题
3	积极参与到环保组织的活动中
4	积极参加各种形式的环保宣传教育活动
5	主动关注媒体中报道的环境问题和环保信息
6	劝告他人停止破坏环境的行为
7	尽量不用一次性的个人物品
8	对塑料袋进行重复利用
9	减少使用塑料袋

序号	题项内容
10	当房间没人时，离开房间主动关灯或者电扇
11	积攒旧物（如空饮料瓶、旧衣物等），然后卖掉
12	再度使用废纸、打印纸的另一面

6.3.1.4　亲环境行为伦理困境量表的编制

采用第四章所开发的 24 题项企业员工亲环境行为伦理困境测量量表，形成员工在行为选择 1 与行为选择 2 中纠结程度的亲环境行为伦理困境量表，行为选择 1 与行为选择 2 分别有 24 个问题。采用李克特五点计分法，"1"到"5"依次分别表示从"非常不同意"到"非常同意"。

6.3.1.5　工作家庭分割偏好量表的编制

运用 Kreiner 编写的工作家庭分割偏好量表（Kreiner，2006），共 4 个测量项目（见表 6-4）。采用李克特五点计分法，"1"到"5"依次分别表示从"非常不同意"到"非常同意"。

表 6-4　工作家庭分割偏好量表

序号	题项内容
1	我不喜欢在家的时候还得想着工作
2	我更喜欢在工作时间把所有工作任务完成
3	我不喜欢把工作问题带到我的家庭生活中
4	我希望回家后能把工作抛在脑后

6.3.1.6　工作场所约束性量表的编制

采用 Meyer 编制的场所强度量表中场所约束性维度的 7 题项量表（Meyer，2015）（见表 6-5）。采用李克特五点计分法，"1"到"5"依次分别表示从"非常不同意"到"非常同意"。

表 6-5　场所强度量表中约束性维度的量表

序号	题项内容
1	在这项工作中，我无法做出自己的决定
2	在这项工作中，约束会阻止我以自己的方式做事
3	在这项工作中，我无法选择如何做事
4	在这项工作中，我做出决定的自由受到其他人的限制
5	在这项工作中，外部力量限制了我做出决定的自由
6	在这项工作中，程序会阻止我以自己的方式工作
7	在这项工作中，其他人限制了我可以做的事情

根据上述量表，改编为更为具体的工作场所约束性量表，共有 7 个题项（见表 6-6）。采用李克特五点计分法，"1"到"5"依次分别表示从"非常不同意"到"非常同意"。

表 6-6　工作场所约束性量表

序号	题项内容
1	在工作中，我无法做出自己的决定
2	在工作中，制度会阻止我以自己的方式做事
3	在工作中，我无法选择如何做事
4	在工作中，我做出决定的自由受到其他人的限制
5	在工作中，外部力量（如法规）限制了我做出决定的自由
6	在工作中，工作流程会阻止我以自己的方式工作
7	在工作中，其他人限制了我可以做的事情

6.3.1.7　家庭场所约束性量表的编制

根据 Meyer 编制的场所强度量表中的场所约束性维度 7 题项改编为家庭场所下的家庭场所约束性量表（见表 6-7）。采用李克特五点计分法，"1"到"5"依次分别表示从"非常不同意"到"非常同意"。

表 6-7　家庭场所约束性量表

序号	题项内容
1	在家庭场所，我无法作出自己的决定
2	家庭场所的约束会阻止我以自己的方式做事
3	在家庭场所，我无法选择如何做事
4	我在家庭场所受到其他人（如家人）的限制无法自由做出决定
5	我在家庭场所受到外部力量（如法规）的限制无法自由做出决定
6	在家庭场所，既定的流程会阻止我以自己的方式做事
7	在家庭场所，其他人（如家人）限制了我可以做的事情

6.3.1.8　控制变量

除了上述变量以外，该部分研究纳入了性别、婚姻状况、年龄、受教育水平等变量作为控制变量。此外，由于本书研究对象为企业员工，在该部分也选取了在岗年限、岗位等级、单位性质、家庭人数、可支配收入变量等作为控制变量。

6.3.2　调研过程与调研对象

6.3.2.1　数据收集过程

于 2022 年 5 月开始分发问卷，以企业员工为调研对象。考虑到调研时间段的公共卫生特殊情况，主要采用问卷星平台进行调研。通过制作问卷链接以及问卷海报，借助社交平台等方式进行发放与传播。本次研究共收集问卷 339 份，在剔除掉无效数据之后，保留了 282 份有效问卷，问卷有效收集率为 83.19%。

6.3.2.2　样本特征分析

去除无效数据的样本之后，对 282 份有效数据的样本进行人口统计学特征上的样本特征分析，具体如表 6-8 所示。

表 6-8　人口统计学特征分析

单位：人，%

人口统计学特征	分类	人数	占比
性别	男	139	49.3
	女	143	50.7
婚姻状况	已婚	139	49.3
	未婚	143	50.7
年龄	25 岁及以下	135	47.9
	26~35 岁	109	38.7
	36~45 岁	26	9.2
	46 岁及以上	12	4.3
受教育水平	高中/中专及以下	19	6.7
	大专	42	14.9
	本科	189	67.0
	硕士及以上	32	11.3
在岗年限	1 年及以下	115	40.8
	2~10 年	142	50.4
	11~20 年	19	6.7
	20 年以上	6	2.1
岗位级别	高层管理人员	11	3.9
	中层管理人员	36	12.8
	基层管理人员	68	24.1
	普通一线员工	108	38.3
	其他	59	20.9
单位性质	国有企业	59	20.9
	私营企业	96	34.0
	外资企业	22	7.8
	合资企业	17	6.0
	集体企业/个体户	22	7.8
	事业单位/党政机关	28	9.9
	无业或其他	38	13.5
家庭总人数	1~2 人	43	15.2
	3 人	104	36.9
	4 人	97	34.4
	5 人及以上	38	13.5

人口统计学特征	分类	人数	占比
	3000 元以下	66	23.4
	3000~5000 元	80	28.4
月可支配收入	5001~10000 元	91	32.3
	10001~20000 元	37	13.1
	20000 元以上	8	2.8

6.3.3 研究变量的效度与信度分析

为检验研究变量的效度与信度，运用 Bartlett 球形检验对问卷进行了有效性测试，若该量表的 KMO 值大于 0.7，可以认为效度检验通过。对量表进行可靠性测试，若量表的 Cronbach's α 值大于 0.7，则视为该量表通过信度检验。

6.3.3.1 员工工作—家庭界面环境价值观一致性

工作场所价值观的 KMO 值为 0.830，Bartlett 球体检验结果显著（sig. = 0.000），因而工作场所价值观适合作因子分析，工作场所价值观的 12 个题项共解释了 61.463% 的总变异量，显示出该量表有良好的效度。进一步对该量表进行可靠性测试，结果显示该量表的信度为 0.839。因而，工作场所价值观量表具有良好的信度和效度。

家庭场所价值观的 KMO 值为 0.839，Bartlett 球体检验结果显著（sig. = 0.000），因而家庭场所价值观适合作因子分析，家庭场所价值观的 12 个题项共解释了 59.119% 的总变异量，显示出该量表有较好的效度。进一步对该量表进行可靠性测试，结果显示该量表的信度为 0.815。因而，家庭场所价值观量表具有良好的信度和效度。

6.3.3.2 员工工作场所亲环境行为和家庭场所亲环境行为

工作场所亲环境行为的 KMO 值为 0.908，Bartlett 球体检验结果显著（sig. = 0.000），因而工作场所亲环境行为适合作因子分析，工作场所亲环境行为的 12 个题项，总共解释了 59.707% 的总变异量，显示出该量表有较好的效度。进一步对该量表进行可靠性测试，结果显示该量表的信度为0.893。因而，工作场所亲环境行为量表具有良好的信度和效度。

家庭场所亲环境行为的 KMO 值为 0.885，Bartlett 球体检验结果显著（sig. = 0.000），因而家庭场所亲环境行为适合作因子分析，家庭场所亲环境行为的 12 个题项，总共解释了 54.974% 的总变异量，显示出该量表有较好的效度。进一步对该量表进行可靠性测试，结果显示该量表的信度为0.869。因而，家庭场所亲环境行为量表具有良好的信度和效度。

6.3.3.3 员工亲环境行为伦理困境

亲环境行为伦理困境的 KMO 值为 0.949，Bartlett 球体检验结果显著（sig. = 0.000），因而亲环境行为伦理困境适合作因子分析，亲环境行为伦理困境的 24 个题项，总共解释了 71.367% 的总变异量，显示出该量表有较好的效度。进一步对该量表进行可靠性测试，结果显示该量表的信度为0.961。因而，亲环境行为伦理困境量表具有良好的信度和效度。

6.3.3.4 员工工作家庭分割偏好

工作家庭分割偏好的 KMO 值为 0.791，Bartlett 球体检验结果显著（sig. = 0.000），因而工作家庭分割偏好适合作因子分析，工作家庭分割偏好的 4 个题项，总共解释了 68.986% 的总变异量，显示出该量表有较好的效度。进一步对该量表进行可靠性测试，结果显示该量表的信度为 0.845。因而，工作家庭分割偏好量表具有良好的信度和效度。

6.3.3.5 员工工作场所约束性和家庭场所约束性

工作场所约束性的 KMO 值为 0.911，Bartlett 球体检验结果显著（sig. = 0.000），因而工作场所约束性适合作因子分析，工作场所约束性的 7 个题项，总共解释了 70.266% 的总变异量，显示出该量表有较好的效度。进一步对该量表进行可靠性测试，结果显示该量表的信度为 0.929。因而，工作场所约束性量表具有良好的信度和效度。

家庭场所约束性的 KMO 值为 0.927，Bartlett 球体检验结果显著（sig. = 0.000），因而家庭场所约束性适合作因子分析，家庭场所约束性的 7 个题项，总共解释了 83.325% 的总变异量，显示出该量表有较好的效度。进一步对该量表进行可靠性测试，结果显示该量表的信度为 0.967。因而，家庭场所约束性量表具有良好的信度和效度。

6.3.4 模型拟合与共同方法偏差的检验

通过 Amos26 软件对模型进行拟合，验证结果如表 6-9 所示。

表 6-9 模型拟合指标

model χ2	DF	χ2/DF	RMSEA	IFI	TLI	CFI
6964.061	4269	1.631	0.047	0.874	0.863	0.872

可以看出，模型的χ2/DF 为 1.631，小于 3；RMSEA 为 0.047，小于 0.05；CFI 为 0.872，大于 0.8，说明具有较好的模型拟合度。另外，通过匿名式问卷、设置辨别性的题项等措施对共同方法偏差进行了有效的控制。采用 Harman 单因子检验，对收集到的数据进行共同方法偏差的检验，结果显示提取出特征根大于 1 的因子共 22 个，超过 1 个，最大因子的方差解释率为 21.87%，低于 40%。因此，本研究没有明显的共同方法偏差。

6.4 研究结果与分析

6.4.1 变量的数据处理

（1）工作—家庭界面环境价值观一致性。采用差值的方法表示个体在工作场所和家庭场所的环境价值观的一致性程度。首先，对同一个体在工作场所下的环境价值观与家庭场所下的环境价值观进行差值计算，差值越大表示同一个体在工作场所和家庭场所下的环境价值观一致性越低，差值越小表示同一个体在工作场所和家庭场所下的环境价值观一致性越高。具体来说，如果个体工作场所环境价值观为 5，家庭场所环境价值观为 1，则差值（5-1）＝4 表示个体工作—家庭界面环境价值观一致性较低；如果个体在工作场所环境价值观为 5，在家庭场所环境价值观也为 5，则差值（5-5）＝0 表示个体工作—家庭界面环境价值观一致性很高。

（2）亲环境行为伦理困境。亲环境行为伦理困境可以通过相似强度模型（the Similarity-Intensity Model）对两种冲突的行为选择的得分进行计算

（Liu，2021）。相似强度模型的计算公式为（C+D）/2-（D-C），其中，C代表较低的得分，D代表较高的得分。该公式的"（C+D）/2"部分考虑了两种行为选择的强度，"-（D-C）"部分考虑了两种行为选择的相似度。具体来说，如果个体对于行为选择1和行为选择2的得分都是5，亲环境行为伦理困境的得分就是（5+5）/2-（5-5）=5，亲环境行为伦理困境程度较高。如果个体对行为选择1的得分为5，对行为选择2的得分为3，亲环境行为伦理困境的得分就是（5+3）/2-（5-3）=2，亲环境行为伦理困境程度低。因此，通过该公式计算得出的分数越高，表示个体在两种行为选择之间越纠结，亲环境行为伦理困境越高；反之，计算得出的分数越低，表示个体在两种行为选择之间越不纠结，亲环境行为伦理困境越低。

6.4.2 变量的相关统计分析

6.4.2.1 描述性统计分析

企业员工工作—家庭界面环境价值观一致性均值为3.16，标准差为0.397，得分区间为1.55~3.66。其中，利己主义维度均值为3.01，标准差为0.619；利他主义维度均值为2.95，标准差为0.459；生态圈主义维度均值为3.52，标准差为0.634。这个结果表明，企业员工的工作—家庭界面环境价值观一致性程度处于中等偏上水平。

员工工作场所亲环境行为均值为3.37，标准差为1.034，得分区间为2.96~4.19；家庭场所亲环境行为平均值为3.51，标准差为0.994，得分区间为2.94~4.30，说明企业员工的工作场所与家庭场所亲环境行为皆处于中等偏上水平。

员工亲环境行为伦理困境均值为2.65，标准差为1.292。其中，生活质量维度均值为2.58，标准差为1.322；关系维度均值为2.42，标准差为1.266；空间维度均值为2.51，标准差为1.204；角色维度均值为2.49，标准差为1.252。结果表明企业员工的亲环境行为伦理困境得分为中等偏下的程度，且生活质量维度得分最高。

工作家庭分割偏好平均值为3.71，标准差为1.259，得分区间为4.24~4.49，表明企业员工的工作家庭分割偏好得分为中等偏上的程度。

员工工作场所约束性均值为3.46，标准差为0.898，得分区间为3.19~

3.58，表明企业员工的工作场所约束性处于中等偏上水平；家庭场所约束性均值为2.96，标准差为1.112，得分区间为2.81~3.03，表明企业员工的家庭场所约束性处于中等水平。

6.4.2.2 相关性分析

采用SPSS25.0软件检验模型中各变量之间的相关关系。如表6-10所示，工作—家庭界面环境价值观一致性与亲环境行为伦理困境负向相关，相关系数为 r=-0.501，p<0.01，负向相关关系显著。工作—家庭界面环境价值观一致性与工作场所亲环境行为正向相关，相关系数为 r=0.405，p<0.01，正向相关关系显著。工作—家庭界面环境价值观一致性与家庭场所亲环境行为正向相关，相关系数为 r=0.405，p<0.01，正向相关关系显著。亲环境行为伦理困境与工作场所亲环境行为负向相关，相关系数为 r=-0.346，p<0.01，负向相关关系显著。亲环境行为伦理困境与家庭场所亲环境行为负向相关，相关系数为 r=-0.411，p<0.01，负向相关关系显著。

表6-10 各变量之间的相关性分析

		工作—家庭界面环境价值观一致性	亲环境行为伦理困境	工作场所亲环境行为	家庭场所亲环境行为
工作—家庭界面环境价值观一致性	Pearson 系数	1			
亲环境行为伦理困境	Pearson 系数	-0.501**	1		
工作场所亲环境行为	Pearson 系数	0.405**	-0.346**	1	
家庭场所亲环境行为	Pearson 系数	0.405**	-0.411**	0.927**	1

注：** 表示 p<0.01。

6.4.3 假设检验

6.4.3.1 工作—家庭界面环境价值观一致性和亲环境行为伦理困境对工作和家庭场所亲环境行为的影响

为了检验自变量和中介变量对因变量的影响，以及自变量对中介变量的影响，利用 SPSS25.0 软件对数据进行回归分析检验，分析结果如表 6-11 所示。

表 6-11　工作—家庭界面环境价值观一致性和亲环境行为伦理困境

对工作场所亲环境行为的回归分析

变量	M1			M2			M3		
	B	β	t	B	β	t	B	β	t
性别	0.381	0.185	2.669*	0.285	0.138	2.197*	0.338	0.164	2.516*
婚姻状况	-0.526	-0.255	-3.049*	-0.448	-0.217	-2.866*	-0.487	-0.236	-3.004*
年龄	-0.052	-0.041	-0.432	0.074	0.058	0.671	0.045	0.035	0.389
受教育水平	-0.215	-0.148	-2.443*	-0.254	-0.175	-3.182*	-0.216	-0.148	-2.603*
在岗年限	0.055	0.036	0.383	-0.041	-0.027	-0.316	-0.104	-0.069	-0.763
岗位等级	-0.196	-0.204	-2.565*	-0.135	-0.141	-1.943	-0.182	-0.189	-2.527*
单位性质	0.061	0.126	1.939	0.057	0.116	1.984*	0.051	0.106	1.730
家庭人数	-0.008	-0.007	-0.110	-0.052	-0.046	-0.837	-0.009	-0.008	-0.136
可支配收入	-0.135	-0.140	-1.886	-0.125	-0.130	-1.936	-0.134	-0.139	-1.989*
工作—家庭界面环境价值观一致性				0.415	0.420	7.857**			
亲环境行为伦理困境							-0.271	-0.338	-6.131**
R^2	0.105**			0.271**			0.214**		
F	3.552**			10.084**			7.386**		

注：* 表示 $p<0.05$，** 表示 $p<0.01$。

表 6-11 中，模型 1 是将控制变量纳入该模型中，以考察各种控制变量对工作场所亲环境行为的影响。模型 2 是以加入控制变量为基础，以自变量为工作—家庭界面环境价值观一致性，以工作场所亲环境行为为因变量，构建回归模型。结果发现，工作—家庭界面环境价值观一致性对工作场所亲环境行为有正向影响（B = 0.415，β = 0.420），并且影响关系显著（$p<0.01$），表明该模型回归效果良好，同时，工作—家庭界面环境价值观一致性可以用来解释工作场所亲环境行为 27.1% 的变化（R^2 = 0.271，$p<0.01$）。因此假设 1a 成立。

模型 3 是在加入控制变量的基础上，将亲环境行为伦理困境作为自变量，工作场所亲环境行为作为因变量构建回归模型。回归分析发现，亲环境行为伦理困境对工作场所亲环境行为有负向的影响（B = −0.271，β = −0.338），并且影响关系显著（$p<0.01$）。同时，亲环境行为伦理困境可以用来解释工作场所亲环境行为 21.4% 的变化（R^2 = 0.214，$p<0.01$）。

表 6-12 中，模型 4 表示将性别等控制变量加入模型，检验控制变量对家庭场所亲环境行为的影响。模型 5 表示将性别等作为控制变量，以自变量为工作—家庭界面环境价值观一致性，以家庭场所亲环境行为为因变量来构建回归模型。结果发现，工作—家庭界面环境价值观一致性正向影响家庭场所亲环境行为（B = 0.389，β = 0.410），且影响关系显著（$p<0.01$），说明具有良好的模型回归效果。同时，工作—家庭界面环境价值观一致性可以用来解释家庭场所亲环境行为 22.1% 的变化（R^2 = 0.221，$p<0.01$）。因此，假设 1b 成立。

表 6-12 工作—家庭界面环境价值观一致性和亲环境行为伦理困境
对家庭场所亲环境行为的回归分析

变量	M4			M5			M6		
	B	β	t	B	β	t	B	β	t
性别	0.241	0.121	1.714	0.151	0.076	1.168	0.191	0.096	1.484
婚姻状况	−0.433	−0.218	−2.546*	−0.359	−0.181*	−2.310	−0.387	−0.195	−2.493*
年龄	−0.080	−0.065	−0.666	0.039	0.032	0.357	0.033	0.027	0.300
受教育水平	−0.097	−0.070	−1.121	−0.134	−0.096	−1.683	−0.097	−0.070	−1.229
在岗年限	0.043	0.030	0.307	−0.047	−0.032	−0.362	−0.141	−0.097	−1.079
岗位等级	−0.191	−0.207	−2.538*	−0.134	−0.145	−1.935	−0.174	−0.188	−2.532*
单位性质	0.045	0.095	1.436	0.040	0.086	1.421	0.033	0.071	1.167
家庭人数	0.012	0.011	0.177	−0.030	−0.027	−0.483	0.010	0.010	0.171
可支配收入	−0.110	−0.119	−1.562	−0.101	−0.109	−1.568	−0.108	−0.117	−1.686
工作—家庭界面环境价值观一致性				0.389	0.410	7.414**			
亲环境行为伦理困境							−0.314	−0.408	−7.424**
R^2	0.063*			0.221**			0.221**		
F	2.025*			7.682**			7.696**		

注：* 表示 $p<0.05$，** 表示 $p<0.01$。

　　模型6在将性别等控制变量加入回归模型的基础上，以亲环境行为伦理困境为自变量，以家庭场所亲环境行为为因变量来构建回归模型。回归分析结果显示，亲环境行为伦理困境负向影响家庭场所亲环境行为（B＝－0.314，β＝－0.408），影响关系显著（$p<0.01$），说明模型具有良好的回归效果。同时，亲环境行为伦理困境可以用来解释家庭场所亲环境行为22.1%的变化（$R^2=0.221$，$p<0.01$）。

　　表6-13中，模型7将性别、年龄等作为控制变量加入模型，检验控制变量影响亲环境行为伦理困境的程度。模型8在上述控制变量的基础上，将自变量设为工作—家庭界面环境价值观一致性，将因变量设为亲环境行为伦理困境来构建回归模型。回归检验的结果发现，工作—家庭界面环境价值观一致性负向影响亲环境行为伦理困境（B＝－0.617，β＝－0.500），并且关系显著（$p<0.01$），模型回归的效果较好。同时，工作—家庭界面环境价值观一致性可以用来解释亲环境行为伦理困境28.3%的变化（$R^2=0.283$，$p<0.01$）。

表6-13　工作—家庭界面环境价值观一致性对亲环境行为伦理困境的回归分析

变量	M7			M8		
	B	β	t	B	β	t
性别	－0.160	－0.062	－0.868	－0.017	－0.007	－0.104
婚姻状况	0.145	0.056	0.650	0.028	0.011	0.146
年龄	0.359	0.224	2.294*	0.170	0.106	1.239
受教育水平	0.000	0.000	－0.003	0.057	0.032	0.579
在岗年限	－0.586	－0.312	－3.186*	－0.444	－0.236	－2.764*
岗位等级	0.054	0.045	0.548	－0.037	－0.030	－0.425
单位性质	－0.036	－0.060	－0.896	－0.030	－0.049	－0.839
家庭人数	－0.004	－0.003	－0.050	0.062	0.043	0.802
可支配收入	0.005	0.004	0.054	－0.009	－0.008	－0.117
工作—家庭界面环境价值观一致性				－0.617	－0.500	－9.426**
R^2	0.047*			0.283**		
F	1.507*			10.678**		

注：*表示$p<0.05$，**表示$p<0.01$。

6.4.3.2 亲环境行为伦理困境的中介效应检验

根据 Bootstrap 方法进行亲环境行为伦理困境在工作—家庭界面环境价值观一致性和工作场所亲环境行为之间的中介效应检验。如表 6-14 所示，Effect = -0.086，BootSE = 0.039，中介变量亲环境行为伦理困境的置信区间为 [-0.160，-0.007]，区间不包括 0，说明亲环境行为伦理困境变量在工作—家庭界面环境价值观一致性和工作场所亲环境行为之间的中介效应是显著的。因此，假设 2a 成立。

表 6-14 Bootstrap 检验结果（1）

	Effect	se	LLCI	ULCI
总效应	-0.415	0.053	-0.519	-0.311
直接效应	-0.329	0.060	-0.447	-0.211
	Effect	BootSE	BootLLCI	BootULCI
间接效应	-0.086	0.039	-0.160	-0.007

同样，根据 Bootstrap 方法检验亲环境行为伦理困境的在工作—家庭界面环境价值观一致性与家庭场所亲环境行为之间的中介效应。如表 6-15 所示，Effect = -0.129，BootSE = 0.038，中介变量亲环境行为伦理困境的置信区间为 [-0.206，-0.055]，区间不包括 0，说明在工作—家庭界面环境价值观松紧度和家庭场所亲环境行为的关系之间，亲环境行为伦理困境的中介效应显著。因此，假设 2b 成立。

表 6-15 Bootstrap 检验结果（2）

	Effect	se	LLCI	ULCI
总效应	-0.389	0.053	-0.492	-0.286
直接效应	-0.260	0.059	-0.375	-0.145
	Effect	BootSE	BootLLCI	BootULCI
间接效应	-0.129	0.038	-0.206	-0.055

6.4.3.3 工作家庭分割偏好的调节效应检验

采用层次回归方法检验工作家庭分割偏好在工作—家庭界面环境价值

观一致性和亲环境行为伦理困境之间的调节效应。

表 6-16 中，模型 9 表示将控制变量加入模型，检验工作—家庭界面环境价值观一致性和工作家庭分割偏好分别对亲环境行为伦理困境的影响。模型 10 表示控制了工作—家庭界面环境价值观一致性和工作家庭分割偏好对亲环境行为伦理困境的主效应以后，工作—家庭界面环境价值观一致性与工作家庭分割偏好的乘积对亲环境行为伦理困境的影响。回归结果显示，工作—家庭界面环境价值观一致性与工作家庭分割偏好的交互项对亲环境行为伦理困境有显著的正向影响（$B = 0.285$，$\beta = 1.319$，$p < 0.05$），且可以用来解释亲环境行为伦理困境 31.9% 的变化（$R^2 = 0.319$，$p < 0.05$）。

表 6-16　工作家庭分割偏好的调节作用检验

变量	M9			M10		
	B	β	t	B	β	t
性别	0.006	0.002	0.040	0.005	0.002	0.029
婚姻状况	0.005	0.002	0.024	−0.009	−0.003	−0.047
年龄	0.133	0.083	0.977	0.097	0.061	0.715
受教育水平	0.077	0.042	0.786	0.058	0.032	0.591
在岗年限	−0.395	−0.210	−2.480*	−0.380	−0.203	−2.408*
岗位等级	−0.026	−0.021	−0.303	−0.032	−0.027	−0.383
单位性质	−0.028	−0.046	−0.800	−0.024	−0.040	−0.705
家庭人数	0.066	0.047	0.875	0.067	0.047	0.884
可支配收入	−0.019	−0.016	−0.242	−0.005	−0.004	−0.066
工作—家庭界面环境价值观一致性	0.610	0.494	9.453**	−0.620	−0.502	−1.158
工作家庭分割偏好	−0.181	−0.154	−3.004*	−1.246	−1.060	−2.687*
工作—家庭界面环境价值观一致性×工作家庭分割偏好				0.285	1.319	2.316*
R^2	0.306**			0.319*		
F	10.815**			10.521**		

注：* 表示 $p < 0.05$，** 表示 $p < 0.01$。

根据 Aiken 等的建议，选取工作家庭分割偏好均值正负各一个标准差之外的数据绘制调节效应图（见图 6-2）。图 6-2 显示了这种交互作用对员工亲环境行为伦理困境的影响趋势，即在低工作家庭分割偏好的情况下，工作—家庭界面环境价值观一致性对亲环境行为伦理困境的负向影响较为强烈；在高工作家庭分割偏好的情况下，工作—家庭界面环境价值观一致性对亲环境行为伦理困境的负向影响较为缓和。由以上分析可知，工作家庭分割偏好负向调节工作—家庭界面环境价值观一致性对亲环境行为伦理困境的关系，假设 3 成立。

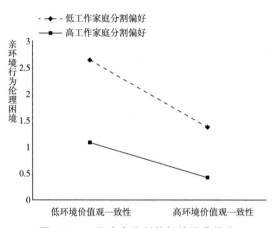

图 6-2　工作家庭分割偏好的调节效应

6.4.3.4　工作家庭分割偏好的有中介的调节效应检验

为了检验工作家庭分割偏好在亲环境行为伦理困境中介的工作—家庭界面环境价值观一致性对工作场所亲环境行为和家庭场所亲环境行为的影响过程中的调节效应，采用 SPSS25.0 中的 process 插件，利用模型 7 对由第一阶段调节的中介效应进行检验。

首先，进行工作家庭分割偏好在由亲环境行为伦理困境中介的工作—家庭界面环境价值观一致性对工作场所亲环境行为的影响过程中的调节效应检验。在加入控制变量的基础上，自变量为工作—家庭界面环境价值观一致性，工作场所亲环境行为为因变量，亲环境行为伦理困境为中介变量，工作家庭分割偏好为调节变量。检验结果如表 6-17 所示。

表 6-17　关于工作家庭分割偏好的有调节的中介效应回归分析（1）

	M11			M12		
	B	β	t	B	β	t
constant	2.593	0.431	6.021 **	5.438	0.550	9.896 **
性别	0.023	0.103	0.226	0.283	0.128	2.208 *
婚姻状况	0.170	0.124	1.364	−0.444	0.154	−2.878 *
年龄	0.139	0.088	1.572	0.098	0.110	0.894
受教育水平	0.034	0.064	0.534	−0.246	0.079	−3.121 *
在岗年限	−0.272	0.103	−2.634 *	−0.103	0.130	−0.792
岗位等级	−0.039	0.056	−0.710	−0.141	0.069	−2.043 *
单位性质	−0.021	0.023	−0.936	0.053	0.028	1.862
家庭人数	0.024	0.049	0.494	−0.043	0.061	−0.708
可支配收入	0.007	0.052	0.129	−0.127	0.064	−1.982 *
工作—家庭界面环境价值观一致性	−0.477	0.056	−8.522 **	0.329	0.060	5.481 **
工作家庭分割偏好	−0.495	0.026	−18.853 **			
工作—家庭界面环境价值观一致性×工作家庭分割偏好	0.066	0.032	2.042 *			
亲环境行为伦理困境				−0.139	0.048	−2.875 *
R²	0.708 **			0.293 **		
F	54.410 **			10.165 **		

注：* 表示 $p<0.05$，** 表示 $p<0.01$。

如表 6-17 所示，模型 11 表示将控制变量加入模型，检验工作—家庭界面环境价值观一致性和工作家庭分割偏好的交互项对亲环境行为伦理困境的影响，结果显示，工作—家庭界面环境价值观一致性显著负向影响亲环境行为伦理困境（B = −0.477，β = 0.056，$p<0.01$），工作家庭分割偏好显著负向影响亲环境行为伦理困境（B = −0.495，β = 0.026，$p<0.01$），工作—家庭界面环境价值观一致性和工作家庭分割偏好的交互项显著正向影响亲环境行为伦理困境（B = 0.066，β = 0.032，$p<0.05$），且交互项可以解释亲环境行为伦理困境 70.8% 的变化（R² = 0.708，$p<0.01$）。

模型 12 表示将控制变量加入模型，检验工作—家庭界面环境价值观一致性和亲环境行为伦理困境对工作场所亲环境行为的影响。结果显示，工作—家庭界面环境价值观一致性对工作场所亲环境行为有显著的正向影响（B = 0.329，β = 0.060，$p<0.01$），亲环境行为伦理困境显著负向影响工作

场所亲环境行为（B＝-0.139，β＝0.048，p<0.05），且亲环境行为伦理困境可以解释工作场所亲环境行为29.3%的变化（R^2＝0.293，p<0.01）。

由表6-18可以看出，低分组eff1（M-1SD）的置信区间为［0.007，0.156］，区间不包含0，eff2的置信区间为［0.006，0.124］，区间不包含0，高分组eff3（M+1SD）的置信区间为［0.005，0.097］，区间不包含0。因此，有中介的调节效应显著，在由亲环境行为伦理困境中介的工作—家庭界面环境价值观一致性对工作场所亲环境行为的影响过程中，工作家庭分割偏好起到显著的调节作用，假设4a成立。

表6-18　关于工作家庭分割偏好的有中介的调节效应检验（1）

工作家庭分割偏好	Effect	BootSE	BootLLCI	BootULCI
eff1（M-1SD）	0.082	0.038	0.007	0.156
eff2	0.066	0.030	0.006	0.124
eff3（M+1SD）	0.051	0.023	0.005	0.097

其次，进行工作家庭分割偏好在由亲环境行为伦理困境中介的工作—家庭界面环境价值观一致性对家庭场所亲环境行为的影响过程中的调节效应检验。在加入控制变量的基础上，自变量为工作—家庭界面环境价值观一致性，因变量为家庭场所亲环境行为，中介变量为亲环境行为伦理困境，调节变量为工作家庭分割偏好。检验结果如表6-19所示。

表6-19　关于工作家庭分割偏好的有调节的中介效应回归分析（2）

	M13			M14		
	B	β	t	B	β	t
constant	2.593	0.431	6.021**	5.522	0.536	10.311**
性别	0.023	0.103	0.226	0.147	0.125	1.180*
婚姻状况	0.170	0.124	1.364	-0.353	0.150	-2.349
年龄	0.139	0.088	1.572	0.075	0.107	0.703
受教育水平	0.034	0.064	0.534	-0.122	0.077	-1.583
在岗年限	-0.272	0.103	-2.634*	-0.140	0.126	-1.107
岗位等级	-0.039	0.056	-0.710	-0.142	0.067	-2.116*
单位性质	-0.021	0.023	-0.936	0.034	0.028	1.241
家庭人数	0.024	0.049	0.494	-0.017	0.060	-0.283

续表

	M13			M14		
	B	β	t	B	β	t
可支配收入	0.007	0.052	0.129	−0.103	0.062	−1.654
工作—家庭界面环境价值观一致性	−0.477	0.056	−8.522**	0.260	0.059	4.441**
工作家庭分割偏好	−0.495	0.026	−18.853**			
工作—家庭界面环境价值观一致性×工作家庭分割偏好	0.066	0.032	2.042*			
亲环境行为伦理困境				−0.210	0.047	−4.455**
R²	0.708**			0.274**		
F	54.410**			9.273**		

注：* 表示 $p<0.05$，** 表示 $p<0.01$。

如表6-19所示，模型13表示将控制变量加入模型，检验工作—家庭界面环境价值观一致性和工作家庭分割偏好的交互项对亲环境行为伦理困境的影响。结果显示，工作—家庭界面环境价值观一致性显著负向影响亲环境行为伦理困境（$B=-0.477$，$β=0.056$，$p<0.01$），工作家庭分割偏好显著负向影响亲环境行为伦理困境（$B=-0.495$，$β=0.026$，$p<0.01$），工作—家庭界面环境价值观一致性和工作家庭分割偏好的交互项对亲环境行为伦理困境有显著的正向影响（$B=0.066$，$β=0.032$，$p<0.05$），且交互项可以解释亲环境行为伦理困境70.8%的变化（$R^2=0.708$，$p<0.01$）。

模型14表示将控制变量加入模型，检验工作—家庭界面环境价值观一致性和亲环境行为伦理困境对家庭场所亲环境行为的影响。结果显示，工作—家庭界面环境价值观一致性显著正向影响家庭场所亲环境行为（$B=0.260$，$β=0.059$，$p<0.01$），亲环境行为伦理困境对家庭场所亲环境行为有显著的负向影响（$B=-0.210$，$β=0.047$，$p<0.01$），且亲环境行为伦理困境可以解释家庭场所亲环境行为27.4%的变化（$R^2=0.274$，$p<0.01$）。

由表6-20看出，低分组 eff1（M−1SD）的置信区间为 [0.044, 0.200]，区间不包含0，eff2的置信区间为 [0.038, 0.160]，区间不包含0，高分组 eff3（M+1SD）的置信区间为 [0.030, 0.125]，区间不包含0。因此，有中介的调节效应显著，在由亲环境行为伦理困境中介的工作—家庭界面环境价值观一致性对家庭场所亲环境行为的影响过程中，工作家庭分割偏好起到显著的调节作用，假设 4b 成立。

表 6-20　关于工作家庭分割偏好的有中介的调节效应检验（2）

工作家庭分割偏好	Effect	BootSE	BootLLCI	BootULCI
eff1（M-1SD）	0.124	0.039	0.044	0.200
eff2	0.100	0.031	0.038	0.160
eff3（M+1SD）	0.076	0.024	0.030	0.125

6.4.3.5　工作场所约束性和家庭场所约束性的调节效应检验

为了检验工作场所约束性在亲环境行为伦理困境和工作场所亲环境行为之间的调节效应，在加入控制变量的基础上，用自变量亲环境行为伦理困境、因变量工作场所亲环境行为、调节变量工作场所约束性以及亲环境行为伦理困境和工作场所约束性的乘积项，对调节效应进行回归分析，回归分析结果如表 6-21 所示。

表 6-21　工作场所约束性对亲环境行为伦理困境和工作场所
亲环境行为关系的调节作用检验

变量	M15			M16		
	B	β	t	B	β	t
性别	0.341	0.165	2.562*	0.343	0.166	2.594*
婚姻状况	-0.452	-0.219	-2.805*	-0.428	-0.207	-2.663*
年龄	0.062	0.049	0.548	0.056	0.044	0.494
受教育水平	-0.213	-0.146	-2.598*	-0.193	-0.133	-2.354*
在岗年限	-0.119	-0.079	-0.880	-0.094	-0.063	-0.698
岗位等级	-0.166	-0.172	-2.323*	-0.155	-0.161	-2.168*
单位性质	0.045	0.093	1.536	0.051	0.106	1.744
家庭人数	-0.011	-0.009	-0.168	-0.004	-0.004	-0.064
可支配收入	-0.120	-0.125	-1.805	-0.112	-0.116	-1.687
亲环境行为伦理困境	-0.307	-0.384	-6.698**	-0.591	-0.739	-3.809**
工作场所约束性	0.169	0.147	2.607*	-0.032	-0.028	-0.261

续表

变量	M15			M16		
	B	β	t	B	β	t
亲环境行为伦理困境×工作场所约束性				0.080	0.454	1.913*
R²	0.233**			0.244*		
F	7.476**			7.225**		

注：*表示 $p<0.05$，**表示 $p<0.01$。

如表 6-21 所示，模型 15 表示将控制变量加入模型，检验工作场所约束性和亲环境行为伦理困境分别对工作场所亲环境行为的影响。模型 16 表示控制了工作场所约束性和亲环境行为伦理困境对工作场所亲环境行为的主效应以后，工作场所约束性和亲环境行为伦理困境的交互项对工作场所亲环境行为的影响。由于前面亲环境行为伦理困境与亲环境行为之间的关系为负向关系，表 6-21 中亲环境行为伦理困境与工作约束性的交互项系数为正，表示工作约束性的调节为负向调节。该结果显示，工作场所约束性和亲环境行为伦理困境的交互项对工作场所亲环境行为有显著的正向影响（B=0.080，β=0.454，$p<0.05$），且交互项可以用来解释工作场所亲环境行为 24.4%的变化（$R^2=0.244$，$p<0.05$）。

根据分析结果，绘制调节效应图 6-3。总体来看，随着亲环境行为伦理困境的升高，工作场所亲环境行为降低。此外，工作场所约束性负向调节了亲环境行为伦理困境与工作场所亲环境行为之间的负向影响关系。在低工作场所约束性的情况下，亲环境行为伦理困境对工作场所亲环境行为的负向影响较为强烈；在高工作场所约束性的情况下，亲环境行为伦理困境对工作场所亲环境行为的负向影响较为缓和，假设 5a 成立。

为了检验家庭场所约束性在亲环境行为伦理困境和家庭场所亲环境行为之间的调节效应，在加入控制变量的基础上，将自变量亲环境行为伦理困境、因变量家庭场所亲环境行为、调节变量家庭场所约束性以及亲环境行为伦理困境和家庭场所约束性的乘积项，对调节效应进行回归分析，回归分析结果如表 6-22 所示。

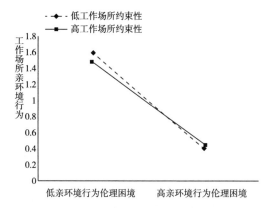

图 6-3 工作场所约束性对亲环境行为伦理困境和工作场所亲环境行为关系的调节效应

表 6-22 家庭场所约束性对亲环境行为伦理困境和工作场所亲环境行为关系的调节作用检验

变量	M17			M18		
	B	β	t	B	β	t
性别	0.148	0.074	1.156	0.152	0.077	1.194
婚姻状况	-0.348	-0.175	-2.265*	-0.331	-0.167	-2.151*
年龄	0.047	0.039	0.436	0.037	0.030	0.342
受教育水平	-0.081	-0.058	-1.034	-0.073	-0.052	-0.932
在岗年限	-0.159	-0.110	-1.236	-0.140	-0.097	-1.081
岗位等级	-0.152	-0.164	-2.226*	-0.142	-0.154	-2.073*
单位性质	0.027	0.057	0.954	0.026	0.055	0.912
家庭人数	0.029	0.026	0.473	0.030	0.028	0.501
可支配收入	-0.099	-0.106	-1.553	-0.093	-0.101	-1.467
亲环境行为伦理困境	-0.362	-0.470	-8.078**	-0.497	-0.646	-4.510**
家庭场所约束性	0.152	0.170	2.933*	0.032	0.036	0.309
亲环境行为伦理困境×家庭场所约束性				0.045	0.268	1.346*
R²	0.245**			0.250*		
F	7.975**			7.483**		

注：* 表示 $p<0.05$，** 表示 $p<0.01$。

如表 6-22 所示，模型 17 表示将控制变量加入模型，检验家庭场所约束性和亲环境行为伦理困境分别对家庭场所亲环境行为的影响。模型 18 表示控制了家庭场所约束性和亲环境行为伦理困境对家庭场所亲环境行为的主效应以后，家庭场所约束性和亲环境行为伦理困境的乘积对家庭场所亲环境行为的影响。该结果显示，家庭场所约束性和亲环境行为伦理困境的交互项对家庭场所亲环境行为有显著的正向影响（$B = 0.045$，$\beta = 0.268$，$p<0.05$），且可以用来解释工作场所亲环境行为 25.0% 的变化（$R^2 = 0.250$，$p<0.05$）。由于前面对亲环境行为伦理困境与亲环境行为之间的关系为负向关系，表 6-22 中亲环境行为伦理困境与家庭约束性的交互项系数为正表示家庭约束性的调节为负向调节。

根据分析结果，绘制调节效应图 6-4。如图 6-4 所示，随着亲环境行为伦理困境的升高，家庭场所亲环境行为降低。此外，家庭场所约束性负向调节了亲环境行为伦理困境与家庭场所亲环境行为之间的负向影响关系。在低家庭场所约束性的情况下，亲环境行为伦理困境对家庭场所亲环境行为的负向影响较为强烈；在高家庭场所约束性的情况下，亲环境行为伦理困境对家庭场所亲环境行为的负向影响较为缓和，假设 5b 成立。

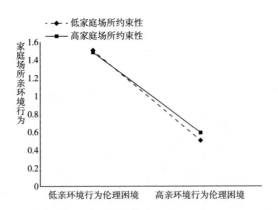

图 6-4 家庭场所约束性对亲环境行为伦理困境和家庭场所亲环境
行为关系的调节效应

6.4.3.6 工作场所约束性和家庭场所约束性的有中介的调节效应检验

为了检验场所约束性在由亲环境行为伦理困境中介的工作—家庭界面

环境价值观一致性对亲环境行为的影响过程中的调节效应，采用 SPSS25.0 中的 process 插件，利用模型 14 对有第二阶段调节的中介效应进行检验。

首先，进行工作场所约束性在由亲环境行为伦理困境中介的工作—家庭界面环境价值观一致性对工作场所亲环境行为的影响过程中的调节效应检验。

如表 6-23 所示，模型 19 表示将控制变量加入模型，检验工作—家庭界面环境价值观一致性影响亲环境行为伦理困境的关系。结果显示，工作—家庭界面环境价值观一致性显著负向影响亲环境行为伦理困境（B = −0.617，β = 0.065，$p < 0.01$）。模型 20 表示将控制变量加入模型，发现工作—家庭界面环境价值观一致性对工作场所亲环境行为有显著正向影响（B = 0.325，β = 0.060，$p < 0.01$），亲环境行为伦理困境对工作场所亲环境行为有显著负向影响（B = −0.176，β = −0.050，$p < 0.01$），工作场所约束性对工作场所亲环境行为有显著的正向影响（B = 0.139，β = 0.062，$p < 0.05$），亲环境行为伦理困境和工作场所约束性的交互项对工作场所亲环境行为有显著的正向影响（B = 0.097，β = 0.040，$p < 0.05$），且可以解释工作场所亲环境行为 31.9% 的变化（$R^2 = 0.319$，$p < 0.01$）。

表 6-23 关于工作场所约束性的有调节的中介效应回归分析

	M19			M20		
	B	β	t	B	β	t
constant	1.344	0.674	1.994*	4.164	0.550	7.575**
性别	−0.017	0.161	−0.104	0.289	0.126	2.287*
婚姻状况	0.028	0.194	0.147	−0.389	0.153	−2.545*
年龄	0.170	0.137	1.239	0.103	0.108	0.950
受教育水平	0.057	0.099	0.579	−0.220	0.078	−2.814*
在岗年限	−0.444	0.161	−2.764*	−0.084	0.128	−0.654
岗位等级	−0.037	0.086	−0.425	−0.116	0.068	−1.693
单位性质	−0.030	0.035	−0.839	0.055	0.028	1.976*
家庭人数	0.062	0.077	0.802	−0.036	0.060	−0.601
可支配收入	−0.009	0.080	−0.117	−0.107	0.063	−1.690
工作—家庭界面环境价值观一致性	−0.617	0.065	−9.426**	0.325	0.060	5.434**

续表

	M19			M20		
	B	β	t	B	β	t
亲环境行为伦理困境				−0.176	−0.050	−3.494**
工作场所约束性				0.139	0.062	2.238*
亲环境行为伦理困境×工作场所约束性				0.097	0.040	2.434*
R²	0.283**			0.319**		
F	10.678**			9.648**		

注：* 表示 $p < 0.05$，** 表示 $p < 0.01$。

表 6-24 显示，低分组 eff1（M−1SD）的置信区间为 [0.056, 0.262]，区间不包含 0，eff2 的置信区间为 [0.027, 0.189]，区间不包含 0，高分组 eff3（M+1SD）的置信区间为 [0.040, 0.153]，区间不包含 0。因此，有中介的调节效应显著，假设 6a 成立。

表 6-24　关于工作场所约束性的有中介的调节效应检验

工作场所约束性	Effect	BootSE	BootLLCI	BootULCI
eff1（M−1SD）	0.162	0.053	0.056	0.262
eff2	0.109	0.041	0.027	0.189
eff3（M+1SD）	0.055	0.049	0.040	0.153

其次，进行家庭场所约束性在由亲环境行为伦理困境中介的工作—家庭界面环境价值观一致性对家庭场所亲环境行为的影响过程中的调节效应检验。

如表 6-25 所示，模型 21 表示将控制变量加入模型，结果显示，工作—家庭界面环境价值观一致性显著负向影响亲环境行为伦理困境（B = −0.617，β = 0.065，$p < 0.01$）。模型 22 表示将控制变量加入模型，结果显示工作—家庭界面环境价值观一致性对家庭场所亲环境行为有显著的正向影响（B = 0.244，β = 0.058，$p < 0.01$），亲环境行为伦理困境对家庭场所亲环境行为有显著的负向影响（B = −0.260，β = −0.050，$p < 0.01$），家庭场所约束性对家庭场所亲环境行为有显著的正向影响（B = 0.126，β = 0.051，$p < 0.05$），亲环境行为伦理困境和家庭场所约束性的交互项对家庭场所亲环境行为有显著的正向影响（B = 0.047，β = 0.032，$p < 0.05$），可以解释家庭场

所亲环境行为 29.7% 的变化（$R^2 = 0.297$，$p < 0.01$）。

表 6-25 关于家庭场所约束性的有调节的中介效应回归分析

	M21			M22		
	B	β	t	B	β	t
constant	1.344	0.674	1.994*	4.308	0.532	8.096**
性别	-0.017	0.161	-0.104	0.118	0.124	0.953
婚姻状况	0.028	0.194	0.147	-0.305	0.150	-2.037*
年龄	0.170	0.137	1.239	0.074	0.106	0.699
受教育水平	0.057	0.099	0.579	-0.098	0.076	-1.285
在岗年限	-0.444	0.161	-2.764*	-0.135	0.126	-1.076
岗位等级	-0.037	0.086	-0.425	-0.115	0.067	-1.714
单位性质	-0.030	0.035	-0.839	0.027	0.027	1.007
家庭人数	0.062	0.077	0.802	0.002	0.059	0.032
可支配收入	-0.009	0.080	-0.117	-0.089	0.062	-1.448
工作—家庭界面环境价值观一致性	-0.617	0.065	-9.426**	0.244	0.058	4.201**
亲环境行为伦理困境				-0.260	-0.050	-5.190**
家庭场所约束性				0.126	0.051	2.488*
亲环境行为伦理困境×家庭场所约束性				0.047	0.032	1.452*
R^2	0.283**			0.297**		
F	10.678**			8.693**		

注：* 表示 $p < 0.05$，** 表示 $p < 0.01$。

由表 6-26 看出，低分组 eff1（M-1SD）的置信区间为 [0.075，0.301]，区间不包含 0，eff2 的置信区间为 [0.076，0.240]，区间不包含 0，高分组 eff3（M+1SD）的置信区间为 [0.046，0.212]，区间不包含 0。因此，有中介的调节效应显著，假设 6b 成立。

表 6-26 关于家庭场所约束性的有中介的调节效应检验

家庭场所约束性	Effect	BootSE	BootLLCI	BootULCI
eff1（M-1SD）	0.193	0.058	0.075	0.301
eff2	0.161	0.042	0.076	0.240
eff3（M+1SD）	0.129	0.042	0.046	0.212

6.4.4 研究结果

根据上述实证检验，整理假设检验结果，包括自变量工作—家庭界面环境价值观一致性和因变量工作场所亲环境行为与家庭场所亲环境行为的关系；亲环境行为伦理困境在工作—家庭界面环境价值观一致性和工作场所亲环境行为之间，以及工作—家庭界面环境价值观一致性和家庭场所亲环境行为之间的中介作用；在工作—家庭界面环境价值观一致性和亲环境行为伦理困境之间工作家庭分割偏好的调节作用；工作场所约束性在亲环境行为伦理困境和工作场所亲环境行为之间，以及家庭场所约束性在亲环境行为伦理困境和家庭场所亲环境行为之间的调节作用（见表6-27）。

表 6-27 研究结果总结

序号	研究假设	验证结论
假设1a	员工工作—家庭界面环境价值观一致性对工作场所亲环境行为具有正向影响	成立
假设1b	员工工作—家庭界面环境价值观一致性对家庭场所亲环境行为具有正向影响	成立
假设2a	亲环境行为伦理困境在工作—家庭界面环境价值观一致性与工作场所亲环境行为之间起到中介作用	成立
假设2b	亲环境行为伦理困境在工作—家庭界面环境价值观一致性与家庭场所亲环境行为之间起到中介作用	成立
假设3	工作家庭分割偏好弱化了工作—家庭界面环境价值观一致性与员工亲环境行为伦理困境之间的负相关关系。工作家庭分割偏好越高，工作—家庭界面环境价值观一致性与亲环境行为伦理困境之间的负相关关系越弱；工作家庭分割偏好越低，工作—家庭界面环境价值观一致性与亲环境行为伦理困境之间的负相关关系越强	成立
假设4a	工作家庭分割偏好弱化了亲环境行为伦理困境在工作—家庭界面环境价值观一致性与工作场所亲环境行为之间的中介关系。工作家庭分割偏好越高，工作—家庭界面环境价值观一致性通过亲环境行为伦理困境对工作场所亲环境行为的正相关关系越弱；工作家庭分割偏好越低，工作—家庭界面环境价值观一致性通过亲环境行为伦理困境对工作场所亲环境行为的正相关关系越强	成立

序号	研究假设	验证结论
假设 4b	工作家庭分割偏好弱化了亲环境行为伦理困境在工作—家庭界面环境价值观一致性与家庭场所亲环境行为之间的中介关系。工作家庭分割偏好越高，工作—家庭界面环境价值观一致性通过亲环境行为伦理困境对家庭场所亲环境行为的正相关关系越弱；工作家庭分割偏好越低，工作—家庭界面环境价值观一致性通过亲环境行为伦理困境对家庭场所亲环境行为的正相关关系越强	成立
假设 5a	工作场所约束性弱化了亲环境行为伦理困境与工作场所亲环境行为之间的负相关关系。工作场所约束性越高，亲环境行为伦理困境与工作场所亲环境行为之间的负相关关系越弱；工作场所约束性越低，亲环境行为伦理困境与工作场所亲环境行为之间的负相关关系越强	成立
假设 5b	家庭场所约束性弱化了亲环境行为伦理困境与家庭场所亲环境行为之间的负相关关系。家庭场所约束性越高，亲环境行为伦理困境与家庭场所亲环境行为之间的负相关关系越弱；家庭场所约束性越低，亲环境行为伦理困境与家庭场所亲环境行为之间的负相关关系越强	成立
假设 6a	工作场所约束性弱化了亲环境行为伦理困境在工作—家庭界面环境价值观一致性与工作场所亲环境行为之间的中介关系。工作场所约束性越高，工作—家庭界面环境价值观一致性通过亲环境行为伦理困境对工作场所亲环境行为的正相关关系越弱；工作场所约束性越低，工作—家庭界面环境价值观一致性通过亲环境行为伦理困境对工作场所亲环境行为的正相关关系越强	成立
假设 6b	家庭场所约束性弱化了亲环境行为伦理困境在工作—家庭界面环境价值观一致性与家庭场所亲环境行为之间的中介关系。家庭场所约束性越高，工作—家庭界面环境价值观一致性通过亲环境行为伦理困境对家庭场所亲环境行为的正相关关系越弱；家庭场所约束性越低，工作—家庭界面环境价值观一致性通过亲环境行为伦理困境对家庭场所亲环境行为的正相关关系越强	成立

6.5 研究结论与讨论及研究创新点

6.5.1 研究结论与讨论

6.5.1.1 自变量对因变量的作用结果

企业员工工作—家庭界面环境价值观一致性与工作场所亲环境行为和家庭场所亲环境行为有显著的正向影响效应。这种正向的影响是因为，一致性展现的是个体在不同空间下对于环境价值观的认同度，工作—家庭界面环境价值观一致性越高，表示员工在工作场所和家庭场所的环境价值观差异越小，也就是说，无论在家里还是在单位，企业员工都认为某一环境价值观是一样重要的。需要提出的，本书在该部分的研究是基于现阶段我国生态文明建设发展到较高阶段的现实情况，而认为当前企业员工的亲环境价值观得分以及亲环境素养普遍较高。那么，在此情境下可以举例来说，如果员工在家里认为节约家庭的资源是比较重要的，而在单位也认为节约单位的资源是比较重要的，那么员工在工作和在家庭场所下"一致"的环境价值观会使得员工在家和在单位的亲环境行为都增加。工作—家庭界面环境价值观一致性越低，表示个体在工作场所和家庭场所的环境价值观差异越大。比如，员工在家里认为家庭财产是非常重要的，而在单位认为组织的财富与他无关，那么员工在工作场所和在家庭场所下"不一致"的环境价值观导致员工在家和在单位的亲环境行为都减少。

6.5.1.2 自变量对中介变量的作用结果

工作—家庭界面环境价值观一致性对亲环境行为伦理困境有显著的负向影响，表明员工工作—家庭界面环境价值观一致性越高，其亲环境行为伦理困境越小；员工工作—家庭界面环境价值观一致性越低，其亲环境行为伦理困境越大。这种负向影响的效应是因为，工作—家庭界面环境价值观一致性越"高"或"低"，表示员工在工作场所和家庭场所下价值观差异越"大"或"小"。也就是说，企业员工的工作—家庭环境价值观一致性越低，员工在家里和在单位的价值观差异越大，员工越会陷入亲环境行为伦理困境中，而企业员工的工作—家庭环境价值观一致性越高，员工在家里和在单位的价值观差异越小，员工对于是否自觉实施亲环境行为有着更为一致的想法，因此亲环境行为伦理困境越小。

6.5.1.3 中介变量对因变量的作用结果

亲环境行为伦理困境与工作场所亲环境行为和家庭场所亲环境行为之间有显著负向的关系。该结果表明员工陷入的亲环境行为伦理困境越高，在工作场所和家庭场所的亲环境行为都减少，论证并验证了亲环境伦理困境在影响员工亲环境行为自觉实现时所充当的强烈的负面角色。同时，也充分说明要想实现企业员工亲环境行为自觉，必须有效克服员工亲环境行为伦理困境。该负作用可以从伦理困境的内涵来解释：企业员工对亲环境行为伦理困境的认知过程是基于员工环境规范嵌套于企业环境规范的情境下，通过对系列冲突点进行整体性识别、解读、评价和判断，进而选择符合一方利益的"正确"行为的认知过程。在认知过程中，员工感知的冲突元素都会形成企业员工亲环境行为实施的"心理栅栏"，引发员工亲环境行为伦理困境，阻碍员工亲环境行为自觉的实现。员工感知的困境程度越强，意味着员工亲环境行为实施的"心理栅栏"就越高越坚固，越难以迈过，导致员工在工作场所和家庭场所的亲环境行为表现较差。

6.5.1.4 中介变量在自变量和因变量之间的作用结果

在工作—家庭界面环境价值观一致性和亲环境行为之间，亲环境行为伦理困境起到中介作用。个体的工作—家庭界面环境价值观一致性先影响亲环境行为伦理困境，再通过影响亲环境行为伦理困境去影响亲环境行为。工作—家庭界面环境价值观一致性与亲环境行为伦理困境之间是负向影响关系，亲环境行为伦理困境与亲环境行为之间是负向影响关系，在亲环境行为伦理困境的中介作用下，工作—家庭界面环境价值观一致性与亲环境行为的总效应是正向影响的关系。

6.5.1.5 调节变量的作用结果

工作家庭分割偏好在工作—家庭界面环境价值观一致性与亲环境行为伦理困境之间起到调节作用。工作—家庭界面环境价值观一致性与亲环境行为伦理困境之间的负向关系会受到员工工作家庭分割偏好的弱化作用。对于高工作家庭分割偏好的员工，其感知的工作—家庭界面环境价值观一致性与亲环境行为伦理困境之间的负向关系越弱；而对于低工作家庭偏好的员工，其感知的工作—家庭界面环境价值观一致性与亲环境行为伦理困境之间的负向关系越强。

工作场所约束性在亲环境行为伦理困境和工作场所亲环境行为之间起到调节作用。亲环境行为伦理困境与工作场所亲环境行为之间的负向关系会受到工作场所约束性的弱化作用。在高工作场所约束性的情况下，亲环境行为伦理困境与工作场所亲环境行为之间的负向关系越弱，在低工作场所约束性的情况下，亲环境行为伦理困境与工作场所亲环境行为之间的负向关系越强。

家庭场所约束性在亲环境行为伦理困境和家庭场所亲环境行为之间起到调节作用。亲环境行为伦理困境与家庭场所亲环境行为之间的负向关系会受到家庭场所约束性负向的弱化作用。在高家庭场所约束性的情况下，员工亲环境行为伦理困境与家庭场所亲环境行为之间的负向关系越弱，在低家庭场所约束性的情况下，员工亲环境行为伦理困境与家庭场所亲环境行为之间的负向关系越强。

6.5.2 研究创新点

（1）从空间导向员工利益分层视角创新性解读企业员工亲环境行为伦理困境的形成原因，通过对个体层面的环境价值观变量与组织层面的空间变量进行"个体层—组织层"的阶跃性融合，将空间导向员工利益分层的问题转化为工作—家庭界面员工环境价值观一致性的问题进行研究，为个体亲环境行为自觉实现的阻碍路径研究提供新视角。

（2）创新从工作—家庭界面的环境价值观一致性视角探讨其对员工"工作—家庭"双空间、双路径的亲环境行为溢出效应，不仅关注员工环境价值观在工作—家庭界面的跨场域特征，也强调员工亲环境行为在工作—家庭界面的跨场域呈现。通过将因变量亲环境行为分别定位于工作和家庭场所的亲环境行为，来探究空间导向员工利益分层（工作—家庭界面环境价值观一致性）对员工亲环境行为在工作—家庭界面的双路径呈现规律。

（3）创新将亲环境行为伦理困境、工作家庭分割偏好、场域约束性等变量纳入统一研究框架下，以详细勾画员工工作—家庭界面环境价值观一致性影响员工工作—家庭界面亲环境行为的双路径呈现规律，并论证了亲环境行为伦理困境在影响员工亲环境行为自觉实现时所充当的强烈的负面角色，在丰富企业环境治理个体层研究的同时，亦可为"如何实现"以及"如何创新实现"企业员工亲环境行为自觉的环境管理策略提供新思路新借鉴。

7 企业环境治理个体层困境的形成：关系导向利益分层的视角

7.1 引言

7.1.1 企业员工亲环境行为伦理困境是制约其亲环境行为自觉的关键因素

人类行为原本在基因和文化的共同作用下，能够形成社会规范的内化以及与个人规范的统一，从而自觉形成亲环境行为，实现人类的繁衍和可持续发展。但在工作场所的现实情境中，会发现员工在实施亲环境行为前，有时会陷入一种困境状态。如日常工作中，天气不是很热的时候，员工基于环保的想法打算把空调关掉或调整到环保温度，但又想到在公司同事和领导可能会倾向于打开空调让自身更舒适，便在是否要实施"关空调或调整到环保温度"这一亲环境行为上产生了纠结。类似的选择也可能发生在对环境影响更大的工作中，如员工在考虑某项方案的实施方式上想采用更加环保的纸张进行宣传，但花费公司更高的成本可能会让上级不满意，而使用普通纸张宣传却不够环保，此时员工便陷入了是否选择环保方式方案实施的困境之中。基于人类繁衍与可持续发展的视角，人类应该将社会规范内化，从而自觉实施亲环境行为来保护生态。但这种亲环境行为的收益往往不具有及时性，人类存在通过消耗自然资源来维持及时性利益的需求，这种冲突使得人类产生了亲环境行为伦理困境，改变了人类繁衍与可持续发展视角下的亲环境行为意向。

具体到工作场所，便是员工在进行亲环境行为选择时，一方面考虑自我以及同事或领导等利益相关者的现阶段生活发展需要（个体利益需求与观念），另一方面考虑整个社会的可持续发展与生存（社会利益与规范），两者之间的冲突与选择造成了员工的亲环境行为伦理困境，干扰了员工本身想要进行亲环境行为的意向。员工在工作场所中进行环境行为选择时无非两种结果：实施与不实施。选择实施便是选择了主动增加碳吸收行为（如植树造林等），并减少了碳排放（如低碳出行、节水节电等）；而选择不实施便会造成碳排放的持续甚至增加。而员工的亲环境行为伦理困境，便表现出无法在这两者之间进行抉择（见图 7-1）。为了能够有效地促进员工的亲环境行为自觉，从而推动企业绿色可持续发展以及中国的碳中和计划实施，需要探究这一困境的形成路径来找到破解策略。

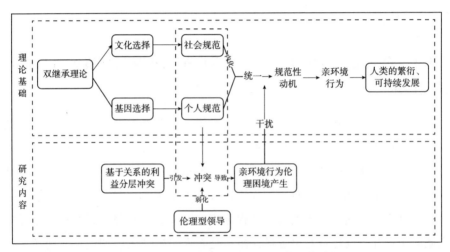

图 7-1 双继承视角下亲环境行为的干扰分析

需提出的是，由于本书在第六章已经论证并验证了亲环境伦理困境在影响员工亲环境行为自觉实现时所充当的强烈的负面角色，得出了要想真正实现企业员工亲环境行为自觉，必须有效克服员工亲环境行为伦理困境的结论，在后续相关章节中本书只关注不同视角下的企业环境治理个体层困境成因研究，在本章节关注的是关系导向的员工利益分层对员工亲环境行为伦理困境的影响作用。

7.1.2 关系导向员工利益分层是诱发员工亲环境行为伦理困境的促进要素

如前所述，员工亲环境行为伦理困境的产生涉及两种关键要素，一是涉及环境利益与人们的当下利益，二是出现了多个相关主体。行为的产生往往依赖于人们内在的利益诉求（Stern et al.，1999；Stern 2000），而现实中嵌入生态文明体系中的各类主体，他们的利益诉求内容与表现形式不同，在以员工个体为中心的利益格局中，员工个体与各类主体依据某种关系相互关联在一种既定的利益结构中。由此可以找到亲环境行为伦理困境产生的关键因素：环保利益诉求与行为主体的关系结构。

困境产生的深层原因，来自员工本身想要进行环境保护的观念与他认为同事和领导比较看重自身的舒适和利益的诉求产生了冲突，进而产生"心理栅栏"。虽然员工自身存在亲环境行为的倾向，但如果涉及自身环保利益诉求与利益相关者环保利益诉求产生冲突，员工便会陷入如何在多种利益诉求和伦理标准面前做出最优决策的伦理困境。同时，以员工为中心的关系结构存在层次划分，就像员工感受到领导的环保利益诉求与感受到同事的环保利益诉求对员工的影响不同，不同层次关系中的利益相关者对员工的影响程度是不同的。这种关系导向的员工利益分层，便是造成员工亲环境行为伦理困境的促进因素。

此外，当员工感受到自身环境价值观与他人环境价值诉求出现冲突，进而产生"心理栅栏"并产生亲环境行为伦理困境时，员工会主动寻找其他信息来帮助自己做出选择。在工作场所中，主管领导的行为对员工的影响是十分重要的，领导的伦理型特征能够给员工提供一种信息，使其在主动寻找其他信息的过程中，获取到关于生态伦理规范的认知，从而倾向于将社会环境利益与自身利益一体化，认为做出亲环境行为的选择是更有利的。在此情境下，员工便能够打破此类"心理栅栏"，有效缓解亲环境行为伦理困境。

7.1.3　研究目的与研究意义

7.1.3.1　研究目的

虽然目前我国企业员工的环保意识有所提升，但员工环保意识与环保行为之间还存在一定距离，员工在有环保意识的情况下，会因为身边人的干扰陷入是否去实施亲环境行为的困境中。基于此，要想促进员工的亲环境行为自觉，就要明晰导致人们产生亲环境行为伦理困境的根本原因。为解决这一问题，首先从关系导向员工利益分层这一基本概念出发，探索了工作场所情境下关系导向利益分层的内涵及维度；随后通过数据调查，分析哪些形式的组合状态会导致高程度或低程度的亲环境行为伦理困境，最终得到形成低程度伦理困境的最佳关系导向的员工利益分层形态，为制定员工亲环境行为伦理困境干预政策提供理论依据。

基于此，本书该部分的研究目标为，第一，通过文献研究方法厘清关系导向员工利益分层的内涵与结构。第二，构建工作场所关系导向员工利益分层冲突程度对其亲环境行为伦理困境的理论模型，并进行实证检验。第三，探究伦理型领导在关系导向员工利益分层与亲环境行为伦理困境中的调节作用，并进行实证检验。

7.1.3.2 理论意义

第一，结合环境价值观理论、圈层理论与内外群体理论，创新性探讨关系导向员工利益分层的内涵与结构，丰富了价值诉求与人际关系领域的相关研究。第二，整合关系导向利益分层与亲环境行为伦理困境，探究员工产生困境的促进原因，从诉求与关系的角度明晰亲环境行为抉择前困境是如何产生的。第三，基于双继承理论和认知失调理论，揭示员工亲环境行为伦理困境形成的前因及伦理型领导的调节作用。

7.1.3.3 实践意义

可以为企业参与碳中和行动提供思路，同时也能够为企业提供提升环境绩效的新思路，最终通过破解关系导向员工利益分层来化解其亲环境行为伦理困境，以激励员工个体积极参与环境保护，从而推动企业绿色可持续发展以及中国的碳中和计划实施。

7.2 关系导向员工利益分层的结构与测算研析

7.2.1 关系导向员工利益分层的结构研究

借鉴第六章中空间导向员工利益分层问题转化为工作—家庭界面员工环境价值观一致性问题的思路，本书将员工个体环境价值观融入中国人圈层关系特点中，形成关系导向员工利益分层结构，将关系导向员工利益分层问题转化为不同圈层关系下环境价值观的冲突程度问题。划分过程需要考虑两种层次：一是员工对于工作场所中利益相关者的关系层次的划分；二是在每一个关系层次中，员工感受到这些人所具有的环境价值诉求。

费孝通认为中国人的人际关系是具有"圈层结构"的（费孝通，1998）。相似的，在工作情境下，以员工自身为中心，根据关系的亲疏远近可以分出一层一层的"圈"（周建国，2002）。根据人际圈层理论，可将员工周围的关系大体划分为圈内和圈外，员工会根据与他人关系的远近来形成对他们的不同态度，就像水波纹一样，对离圈子中心越远的"外人"，关心程度越会减弱，那么"外人"对自身的影响也会随之减少（见图7-2）。然而，这个划分依据不是固定的，要结合具体情景与场合，员工通常将与自身关系密切的"自己人"范围归为"圈内"，其他人则会被放入"圈外"。此外，考虑到工作场所情境，对于关系层次的具体划分将结合工作中的权力距离与社会人际层面的心理距离来进行。

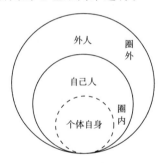

图7-2　中国人的圈层结构

心理距离（Psychological Distance）的产生，以此时此地的自我为中心，是一种对于外界事物与自我的远近距离的主观感受。心理距离有四个不同的维度：时间距离、空间距离、社会距离、发生概率（Trope and Liberman，2010）。本书所依据的是社会距离，即和自身具有关系的社会目标与个体间的区别大小（如距离近的亲人和亲密朋友等，距离远的竞争对手、陌生人等）。对于个体自身来说，圈外（外群体）感觉比圈内（内群体）的社会距离更远（Bar-Anan et al.，2007）。

处于同一个社会体系中的不同个体，会存在拥有权力较少的人和拥有权力较多的人。权力距离被定义为这种权力之间分配不均匀的程度

（Mulder，1976）。距离代表了秩序与阶级，距离的存在界定了组织中成员之间的关系（黄应贵，2002）。基于权力距离来分析员工个体在工作场所的关系，员工个体层面的权力距离属于员工任职的范畴，可以看作存在级别差异的双方对另一方的权力感知（包艳、廖建桥，2019）。

　　基于上述论述，可将社会心理距离与权力距离纳入二维直角坐标系上，由此得到两行两列的关系图（见图7-3）。基于图7-3来分析工作场所中的关系层次，其中，低权力距离并且低心理距离的个体往往与员工关系最为密切，包含同一部门或者同一团队的亲密同事、朋友等，被其纳入"圈内人"范畴；高权力距离、低心理距离的个体则与员工关系较为密切，包含员工直接领导/部门负责人等，也被其纳入"圈内人"范畴；高权力距离且高心理距离的个体与员工关系较为疏远，包含最高领导、其他领导等，可被纳入"圈外人"范畴；低权力距离、高心理距离的个体一般与员工关系十分疏远，包含普通同事、竞争对手等，同样被纳入"圈外人"范畴。

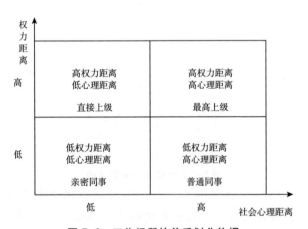

图7-3　工作场所的关系划分依据

7.2.2　关系导向员工利益分层的冲突分析及测算

7.2.2.1　企业环境治理情境下的关系导向员工利益分层冲突分析

　　个体皆有自身所具有的价值诉求，但人作为群居生物，由于自身基因和社会环境的约束，本身就具有利他的倾向（Beevers et al.，2007），在进行行为选择时要考虑到其他人的看法和利益诉求。那么，个体自身价值诉求和感受到他人的价值诉求之间的关系势必会对每一个人造成影响。在工作场所中，员工就涉及自身价值观念与感受到的周围同事或领导的价值诉求之间出现冲突的状况，这时便形成了基于关系的员工利益分层冲突（见图7-4）。

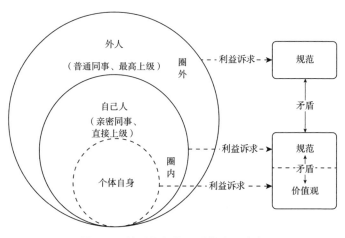

图7-4 关系导向员工利益分层冲突

关系导向员工利益分层冲突定义为员工感受到自身价值观与其对圈内人和圈外人价值诉求的冲突。那么在企业环境治理情境下，关系导向员工利益分层的问题也可转化为员工自身环境价值观与他人环境价值观的冲突问题。员工自身环境价值观与感受到他人的环境价值诉求冲突程度越低，说明企业环境治理情境下的关系导向员工利益分层冲突程度越弱；相反，冲突程度越高，则说明关系导向员工利益分层冲突程度越严重。

7.2.2.2 关系视角下员工利益分层的冲突测算

采用Stern和Dietz的环境价值观体系（Stern and Dietz, 1999），通过问卷测量，得到员工自身环境价值观的数据，以及感受到的他人（亲密同事、直接上级、普通同事、最高上级）环境价值观的数据。在此基础上，进一步通过测量和分析自身环境价值观与感受他人的环境价值观数值差异大小，来计算关系导向员工利益分层的冲突程度高低。以下是对关系导向员工利益分层冲突测算的三个前提设定。

第一，测量的环境价值观分为利己、利他和生态圈价值观三个维度，以得分最高的维度代表员工个体的主要环境价值观、员工感知他人的主要环境价值观。第二，当员工感知他人的主要环境价值观和自身环境价值观相匹配时（即"自身环境价值观得分最高的维度"和"感受到他人环境价值观得分最高的维度"一致），利益分层程度低。第三，当员工感知他人的主要环境价值观和自身环境价值观不匹配时（即"自身环境价值观得分最高的维度"和"感受到他人环境价值观得分最高的维度"不一致），差异越大，关系导向员工利益分层程度越高。

综合以上分析，本书将可能出现的差异情况进行整理（见表7-1）。

表 7-1 环境价值观冲突

感知他人环境价值观 \ 员工自身环境价值观		员工		
		利己价值观	利他价值观	生态圈价值观
圈内 （亲密同事、直接上级）	利己价值观	○	●	◉
	利他价值观	●	○	◉
	生态圈价值观	⊙	◉	○
圈外 （普通同事、最高上级）	利己价值观	○	●	⊙
	利他价值观	●	○	◉
	生态圈价值观	⊙	◉	○

注：●表示两者之间内涵相反，完全冲突；⊙表示两者的内涵中存在较多相反的内容，冲突程度较大；◉表示两者的内涵存在较多一致的内容，冲突程度较小；○表示两者内涵一致，不存在冲突。

（1）一致的情况：当员工（被试）自身环境价值观（得分最高的维度）与感知他人环境价值观（得分最高的维度）相一致时，不存在价值观之间的冲突，关系导向员工利益分层程度最低。

（2）不一致的情况则分为三种。

第一种情况，员工（被试）本身最看重利己价值观（得分最高的维度），感受到他人最看重利他价值观（得分最高的维度）；或者员工（被试）本身最看重利他价值观（得分最高的维度），感受到他人最看重利己价值观（得分最高的维度）。这种情况下，由于利他价值观与利己价值观之间的内涵是相反的，两者之间完全冲突。

第二种情况，员工（被试）本身最看重生态圈价值观（得分最高的维度），感受他人最看重利己价值观（得分最高的维度）；或者员工（被试）本身最看重利己价值观（得分最高的维度），感受到他人最看重生态圈价值观（得分最高的维度）。生态圈价值观是从自我超越维度中提取出来的，利己价值观是从自我提升维度中提取出来的，自我超越与自我提升维度是相互冲突的（Schwartz，2001），因此两者之间的冲突程度较大。

第三种情况，员工（被试）本身最看重利他价值观（得分最高的维度），感受到他人最看重生态圈价值观（得分最高的维度）；或者员工（被试）本身最看重生态圈价值观（得分最高的维度），感受他人最看重利他价值观（得分最高的维度）。利他价值观与生态圈价值观均从自我超越这一维度的价值观中得出（Schwartz，1997），本身具有一定的相关性，因此两者之间的冲突程度较小。

7.2.2.3　冲突程度计算

（1）基于以上分析，为了使员工（被试）的关系导向员工利益分层程度可视化，即将感知他人环境价值观和自身环境价值观（得分最高的维度）的冲突程度量化（A），需要首先找到维度之间本身存在的冲突（B），之后根据数据得到员工（被试）自身环境价值观与感知他人环境价值观的差值（C）：

$$A = B \times C$$

（2）维度之间本身存在的冲突（B）：上述冲突分析及测算说明利己、利他以及生态圈价值观这三个维度之间存在差异性或者一致性，为了将这种差异性可视化，研究过程中将根据数据结果对维度之间的相关性进行探究，由此得到维度之间的相关系数，并进行标准化处理（利他与利己之间的相关系数为 a，利己与生态圈之间的相关系数为 b，利他与生态圈之间的相关系数为 c），这样便得到了维度之间的标准化相关程度；用（1－相关系数）代表维度本身的标准化冲突程度，由此得到权重（利他与利己之间为1－a，利己与生态圈之间为1－b，利他与生态圈之间为1－c）。

（3）员工（被试）自身环境价值观与感知他人环境价值观的差值（C）：通过问卷结果可以找到所有员工（被试）自身环境价值观得分最高的维度，感知他人环境价值观得分最高的维度，若是同一维度，冲突为0；若是不同维度，则两数相加，得到维度之间的差值。

综上，关系导向员工利益分层的冲突程度 ＝（1－发生冲突的两维度之间的相关系数）×（自身环境价值观的值+感知他人环境价值观的值）。

举例：问卷调研得到某一员工（被试）环境价值观的三个维度得分情况是，利己均值为 2.5，利他均值为 4.5，生态圈均值为 3.5；感知他人环境价值观得分是，利己均值为 3.5，利他均值为 3.1，生态圈均值为 3.2。说明员工（被试）环境价值观是利他导向（4.5），感知他人环境价值观是利己导向（3.5）。利己维度与利他维度之间的冲突权重为 a，则被试的冲突程度为 a×［4.5-（-3.5）］。

7.3 理论分析与研究假设

7.3.1 关系导向员工利益分层的冲突与员工亲环境行为伦理困境

通过上文分析，得到了关系导向员工利益分层的基本结构，即员工自身环境价值观与感知他人环境价值观（包括亲密同事、直接上级、普通同事、最高上级）不一致时，便形成了利益分层冲突（见图 7-5）。基于双继承理论，基因和文化共同对员工产生影响，基因选择是一种个人规范，是指员工个体认为自己应当怎么做（Reno et al.，1993），因此员工本身的价值观念会决定其个人规范的内容。而文化选择是一种社会规范，与员工相关的其他主体会以一种社会文化的方式对其产生约束与规范，因此工作场所情境下员工感知重要他人的环境价值观会形成社会规范的内容。由此，员工个人环境价值观与其感知重要他人的环境价值观之间的冲突，会使得个人规范与社会规范发生冲突。

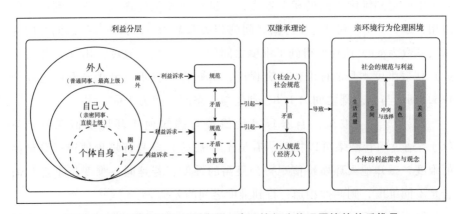

图 7-5 关系导向员工利益分层—亲环境行为伦理困境的关系推导

　　员工亲环境行为伦理困境可以划分为四个维度：环境保护与自身便利等的冲突会形成生活质量维度，社会约束与个体观念的冲突会形成空间维度，"社会人"责任与"经济人"责任的冲突会形成角色维度，"大我利益"与"小我利益"的冲突会形成关系维度（韩钰，2020；芦慧等，2023）。可以看出，亲环境行为伦理困境四维度的冲突是员工个体的"社会人"视角与"经济人"视角产生了冲突，可以概括为"个体的利益需求与观念"与"社会的利益与规范"之间产生了矛盾。也就是说，员工在较为复杂的工作环境中很有可能会产生亲环境行为伦理困境，不得不在自身利益需求和工作环境中利益规则的矛盾处境中进行选择（Gunz and Gunz，2007）。关于引发这一困境的影响因素，西方学者普遍认为包括组织因素、职业本身特性以及员工的个人价值倾向等。Rest认为，员工在进行伦理决策的过程中会经历包括认知、判断、行为意向等复杂的心理过程（Rest，1986），说明人们处于两难选择的心理状态并不单单是自身观念的影响，个人规范、组织与环境规范相互关联，交互影响人们的行为选择（Trevino，1986；Stead et al.，1990）。基于双继承理论，当基因选择与文化选择能够相互作用，即员工的个人规范与社会规范最终达成一致时，员工将会自觉产生亲社会行为（Stern et al.，1999）。聚焦环境问题上，个人规范便是一种个人的利益需求与选择，而社会规范则是一种社会的利益与规范，因此当两者可达成一致时员工能够自觉实施亲环境行为，不会产生困境。而当个人规范与社会规范没能够成功达成一致时，亲环境行为伦理困境便由此产生。

　　关系导向员工利益分层状态会影响个人规范与社会规范之间的关系，当员工个人环境价值观与感知工作场所重要他人（包括亲密同事、直接上级、普通同事、最高上级）的环境价值观统一时，两种规范也将统一；当员工个人环境价值观与感知工作场所重要他人（包括亲密同事、直接上级、普通同事、最高上级）的环境价值观发生冲突时，则会引起员工个人规范与社会规范的冲突出现。而伦理困境的产生正是由于"个体的利益需求与观念"与"社会的利益与规范"之间产生了矛盾。由此可以推断出，关系导向员工利益分层冲突会引发员工亲环境行为伦理困境。基于此，提出以下假设。

　　假设1a：基于亲密同事（圈内）关系层面的员工利益分层冲突正向影

响员工亲环境行为伦理困境。

假设 1b：基于直接上级（圈内）关系层面的员工利益分层冲突正向影响员工亲环境行为伦理困境。

假设 1c：基于最高上级（圈外）关系层面的员工利益分层冲突正向影响员工亲环境行为伦理困境。

假设 1d：基于普通同事（圈外）关系层面的员工利益分层冲突正向影响员工亲环境行为伦理困境。

同时，关系导向员工利益分层中主要存在两个关键因素：一是员工个体对于身边利益相关者的关系层次的划分；二是在每一个关系层次中，员工个体感受到这些人所具有的环境价值诉求。价值诉求的冲突导致困境的产生，冲突的程度将会影响困境的程度，而关系层次的远近也从整体上影响着困境的程度。基于圈层理论，中国传统人际关系是一种类似于水波纹的"差序格局"，每一个人都是这个水波纹的中心，随着水波纹的推出，这种关系会越推越远、越推越薄（周建国，2002）。依据心理距离和权力距离相关理论，将员工在工作场所的关系具体分为亲密同事、直接上级、普通同事和最高上级四种。按照心理距离的远近划分为圈内与圈外，最后形成以员工个体为中心，亲密同事和直接上级为"圈内"、普通同事和最高上级为"圈外"的圈层结构。内外群体理论指出，人们往往对于内群体的关注与偏向性较强，对于不被纳入圈中的外群体则有所减弱。从圈子的中心到圈外，关系由"亲"到"疏"，其对员工个体的影响程度也由"强"到"弱"。因此，当"关系"离"圈"中心越近时，关系导向员工利益分层对亲环境行为伦理困境的影响越强烈，越远则越微弱。基于此，提出以下假设。

假设 1e：基于圈内和圈外关系层面的员工利益分层冲突对员工亲环境行为伦理困境的影响具有差异：基于圈内关系层面的员工利益分层冲突对员工亲环境行为伦理困境的影响，强于基于圈外关系层面的员工利益分层冲突对员工亲环境行为伦理困境的影响。

7.3.2 伦理型领导的调节作用

研究表明，伦理型领导可以积极地预测员工的组织公民行为（Toor and Ofori, 2009; Trevino et al., 2003）。而组织公民行为的词条包括"保护和节约公司资源"等环境行为的条目（武欣等，2005），说明伦理型领导对员工亲环境行为决策产生正向引导。作为一名伦理型领导，会在工作中向员工明确伦理道德的重要性，制定相关的奖励与处罚措施，引导员工能够更多地站在社会人视角思考问题，从而将亲环境行为选择这一天平更多地偏向社会环境中的利益与规则，缓解亲环境行为伦理困境。同时，根据认知失调理论，个体在本身的固有观念与其行为选择不一致时，可察觉到的多种矛盾态度都会导致不协调，产生类似于焦虑的负面情绪，个体会主动采取行动来缓解这种负面情绪（Shulman et al.，2010；Zielinski，2012）。参考杨雪等构建的认知失调模型，个体的认知失调经历被划分为以下三个阶段：失控—失调—自我调整（杨雪等，2015），而减少认知失调的方法通常有以下四种：改变认知，增加新的认知（即增加一种与产生冲突的认知不一样的新认知，从而降低冲突），改变认知的相对重要性，改变行为（但通常比态度更难改变）。

基于以上分析，当员工由关系导向利益分层之间的冲突产生亲环境行为伦理困境时，会主动寻找其他信息来帮助自己做出选择。工作场所中，主管领导的行为对员工的影响十分重要（Aronson，2001），伦理型领导能够在员工主动寻找其他信息的过程中，使员工产生伦理规范的认知（黄杰，2011），倾向于将社会环境利益与自身利益一体化，从而缓解由关系视角下员工利益分层间的冲突所引起的亲环境行为伦理困境。员工主管领导的伦理型特征越明显，关系导向员工利益分层冲突所对员工亲环境行为伦理困境的正向影响会越弱。基于此，提出以下假设。

假设2：伦理型领导负向调节关系导向员工利益分层冲突与员工亲环境行为伦理困境的关系。

基于上述分析与研究假设，形成研究概念模型如图7-6所示。

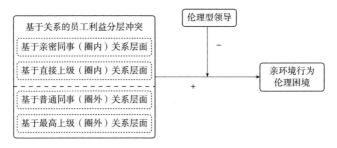

图 7-6 关系导向员工利益分层—亲环境行为伦理困境研究模型

7.4 问卷设计与发放

7.4.1 量表选取与设计

调查表主要由三部分组成：第一部分是简单介绍本研究、进行说明和致谢，第二部分是调查对象的基本情况，第三部分是对基于关系的员工利益分层冲突、伦理型领导和员工亲环境行为伦理困境进行的测量。量表均采用李克特五点计分法。

7.4.1.1 关系导向员工利益分层量表编制

参考许黔宜在 Stern 和 Dietz 的环境价值基础理论上改编的 12 题项环境价值观量表，分为 3 个维度，前 4 个题目代表利己价值层面，中间的 4 个题目代表利他价值层面，最后的 4 个题目代表生态圈价值层面（见表 7-2）。采用李克特五点计分法。得分最高的维度则被看作被试的环境价值观类型，以及被试所感受到的其他人（朋友、同事、直接上级、最高上级）的环境价值观类型。

表 7-2 环境价值观量表

序号	题项内容
1	有影响力（对他人和事件有影响）
2	财富（物质财富、金钱）
3	权威（领导或指挥的权力）
4	社会地位（对他人的控制、支配）
5	社会公正（纠正不公正，关爱弱者）
6	平等（人人机会平等）
7	乐于助人（为他人谋福利）
8	世界和平（没有战争和冲突）
9	保护环境（保护自然）
10	尊重地球（与其他物种和谐相处）
11	防止污染（保护自然资源）
12	与自然和谐相处（融入自然）

7.4.1.2 亲环境行为伦理困境量表编制

采用第四章所开发的 24 题项企业员工亲环境行为伦理困境测量量表，形成员工在行为选择 1 与行为选择 2 中纠结程度的亲环境行为伦理困境量表，采用李克特五点计分法。与第六章测量不同的是，本章直接评估员工感知的进行选择时的纠结程度。举例来说，员工同时面临两个行为选择时，如果必须选择其中一个行为，如需要在"我倾向于选择环保的饮食方式（如堂食、使用公共餐具）"和"我倾向于选择方便但对环境有害的饮食方式（如点外卖、使用一次性餐具）"之间进行选择，那么员工需要评估这项选择时的纠结程度如何，"非常纠结"（记 5 分）到"不纠结"（记 1 分）。

7.4.1.3 伦理型领导量表编制

采用了 Brown 在伦理型领导的研究中编制的量表（Brown，2005），共有 10 个题项，目前被广泛运用且具有较高信度和效度（见表 7-3）。参考量表描述，对所在部门/团队的领导进行评价和判断，采用李克特五点计分法，"非常认同"（记 5 分）到"非常不认同"（记 1 分）。

表 7-3 伦理型领导量表

序号	题项内容
1	我的主管领导对来自员工的批评和不同的意见持开放态度
2	我的主管领导在自己的个人生活上遵守道德标准
3	我的主管领导不会使用他/她的权力来为自己寻求特权
4	我的主管领导会对下属违反道德标准的行为予以规范
5	我的主管领导将员工的利益置于最重要的位置
6	我的主管领导会做出公正和平衡利益的决定
7	我的主管领导会与员工讨论环境伦理和价值问题
8	我的主管领导在道德上树立了合理处理问题的榜样
9	我的主管领导对成功的定义不仅基于结果，还基于取得结果的途径
10	我的主管领导是值得信赖的

7.4.1.4 控制变量

不同性别、不同年龄阶段、不同学历水平、不同婚姻状况的人群以及不同月可支配收入水平、不同家庭人口数量，也会对研究内容造成影响，选择这些因素作为控制变量；同时基于企业环境视角，增加岗位级别、工龄以及单位性质等控制因素。

7.4.2 调研过程和调研对象

7.4.2.1 数据收集过程

将企业员工作为调查对象，正式调研在 2021 年 5 月，考虑到当时整体环境的公共健康问题，主要借助问卷星平台进行调研。将问卷以链接的方式发布，并制作问卷二维码图片，通过社交软件和社交平台进行扩散。本次调研共回收问卷 352 份，根据甄别题项，剔除掉无效问卷，得到有效问卷 268 份，有效回收率为 76.14%。

7.4.2.2 样本特征分析

对数据中样本特征进行分析研究，统计结果如表 7-4 所示。

表 7-4 人口统计学特征汇总 ($N=268$)

单位：人，%

人口统计学特征	分类	人数	占比
性别	男	99	36.9
	女	169	63.1
婚姻状况	已婚	175	65.3
	未婚	93	34.7
年龄	25 岁及以下	65	24.3
	26~35 岁	68	25.4
	36~45 岁	62	23.1
	46~55 岁	60	22.4
	55 岁以上	13	4.9

续表

人口统计学特征	分类	人数	占比
现单位工龄	5 年及以下	135	50.4
	6~10 年	78	29.1
	11~15 年	37	13.8
	16~20 年	1	0.4
	20 年以上	17	6.3
学历	高中/中专及以下	22	8.2
	大专	111	41.4
	本科	120	44.8
	硕士	13	4.9
	博士及以上	2	0.7
岗位级别	高层管理人员	13	4.9
	中层管理人员	28	10.4
	基层管理人员	51	19.0
	普通一线员工	102	38.1
	其他	74	27.6
单位性质	国有企业	32	11.9
	私营企业	147	54.9
	外资企业	13	4.9
	合资企业	17	6.3
	集体企业/个体户	9	3.4
	事业单位/党政机关	25	9.3
	无业或其他	25	9.3
家庭人数	1~2 人	16	6.0
	3 人	88	32.8
	4 人	115	42.9
	5 人及以上	49	18.3
个人月可支配收入	3000 元及以下	48	17.9
	3001~5000	65	24.3
	5001~10000	99	36.9
	10001~20000	50	18.7
	2 万元以上	6	2.2

7.4.3 研究变量的效度与信度分析

7.4.3.1 关系导向员工利益分层（环境价值观）

员工环境价值观的 KMO 值为 0.864，适合做因子分析。相应环境价值观的 12 个题项解释了 67.907%的总变异量，进一步检验该量表信度为 0.862，大于 0.7，说明该量表具有良好的信度和效度。

员工感知他人环境价值观的 KMO 值为 0.930，适合做因子分析。相应环境价值观的 12 个题项解释了 69.653%的总变异量，进一步检验该量表信度为 0.971，大于 0.7，说明该量表具有良好的信度和效度。

7.4.3.2 亲环境行为伦理困境

亲环境行为伦理困境的 KMO 值为 0.949，环境价值观的 24 个题项解释了 67.180%的总变异量，进一步检验该量表的信度为 0.968，大于 0.7，说明该量表具有良好的信度和效度。

7.4.3.3 伦理型领导

伦理型领导的 KMO 值为 0.848，伦理型领导的 10 个题项解释了 57.555%的总变异量，进一步检验该量表的信度为 0.872，大于 0.7，说明该量表具有良好的信度和效度。

7.5 研究结果与分析

7.5.1 关系导向员工利益分层数据处理

前述已经介绍对于自变量数据的计算逻辑，将员工感知他人环境价值观和自身环境价值观（得分最高的维度）的冲突程度量化（A），需要找到维度之间本身存在的差异（B），之后根据数据得到员工自身环境价值观与感知他人环境价值观的差值（C），即 A＝B×C。

根据数据结果对维度之间的相关性进行探究，由此得到维度之间的相关系数，并进行标准化处理，得到维度之间的标准化相关程度（见表 7–

5）。用（1-相关系数）代表维度本身的标准化冲突程度，由此得到权重［利他与利己之间为（1-0.351），利己与生态圈之间为（1-0.424），利他与生态圈之间为（1-0.764）］，得到冲突权重的表格（见表7-6）。

表7-5　三种环境价值观的相关性分析

	利己价值观	利他价值观	生态圈价值观
利己价值观	1		
利他价值观	0.351 **	1	
生态圈价值观	0.424 **	0.764 **	1

注：** 表示 $p<0.01$。

表7-6　环境价值观的冲突权重

员工自身环境价值观 / 感知他人环境价值观	员工						
	利己价值观	利他价值观	生态圈价值观	利己—利他	利己—生态圈	利他—生态圈	利己—利他—生态圈
利己价值观	0						
利他价值观	0.649	0					
生态圈价值观	0.576	0.236	0				
利己—利他	0.649/2 = 0.3245	0.649/2 = 0.3245	(0.576+ 0.236)/2 = 0.406	0			
利己—生态圈	0.576/2 = 0.288	(0.649+ 0.236)/2 = 0.4425	0.576/2 = 0.288	0.236	0		
利他—生态圈	(0.649+ 0.576)/2 = 0.6125	0.236/2 = 0.118	0.236/2 = 0.118	0.576	0.649	0	
利己—利他—生态圈	(0.576+ 0.649)/3 = 0.408	(0.649+ 0.236)/3 = 0.295	(0.576+ 0.236)/3 = 0.271	(0.576+ 0.236)/3 = 0.271	(0.649+ 0.236)/3 = 0.295	(0.576+ 0.649)/3 = 0.408	0

（注：左侧"他人"标注于"利己—利他"至"利己—利他—生态圈"各行对应的"感知他人环境价值观"栏。）

经过实际调查发现，存在同一个人不止一项环境价值观得分最高的情况。以下基于单纯环境价值观之间的冲突权重，对复杂价值观的冲突权重进行设定（为方便描述，以下将用 s 代表利己环境价值观，a 代表利他环境价值观，e 代表生态圈环境价值观）。

（1）s—a—e 价值观与 s 价值观：此种情况 s—a—e 价值观中的 s 因素与 s 价值观不冲突（冲突权重 0），而 a 因素与 s 价值观存在冲突（冲突权重 0.649），e 因素与 s 价值观存在冲突（冲突权重 0.576），而因本身是 s—a—e 价值观，说明并没有明显偏向哪一方的倾向，所以也将削弱冲突的程度，为了和单纯价值观的数值统一规范，将其整体相加后取均值，（0+0.649+0.576）/3＝0.408。

s—a—e 价值观与 a 价值观：此种情况 s—a—e 价值观中的 a 因素与 a 价值观不冲突（冲突权重 0），而 s 因素与 a 价值观存在冲突（冲突权重 0.649），e 因素与 a 价值观存在冲突（冲突权重 0.236）。而因本身是 s—a—e 价值观，说明并没有明显偏向哪一方的倾向，所以也将削弱冲突的程度，为了和单纯价值观的数值统一规范，将其整体相加后取均值，（0.649+0.236）/3＝0.295。

s—a—e 价值观与 e 价值观：此种情况 s—a—e 价值观中的 s 因素与 s 价值观不冲突（冲突权重 0），而 s 因素与 e 价值观存在冲突（冲突权重 0.576），a 因素与 e 价值观存在冲突（冲突权重 0.236），而因本身是 s—a—e 价值观，说明并没有明显偏向哪一方的倾向，所以也将削弱冲突的程度，为了和单纯价值观的数值统一规范，将其整体相加后取均值，（0.576+0.236）/3＝0.271。

s—a—e 价值观与 s—a 价值观：此种情况 s—a—e 价值观中的 s—a 因素与 s—a 价值观不冲突（冲突权重 0），而 s 因素与 e 价值观存在冲突（冲突权重 0.576），a 因素与 e 价值观存在冲突（冲突权重 0.236），而因本身是 s—a—e 价值观，说明并没有明显偏向哪一方的倾向，所以也将削弱冲突的程度，为了和单纯价值观的数值统一规范，将其整体相加后取均值，（0.576+0.236）/3＝0.271。

s—a—e 价值观与 s—e 价值观：此种情况 s—a—e 价值观中的 s—e 因素与 s 价值观不冲突（冲突权重 0），而 s 因素与 a 价值观存在冲突（冲突权重 0.649），e 因素与 a 价值观存在冲突（冲突权重 0.236）。而因本身是 s—a—e 价值观，说明并没有明显偏向哪一方的倾向，所以也将削弱冲突的程度，为了和单纯价值观的数值统一规范，将其整体相加后取均值，（0.649+0.236）/3＝0.295。

s—a—e 价值观与 a—e 价值观：此种情况 s—a—e 价值观中的 a—e 因素与 a—e 价值观不冲突（冲突权重 0），而 a 因素与 s 价值观存在冲突（冲突权重 0.649），e 因素与 s 价值观存在冲突（冲突权重 0.576），而因本身是 s—a—e 价值观，说明并没有明显偏向哪一方的倾向，所以也将削弱冲突的程度，为了和单纯价值观的数值统一规范，将其整体相加后取均值，（0.649+0.576）/3＝0.408。

s—a—e 价值观与 s—a—e 价值观：相同维度价值观，所以不冲突，冲突权重为 0。

（2）a—e 价值观与 s 价值观：此种情况下 a—e 价值观中的 a 因素与 s 价值观存在冲突（冲突权重 0.649），e 因素与 s 价值观存在冲突（冲突权重 0.576），而因本身是 a—e 价值观，说明并没有明显偏向哪一方的倾向，所以也将削弱冲突的程度，为了和单纯价值观的数值统一规范，将其整体相加后取均值，（0.649+0.576）/2＝0.6125。

a—e 价值观与 a 价值观：此种情况下 a—e 价值观中的 a 因素与 a 价值观不冲突（冲突权重 0），e 因素与 a 价值观存在冲突（冲突权重 0.236），而因本身是 a—e 价值观，说明并没有明显偏向哪一方的倾向，所以也将削弱冲突的程度，为了和单纯价值观的数值统一规范，将其整体相加后取均值，0.236/2＝0.118。

a—e 价值观与 e 价值观：此种情况下 a—e 价值观中的 e 因素与 e 价值观不冲突（冲突权重 0），a 因素与 e 价值观存在冲突（冲突权重 0.236），而因本身是 a—e 价值观，说明并没有明显偏向哪一方的倾向，所以也将削弱冲突的程度，为了和单纯价值观的数值统一规范，将其整体相加后取均值，0.236/2＝0.118。

a—e 价值观与 s—a 价值观：此种情况下 a—e 价值观中的 a 因素与 s—a 价值观中的 a 因素不冲突（冲突权重 0），相当于存在冲突的是 s 因素与 e 因素（冲突权重 0.576），即冲突权重为 0.576。

a—e 价值观与 s—e 价值观：此种情况下 a—e 价值观中的 e 因素与 s—e 价值观中的 e 因素不冲突（冲突权重 0），相当于存在冲突的是 a 因素与 s 因素（冲突权重 0.649），即冲突权重为 0.649。

a—e 价值观与 a—e 价值观：相同维度价值观，所以不冲突，冲突权重为 0。

（3）s—e 价值观与 s 价值观：此种情况下 s—e 价值观中的 s 因素与 s 价值观不冲突（冲突权重 0）、s 因素与 e 价值观存在冲突（冲突权重 0.576），而因本身是 s—e 价值观，说明并没有明显偏向哪一方的倾向，所以也将削弱冲突的程度，为了和单纯价值观的数值统一规范，将其整体相加后取均值，0.576/2 = 0.288。

s—e 价值观与 a 价值观：此种情况下 s—e 价值观中的 s 因素与 a 价值观存在冲突（冲突权重 0.649），e 因素与 a 价值观存在冲突（冲突权重 0.236），而因本身是 s—e 价值观，说明并没有明显偏向哪一方的倾向，所以也将削弱冲突的程度，为了和单纯价值观的数值统一规范，将其整体相加后取均值，（0.649+0.236）/2 = 0.4425。

s—e 价值观与 e 价值观：此种情况下 s—e 价值观中的 e 因素与 e 价值观不冲突（冲突权重 0），s 因素与 e 价值观存在冲突（冲突权重 0.576），而因本身是 s—e 价值观，说明并没有明显偏向哪一方的倾向，所以也将削弱冲突的程度，为了和单纯价值观的数值统一规范，将其整体相加后取均值，0.576/2 = 0.288。

s—e 价值观与 s—a 价值观：此种情况下 s—e 价值观中的 s 因素与 s—a 价值观中的 s 因素不冲突（冲突权重 0），相当于存在冲突的是 a 因素与 e 因素（冲突权重 0.236）。

s—e 价值观与 s—e 价值观：相同维度价值观，所以不冲突，冲突权重为 0。

（4）s—a 价值观与 s 价值观：此种情况下 s—a 价值观中的 s 因素与 s 价值观不冲突（冲突权重 0），a 因素与 s 价值观存在冲突（冲突权重 0.649），而因本身是 s—a 价值观，说明并没有明显偏向哪一方的倾向，所以也将削弱冲突的程度，为了和单纯价值观的数值统一规范，将其整体相加后取均值，0.649/2 = 0.3245。

s—a 价值观与 a 价值观：此种情况下 s—a 价值观中的 a 因素与 a 价值观不冲突（冲突权重 0），s 因素与 a 价值观存在冲突（冲突权重 0.649），而因本身是 s—a 价值观，说明并没有明显偏向哪一方的倾向，所以也将削弱冲突的程度，为了和单纯价值观的数值统一规范，将其整体相加后取均值，0.649/2 = 0.3245。

s—a 价值观与 e 价值观：此种情况下 s—a 价值观中的 s 因素与 e 价值观存在冲突（冲突权重 0.576），a 因素与 e 价值观存在冲突（冲突权重

0.236），而因本身是 s—a 价值观，说明并没有明显偏向哪一方的倾向，所以也将削弱冲突的程度，为了和单纯价值观的数值统一规范，将其整体相加后取均值，（0.576+0.236）/2=0.406。

s—a 价值观与 s—a 价值观：相同维度价值观，所以不冲突，冲突权重为 0。

如表 7-5 和表 7-6，相同维度的相关系数为 1，冲突系数为 0，即员工自身环境价值观与感知他人环境价值观相同时不存在冲突；利己与利他价值观的 Pearson 相关系数为 0.351，冲突系数为 0.649，利己与生态圈的 Pearson 相关系数为 0.424，冲突系数为 0.576，利他与生态圈的 Pearson 相关系数为 0.764，冲突系数为 0.236。

最后，通过问卷结果找到所有员工（被试）自身价值观得分最高的维度，感知他人环境价值观得分最高的维度，若是同一个维度，冲突为 0；若是不同维度，则两数相加，得到维度之间的差值。

7.5.2 描述性统计分析

7.5.2.1 各变量的描述性统计分析

关系导向员工利益分层冲突的均值为 2.54，得分区间为 2.40~2.77，表明员工感知的关系导向员工利益分层冲突处于中等水平。

员工亲环境行为伦理困境的均值为 2.13，得分区间为 1.60~2.43，表明员工亲环境行为伦理困境处于中等偏下水平。

伦理型领导的均值为 3.42，得分区间为 3.10~3.76，表明员工感知领导的整体伦理型特征处于中等偏上水平。

7.5.2.2 各变量的相关性分析

由表 7-7 可知，在亲密同事（圈内）关系层面上，关系导向员工利益分层的冲突程度与员工亲环境行为伦理困境正向相关，相关系数为 r=0.111；在直接上级（圈内）关系层面上，关系导向员工利益分层的冲突程度与员工亲环境行为伦理困境正向相关，相关系数为 r=0.249；在普通同事（圈外）关系层面上，关系导向员工利益分层的冲突程度与员工亲环境行为伦理困境正向相关，相关系数为 r=0.200；在最高上级（圈外）关系层面上，关系导向员工利益分层的冲突程度与员工亲环境行为伦理困境正向相关，相关系数为 r = 0.217，伦理型领导与员工亲环境行为伦理困境负向相关，相关系数为 r = -0.638。其中，关系导向员工利益分层的冲突程度 = 环境价值观的冲突权重 × （自身价值观的值+感受他人价值诉求的值）。

表 7-7 各变量相关性分析

		亲环境行为伦理困境	关系导向员工利益分层冲突（亲密同事）	关系导向员工利益分层冲突（直接上级）	关系导向员工利益分层冲突（普通同事）	关系导向员工利益分层冲突（最高上级）	伦理型领导
亲环境行为伦理困境	Pearson相关性	1					
关系导向员工利益分层冲突（亲密同事）	Pearson相关性	0.111	1				
关系导向员工利益分层冲突（直接上级）	Pearson相关性	0.249**	0.105	1			
关系导向员工利益分层冲突（普通同事）	Pearson相关性	0.200**	.120*	0.188**	1		
关系导向员工利益分层冲突（最高上级）	Pearson相关性	0.217**	0.083	0.222**	0.146*	1	
伦理型领导	Pearson相关性	-0.638**	-0.022	-0.095	-0.062	-0.091	1

注：* 表示 $p < 0.05$，** 表示 $p < 0.01$。

7.5.3 基于回归分析的模型检验

7.5.3.1 关系导向员工利益分层冲突对员工亲环境行为伦理困境影响的回归分析

为了检验自变量对因变量的影响，利用 SPSS25.0 软件对数据进行回归分析检验。

如表 7-8 所示，模型 1 为将控制变量加入模型，考察控制变量对员工生活质量维度亲环境行为伦理困境的影响。模型 2 在加上控制变量的基础上，加入关系导向员工利益分层冲突（亲密同事），结果显示关系导向员工利益分层冲突（亲密同事）对员工亲环境行为伦理困境的影响不显著。模型3在加上控制变量的基础上，加入关系导向员工利益分层冲突（直接上级）。结果显示，关系导向员工利益分层冲突（直接上级）能够正向影响员工亲环境行为伦理困境（$\beta = 0.300$，$p < 0.001$），该模型的回归效果良好。同时，关系导向员工利益分层冲突（直接上级）可以用来解释员工亲环境行为伦理困境11.0%的变化（$R^2 = 0.110$）。

表7-8 关系导向员工利益分层冲突对员工亲环境行为伦理困境的影响（亲密同事、直接上级）

变量	M1			M2			M3		
	B	Beta	t	B	Beta	t	B	Beta	t
性别	0.150	0.108	1.711	0.148	0.107	1.696	0.128	0.093	1.526
婚姻状况	0.056	0.040	0.419	0.044	0.031	0.331	0.142	0.101	1.105
年龄	0.044	0.081	0.773	0.035	0.063	0.609	0.091	0.165	1.627
工龄	0.015	0.025	0.337	0.011	0.018	0.255	−0.013	−0.021	−0.291
学历	−0.035	−0.039	−0.609	−0.042	−0.047	−0.737	−0.058	−0.065	−1.051
级别	−0.012	−0.021	−0.304	−0.006	−0.010	−0.148	−0.032	−0.054	−0.828
单位性质	0.017	0.048	0.685	0.017	0.049	0.699	0.021	0.058	0.868
家庭成员人数	−0.053	−0.065	−1.026	−0.050	−0.061	−0.974	−0.076	−0.094	−1.530
个人月可支配收入	0.030	0.047	0.662	0.031	0.048	0.683	0.005	0.008	0.110
r-ISC（亲密同事）				0.050	0.139	2.250			
r-ISC（直接上级）							0.095	0.300	4.901***
R^2	0.027			0.046			0.110		
R^2 差值				0.019			0.083		
F	0.787			1.226			3.173**		

注：用 r-ISC 代表关系导向员工利益分层冲突（conflict in employee interest stratification from a relationship perspective）；* 表示 $p < 0.05$，** 表示 $p < 0.01$，*** 表示 $p < 0.001$。

基于亲密同事（圈内）关系导向员工利益分层冲突，对员工亲环境行为伦理困境的影响不显著，假设1a不成立；在直接上级（圈内）关系层面上，关系导向员工利益分层冲突对员工亲环境行为伦理困境的影响与所提出的假设一致，因此假设1b得到验证。

如表7-9所示，模型1为将控制变量加入模型，考察控制变量对员工亲环境行为伦理困境的影响。模型 4 在加上控制变量的基础上，加入关系导向员工利益分层冲突（普通同事），结果显示关系导向员工利益分层冲突（普通同事）正向影响员工亲环境行为伦理困境（β=0.233，$p<0.001$）。同时，关系导向员工利益分层冲突（普通同事）用来解释员工亲环境行为伦理困境 7.7% 的变化（$R^2=0.077$）。

表 7-9　关系导向员工利益分层冲突对员工亲环境行为伦理困境的影响（普通同事、最高上级）

变量	M1			M4			M5		
	B	Beta	t	B	Beta	t	B	Beta	t
性别	0.150	0.108	1.711	0.155	0.112	1.810	0.177	0.128	2.083*
婚姻状况	0.056	0.040	0.419	0.117	0.083	0.899	0.034	0.024	0.265
年龄	0.044	0.081	0.773	0.054	0.098	0.961	0.054	0.097	0.965
工龄	0.015	0.025	0.337	0.030	0.048	0.678	0.011	0.019	0.266
学历	-0.035	-0.039	-0.609	-0.038	-0.042	-0.677	-0.007	-0.008	-0.133
级别	-0.012	-0.021	-0.304	0.010	0.018	0.261	-0.003	-0.006	-0.085
单位性质	0.017	0.048	0.685	0.022	0.061	0.897	0.006	0.016	0.235
家庭成员人数	-0.053	-0.065	-1.026	-0.074	-0.091	-1.455	-0.032	-0.040	-0.650
个人月可支配收入	0.030	0.047	0.662	0.054	0.085	1.210	0.014	0.022	0.318
r-ISC（普通同事）				0.083	0.233	3.757***			
r-ISC（最高上级）							0.091	0.269	4.437***
R^2	0.027			0.077			0.096		
R^2 差值				0.05			0.069		
F	0.787			2.156*			2.729**		

注：用 r-ISC 代表自身与他人关系导向员工利益分层冲突（conflict in employee interest stratification from the perspective of relationship）；* 表示 $p<0.05$，** 表示 $p<0.01$，*** 表示 $p<0.001$。

此外，模型 5 在加上控制变量的基础上，加入关系导向员工利益分层冲突（最高上级）。结果显示关系导向员工利益分层冲突（最高上级）正向影响员工亲环境行为伦理困境（β=0.269，$p<0.001$），该模型的回归效果良好。同时，关系导向员工利益分层冲突（最高上级）可以用来解释员工亲环境行为伦理困境 9.6% 的变化（$R^2=0.096$）。

在普通同事（圈外）关系层面，关系导向员工利益分层冲突对关系维度的员工亲环境行为伦理困境的影响与所提出的假设一致，在最高上级（圈外）关系层面，关系视角下员工利益分层冲突对关系维度的员工亲环境行为伦理困境的影响与所提出的假设一致，因此假设 1c、1d 得到验证。

7.5.3.2 关系导向员工利益分层冲突对员工亲环境行为伦理困境影响的程度比较

比较表 7-8 与表 7-9 中模型 2、模型 3、模型 4 与模型 5 的数据结果，发现在亲密同事（圈内）关系层面，关系导向员工利益分层冲突对员工亲环境行为伦理困境的影响不显著；在直接上级（圈内）关系层面，关系导向员工利益分层冲突可以用来解释员工亲环境行为伦理困境 11.0% 的变化；在普通同事（圈外）关系层面上，关系导向员工利益分层冲突可以用来解释员工亲环境行为伦理困境 7.7% 的变化；在最高上级（圈外）关系层面上，关系导向员工利益分层冲突可以用来解释员工亲环境行为伦理困境 9.6% 的变化，且 $F_{亲密同事} = 1.226$，$p_{亲密同事}$ 不显著，$F_{直接上级} = 3.173$，$p_{直接上级} < 0.01$，$F_{普通同事} = 2.156$，$p_{普通同事} < 0.05$，$F_{最高上级} = 2.729$，$p_{最高上级} < 0.01$，关系导向员工利益分层冲突在直接上级（圈内）关系层面的 p 值最为显著，在普通同事（圈外）和最高上级（圈外）的层面上的 p 值较为显著。

上述结果说明关系导向员工利益分层中，员工与亲密同事价值诉求的冲突对亲环境行为伦理困境的影响不显著，而与圈外的普通同事、最高上级的价值诉求冲突相比，员工与圈内直接上级价值诉求的冲突对亲环境行为伦理困境的影响程度更大。

比较表 7-10 中模型 6 与模型 7 的数据结果，发现关系导向员工利益分层冲突（圈内）用来解释亲环境行为伦理困境 11.0% 的变化，而关系导向员工利益分层冲突（圈外）可以用来解释员工亲环境行为伦理困境 12.8% 的变化，且 $F_{圈内} = 3.166$，$p_{圈内} < 0.01$，$F_{圈外} = 3.778$，$p_{圈外} < 0.001$，关系导向员工利益分层冲突（圈外）的 p 值更为显著。基于表 7-9、表 7-10，"圈内"成员与员工个人价值诉求的冲突对员工亲环境行为伦理困境的影响小于"圈外"成员，这是因为被归为"圈内"成员的亲密同事与员工个人的价值诉求冲突对员工亲环境行为伦理困境的影响不显著，从而影响了整体数据效果。假设 1e 部分成立。

表 7-10　关系导向员工利益分层冲突对员工亲环境行为伦理困境的影响

变量	M1			M6			M7		
	B	Beta	t	B	Beta	t	B	Beta	t
性别	0.150	0.108	1.711	0.132	0.095	1.566	0.176	0.127	2.114*
婚姻状况	0.056	0.040	0.419	0.099	0.071	0.781	0.093	0.066	0.737
年龄	0.044	0.081	0.773	0.064	0.116	1.157	0.060	0.109	1.106
工龄	0.015	0.025	0.337	−0.009	−0.015	−0.212	0.025	0.041	0.593
学历	−0.035	−0.039	−0.609	−0.060	−0.067	−1.094	−0.015	−0.017	−0.278
级别	−0.012	−0.021	−0.304	−0.018	−0.030	−0.456	0.015	0.026	0.393
单位性质	0.017	0.048	0.685	0.020	0.056	0.834	0.012	0.034	0.509
家庭成员人数	−0.053	−0.065	−1.026	−0.065	−0.080	−1.310	−0.055	−0.067	−1.119
个人月可支配收入	0.030	0.047	0.662	0.013	0.021	0.309	0.038	0.060	0.891
圈内				0.132	0.294	4.893***			
圈外							0.148	0.323	5.468***
R^2	0.027			0.110**			0.128***		
R^2 差值				0.083			0.101		
F	0.787			3.166**			3.778***		

注：* 表示 $p<0.05$，** 表示 $p<0.01$，*** 表示 $p<0.001$。

7.5.3.3　伦理型领导的调节作用

采用层次回归方法进行调节作用的检验，验证伦理型领导在关系导向员工利益分层冲突与员工亲环境行为伦理困境关系中的调节作用。首先将关系导向员工利益分层冲突作为因变量，在加入控制变量后，依次加入关系导向员工利益分层冲突、伦理型领导、经过中心化后的伦理型领导和关系导向员工利益分层冲突的乘积项，回归结果如表 7-11 所示。由表 7-11 可知，在控制了关系导向员工利益分层冲突和伦理型领导的主效应之后，加入的关系导向员工利益分层冲突和伦理型领导的交互作用，对员工亲环境行为伦理困境产生了显著的负向影响（$\beta=-0.08$，$p<0.05$）。

表 7-11　伦理型领导对关系导向员工利益分层冲突和员工
亲环境行为伦理困境的调节效果检验

变量	M8			M9		
	B	Beta	t	B	Beta	t
性别	0.116	0.083	2.076*	0.116	0.084	2.098*
婚姻状况	0.075	0.053	0.885	0.068	0.048	0.812
年龄	0.049	0.088	1.335	0.054	0.099	1.494
工龄	-0.001	-0.002	-0.033	-0.011	-0.018	-0.389
学历	-0.039	-0.043	-1.068	-0.034	-0.038	-0.938
级别	-0.01	-0.016	-0.371	-0.007	-0.011	-0.257
单位性质	0.008	0.024	0.535	0.006	0.017	0.39
家庭成员人数	-0.016	-0.02	-0.489	-0.008	-0.009	-0.23
个人可支配收入水平	0.028	0.044	0.977	0.028	0.044	0.98
关系导向员工利益分层冲突	0.169	0.296***	7.501	0.166	0.291***	7.384
伦理型领导	-0.717	-0.675***	-17.116	-0.718	-0.676***	-17.243
交互项				-0.058	-0.08*	-1.986
R^2	0.596***			0.602*		
ΔR^2				0.006		
F	36.721***			34.377***		

注：* 表示 $p<0.05$，** 表示 $p<0.01$，*** 表示 $p<0.001$。

根据 Aiken 等的建议，绘制调节效应图（见图 7-7）。图 7-7 显示了交互作用对员工亲环境行为伦理困境的影响趋势，即在高水平的伦理型领导下，关系导向员工利益分层冲突对员工亲环境行为伦理困境的正向影响较为平缓；在低水平的伦理型领导下，关系导向员工利益分层冲突对员工亲环境行为伦理困境的正向影响更加强烈。由以上分析可知，低水平的伦理型领导负向调节关系导向员工利益分层冲突与员工亲环境行为伦理困境的关系，高水平的伦理型领导的调节效应更加显著，假设 2 得到验证。

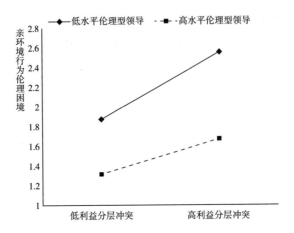

图 7-7 伦理型领导对关系导向员工利益分层冲突与员工亲环境行为伦理困境的调节作用

7.5.4 研究结果

本部分将对假设结果进行汇总，包括自变量与因变量的关系假设、自变量对因变量影响程度差异的假设、调节变量的作用效果假设，汇总成为表格（见表 7-12）。

表 7-12 研究假设验证结果

序号	研究假设	验证结论
假设 1a	亲密同事（圈内）关系层面的员工利益分层冲突正向影响员工亲环境行为伦理困境	不成立
假设 1b	直接上级（圈内）关系层面的员工利益分层冲突正向影响员工亲环境行为伦理困境	成立
假设 1c	最高上级（圈外）关系层面的员工利益分层冲突正向影响员工亲环境行为伦理困境	成立
假设 1d	普通同事（圈外）关系层面的员工利益分层冲突正向影响员工亲环境行为伦理困境	成立
假设 1e	基于圈内和圈外关系层面的员工利益分层冲突对员工亲环境行为伦理困境的影响具有差异：基于圈内关系层面的员工利益分层冲突对员工亲环境行为伦理困境的影响，强于基于圈外关系层面的员工利益分层冲突对员工亲环境行为伦理困境的影响	部分成立
假设 2	伦理型领导负向调节关系导向员工利益分层冲突与员工亲环境行为伦理困境的关系	成立

7.6 研究结论与讨论

7.6.1 研究模型所得结论分析

7.6.1.1 结果内容

在直接上级（圈内）、普通同事（圈外）以及最高上级（圈外）的层面上，关系导向员工利益分层冲突均能够正向影响员工亲环境行为伦理困境。自身与圈内和圈外人群的关系导向员工利益分层冲突程度对员工亲环境行为的影响具有差异，其中直接上级的正向影响最为显著，其次是最高上级，普通同事的影响最小。而被归为圈内群体的亲密同事，基于该层面的关系导向员工利益分层冲突对员工亲环境行为伦理困境的影响并不显著。

7.6.1.2 结果解释

在对员工工作场所的关系群体划分时，依据的是权力距离与心理距离，圈内人群为心理距离较近的人群（亲密同事与直接上级），圈外人群为心理距离较远的人群（普通同事与最高上级）。故而数据结果可以理解为，工作场所中员工与直接上级的环境利益诉求产生冲突时最容易造成员工的亲环境行为伦理困境，其次是员工与最高上级的环境利益诉求产生冲突、员工与普通同事的环境利益诉求产生冲突，而员工与亲密同事的环境利益诉求产生冲突时对员工亲环境行为伦理困境的影响并不明显。

基于内外群体理论，员工认为圈内的群体与自身的关系是十分紧密的，人们对于内部群体的违规行为的包容性较强。亲密同事往往是和自己处于一个团队中的利益相关者，员工与其心理距离和权力距离都很近，亲密同事更多是一种朋友、合作者的角色。个体将其利益诉求看作自身的利益诉求，虽然发生了冲突，但是能够较快地进行调整，即员工感知的亲密同事利益诉求其实也在一定程度上代表了自身的利益诉求，员工主动将两者进行了捆绑，因此这种冲突被捆绑作用进行了削弱。

而直接上级与员工心理距离较近，但同时因为有比较大的权力距离，

直接上级处于内圈中更靠外的地方，没有到达使员工能将其环境价值诉求
与自身进行捆绑的位置，因此从直接上级这一关系层面开始便与假设相
符。基于圈层理论，直接上级被员工归于内圈，员工更加关注其环境价值
诉求，导致直接上级对员工的规范与约束作用会比外圈要强，因此直接上
级关系层面的环境价值诉求冲突对员工亲环境行为伦理困境的影响最大。
最高上级与普通同事都处于外圈，与员工的心理距离都较远，因此其影响
程度不及内圈的直接上级。由于最高上级与员工有很大的权力距离，其环
境价值诉求在一定程度上代表了整个公司的追求，能够比普通同事对员
工的规范作用更强，相较于员工自身与普通同事价值诉求的冲突，员工
自身与直接上级价值诉求的冲突对员工亲环境行为伦理困境的影响
更大。

综上，基于上述研究分析，对于关系导向员工利益分层冲突对员工亲
环境行为伦理困境影响的思路进行完善（见图7-8）。

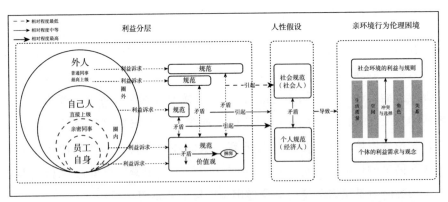

图7-8 修正后的关系导向员工利益分层对其亲环境行为伦理困境的影响路径

7.6.1.3 调节变量的作用结果

伦理型领导能够负向调节关系导向员工利益分层冲突与员工亲环境
行为伦理困境的关系。在高水平的伦理型领导情景下，关系导向员工利
益分层冲突对员工亲环境行为伦理困境的正向影响较为平缓；而在低水
平的伦理型领导情景下，关系导向员工利益分层冲突对员工亲环境行为
伦理困境的正向影响更加强烈。该结论说明伦理型领导确实可以干预员

工的亲环境行为伦理困境形成，当员工感受到较高水平的伦理型领导特征时，由关系导向员工利益分层冲突所引发的员工亲环境行为伦理困境会有所缓解。

7.6.2 研究创新点

（1）从关系导向员工利益分层视角创新性解读企业员工亲环境行为伦理困境的形成原因，通过对个体层面的环境价值观变量与群体层面的关系变量进行"个体层—群体层"的阶跃性融合，将关系导向员工利益分层的问题转化为不同圈层关系下环境价值观的冲突程度进行研究，为个体亲环境行为自觉实现的阻碍路径研究提供新视角。

（2）创新从环境价值诉求与人际关系分层的相关理论分析来剖析关系导向员工利益分层的具体内涵与结构。基于环境价值观理论（利己、利他、生态圈）找到关系导向员工利益分层的冲突程度，基于圈层理论将员工的关系划分为"个体自身"、"圈内"以及"圈外"的水波纹格局，基于心理距离与权力距离的交互研析"圈内"与"圈外"所包含的具体关系类型，基于人际圈层与利益诉求冲突的结合形成关系导向员工利益分层的整体结构（见图7-9），可为企业低碳价值观建设及员工亲环境行为自觉实施提供更有效的指导方法。

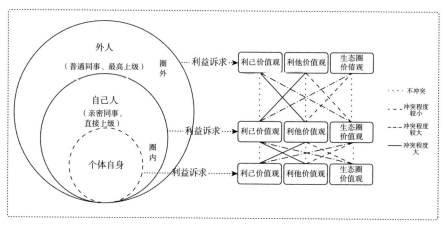

图7-9　关系导向员工利益分层的结构与冲突

（3）创新将伦理型领导作为影响员工亲环境行为伦理困境的边界条件，探究关系导向员工利益分层影响员工亲环境行为伦理困境形成的呈现规律，论证外界环境对关系导向员工利益分层冲突影响亲环境行为伦理困境形成路径的干预作用，在丰富企业环境治理的个体层研究的同时，也可为员工亲环境行为自觉的环境管理策略提供新思路。

8 员工亲环境行为伦理困境的纾解：可持续发展领导力的效用

8.1 引言

8.1.1 可持续发展型领导力是纾解员工亲环境行为伦理困境的重要因素

可持续发展型领导强调为组织创造当前和未来的利润，同时也为改善生态环境而不断努力，是一种在当前与未来、利润与责任、企业与社会间具有"平衡"特质的领导风格，对于企业的"社会、经济和环境"的三重发展目标具有重要作用（Peterlin et al.，2015）。到目前为止，关于可持续发展型领导的概念研究仍然处于发展阶段，尚未形成一个成熟的理论框架（Peterlin et al.，2015）。部分研究者将其他领导风格如变革型领导、伦理型领导以及服务型领导等与可持续发展型领导的内涵进行了比较，发现可持续领导有一些属性与其他领导风格相似，如可持续发展型领导关注整体和他人需求，强调通过创造意义感来促进利益相关者的承诺，并通过对利益相关者进行智力刺激和个性化处理激励其行为，这与变革型领导以及服务型领导的部分属性有所重叠（Avolio et al.，1999；Bass et al.，2003；Peterlin et al.，2015）。不同之处在于，可持续发展型领导关注广泛的利益相关者的未来需求（Avery and Bergsteiner，2011），而变革型领导和服务型领导则主要关注追随者的需求（Wang et al.，2005；Van Dierendonck，2011），通过对员工个体的激励最终促进组织目标的实现。此外，可持续发展型领导与伦理型领导所表现出的"道德的人"的属性相似（Brown and Trevino，2006），这一属性不仅强调领导具有诚实可信的个人品质，并在个人和职业生活中表现出道德行为，同时也强调在进行决策时能够体现出其对他人以及社会的关心，而"道德的管理者"强调通过传达道德和价值观信息、以明确的方式（使用奖惩系统）让追随者对道德行为负责，这一属性则仅反映了领导者在组织层面的价值。

对于员工而言，其对亲环境行为伦理困境的感知涉及员工对于目前工作及生活总体的物质和精神需求的感知，可考虑到亲环境行为是一种特殊的道德行为，并且在个体实施亲环境行为的过程中往往需要个体付出成本（如时间、金钱和精力），这些特征往往会限制个体实施亲环境行为的主动意愿并最终陷入是否实施亲环境行为的伦理困境当中。可见，破除或降低员工亲环境行为伦理困境的重要前提是员工能对亲环境行为形成正确的道德认知。Trevino 和 Brown（2004）等指出，个体的道德认知在发展过程中会经历道德的循规期，其间当个体面临道德困境时会主动从他人身上获取帮助和指引。考虑到员工在组织中的嵌入性特征，并且基于社会信息加工理论和社会交换理论，本书认为组织中可持续发展型领导将会在员工道德认知的循规期产生影响，进而影响员工亲环境行为伦理困境的程度。因而，可持续发展型领导力是纾解员工亲环境行为伦理困境的重要因素之一。

8.1.2 员工责任感知是研究员工亲环境行为伦理困境的系统化视角

亲环境行为是一种特殊的道德行为，符合社会主流价值观倡导，同时也受到道德价值观的驱动（Nordlund and Garvill，2002；Knez，2016）。然而，价值观作为个体心理变化与行为关系的关键载体，其对于亲环境行为的预测作用并不完全有效。Dwyer 等（2015）以实验干预的方法证明了社会规范与个人责任的综合作用是对亲环境行为产生影响的原因。因此，员工亲环境行为伦理困境是基于这样一个假设：虽然人们具有明显的价值观取向，但是人们的行为并不总是完全符合内心的想法或者自身的价值观，这意味着他们需要得到某些支持去塑造自身的信念感。一些研究表明，需要中介变量才能从利他主义和生物圈价值中对个人的环境行为作出令人满意的预测（Gifford and Nilsson，2014；Nordlund and Garvill，2003）。特别的是，责任感——被定义为反映公民被迫对环境采取有益行动的程度的心理状态（Fuller et al.，2006）——被证明源于个人的相关价值观（Nordlund and Garvill，2003）。

根据社会交换理论和社会信息加工理论，虽然员工的亲环境行为受自身成就经验、替代学习、言语说服以及心理/情绪唤醒的影响（Bandura，1977；Hannah and Avolio，2010；王震等，2015），但对处于组织情境下的员工而言，可持续发展型领导作为组织中的榜样，自身所具有的特质（如关注社会生态、重视与员工间的交流）会提供给员工与其进行高质量的社会交换的基础。这一基础促使员工与领导间建立起高质量的社会交换关系，进而引发员工产生互惠与回报意识，使员工愿意为了组织或者集体的利益而放弃个人利益甚至做出自我牺牲行为，并逐渐将可持续发展型领导所提倡的行为内化为自身的责任，此时则会进一步加强员工选择实施亲环境行为的倾向性。换言之，当员工自身具备了对环境负责的责任意识，员工对是否实施亲环境行为有更加明确的选择，而不会陷入"两难"的境地。关于规范激活的研究表明，从事有利于环境的行为有道德上的必要性或义务以及责任感（Dietz and Stern，1995），并且个人规范是与自我概念相联系的个人责任感，这样符合个人规范或自我期望会增强自尊或安全感（Schwartz，1977）。而影响个人规范是否转化为行为的变量包括对作为或不作为将产生的后果的认识和对这些后果的责任归属（Hopper and Nielsen，1991）。目前，个体责任感知对个体环境行为的作用逐渐受到重视（Punzo，2019）。因此，在可持续发展型领导对员工亲环境行为伦理困境的影响路径中可以引入员工责任感知作为中介变量。

8.1.3　员工感知的领导群体原型是可持续发展型领导力影响员工责任感知的边界条件

领导力的有效性取决于追随者对领导者作为团队成员的看法（Van Knippenberg，2011）。一般来说，当团队领导者具有团队以及成员的典型特征时，他们被认为更有效，并且他们更多地得到所领导团队成员的支持（Van Knippenberg and Hogg，2003），进而影响追随者的自我感知地位（Van Dijke and De Cremer，2008）。领导群体原型性是领导社会认同分析中反映领导效能的重要因素，这种分析起源于社会认同理论和自我分类理论，描述了一部分人的自我定义是如何从他们的群体成员中产生的，并以原型的形式与这些群体的认知表征相联系。领导越具有典型性，他或她就越能代表团队的标准、价值观和规范，对于组织中其他成员的影响力和吸引力也就越强。因此，组织中的员工对于可持续发展型领导的群体原型感知可能会调节员工对于实施环境行为的责任感知，进而影响员工责任感知与员工环境行为伦理困境的关系。

8.1.4　道德注意是可持续发展型领导力影响员工亲环境行为伦理困境的边界条件

在可持续发展型领导影响员工亲环境行为伦理困境的过程中，会受到某些个体间的道德认知差异的影响，如道德注意。并且，由于道德注意结构独立于特定的情境特征，它提供了更高的预测性和外部有效性。道德注意的概念借鉴了社会认知理论，认为长期给予道德事项的注意量存在个体差异，这些个体差异与外部情境特征相互作用，进而导致道德行为，同时形成与道德相关的概念构成的心理框架。对道德关注度高的人来说，这种心理框架是长期可获得的，长期可获得性随后会导致对未知信息的自动道德评估，以及更有意地使用道德作为一个框架来反思经验（Reynolds，2008；Reynolds et al.，2010）。有研究者认为，如果个体倾向于道德注意或者能够在经历中长期感知和考虑道德因素，他们很可能会密切关注领导者的言行和性格特征。一般来说，高度的道德专注导致追随者自动地从道德的角度感知和解释领导者的行为，因此对领导者的行为或其结果是否合乎道德更加敏感。可见，道德关注度高的追随者比道德关注度低的追随者对领导者的道德特质更为敏感，也更可能质疑领导者的道德。从信息加工的视角来看，道德注意程度不同的员工对可持续发展型领导所展现出的道德信息具有不同的敏感性，这表明道德注意可能在可持续发展型领导与员工亲环境行为伦理困境间的关系中存在调节效应。

8.1.5　研究目的与意义

8.1.5.1　研究目的

基于社会信息加工理论和社会交换理论，构建可持续发展型领导对员工亲环境行为伦理困境影响的理论模型并进行实证检验，同时引入员工责任感知作为中介变量和领导群体原型与道德注意作为调节变量，以此来揭示可持续发展型领导对员工环境行为伦理困境的影响机制。

8.1.5.2 研究意义

理论意义：虽然可持续发展型领导、责任感知、领导群体原型、道德注意以及员工环境行为的相关研究在国内外都取得了较为成熟的研究成果，但就员工环境行为的实施现状而言，其行为缺乏主动性背后所面临的伦理困境却缺乏研究者们的关注。鉴于目前中国文化背景下还没有开展可持续发展型领导、责任感知、领导群体原型、道德注意以及员工环境行为伦理困境的相关实证研究，说明本章所进行的研究具有一定的创新性。

实践意义：提出以员工为中心、以员工多重角色为指导，辐射员工多个生活空间的员工环境行为提升策略，进而破除或有效降低员工环境行为伦理困境，考虑到员工在整体社会环境中的公众角色，该策略在整体社会环境背景下也具有良好的延伸性和适用性，可为我国环境管理的政策设计提供一定的思路。

8.2 理论基础与研究假设

8.2.1 理论基础

8.2.1.1 社会信息加工理论

社会信息加工理论是社会认知理论领域的典型代表，Wyer 和 Radvansky 于 1986 年提出社会信息加工理论，这一理论解释了人们对社会信息的理解和应用。这一理论认为，个体所处的社会环境包含着大量的信息，个体对这些信息的理解又影响着个体在目标定向阶段的信息加工，进而影响个体的态度和行为（Salancik and Pfeffer，1978）。具体来说，信息加工的过程可分为以下五个阶段：①信息通过感觉存储器进入信息加工系统；②进一步传送至理解器，理解器会将读取到的信息按照长时记忆中保存的概念和知识进行解读；③被理解的结果进一步被传送到工作区；④执行者检查传送结果；⑤当结果刺激了目标，执行者会从长时记忆中提取相关程序来指导工作空间、长时记忆和目标加工单位间的信息流动。随后，Wyer 和 Radvansky 对信息加工理论做了新的修改，主要体现在三个方面：①信息在长时记忆中的组织形式，其结构类型有两种形式，分别为情景模型、概化表征；②理解器的作用及可利用的信息，其中理解器的作用包括从长时记忆中确认并提取知识、评价新信息与已有情境模型的相同程度、用信息中的特征来形成一个新模型，把从已有模型中抽取出的成分组成一个新的情节模型；③提取加工过程。

8.2.1.2 社会交换理论

社会交换理论提出人与人之间形成的关系是通过互惠规范来维持的，并且个体的社会行为都存在获得报酬的目的，这种报酬可分为内在性报酬（如社会认同、感恩、信任、愉悦等）和外在性报酬（如金钱、物品）。Blau（1964）提出社会交换的基础同时包括物质以及心理预期，由此引发众多学者开始从微观视角研究个体的行为，并且在各个学科均受到了广泛关注。例如，组织行为学中存在的诸多概念均能够体现社会交换的思想，如领导成员交换、组织支持等。同时，社会交换的理论也广泛存在于中国文化的多个方面，如"滴水之恩当涌泉相报、一日之惠当以终生相还"。

8.2.1.3 社会认同理论

社会认同理论也属于社会认知理论的一个分支，其内在核心是指当个体认识到自身属于某个特定的社会群体后，同时会感受到作为群体成员赋予他的情感以及价值意义。Tajfel 提出的社会认同理论，对个体认同与社会认同的概念进行了区分。社会认同本质上是一种集体观念，表现为社会成员共同拥有的信仰、价值和行动取向。群体过程的社会认同分析包括社会认同理论和自我分类理论（Turner et al.，1987）。这两种理论的基本原理是假设基于群体的行为既不是来自个体差异，也不是来自人际过程，而是来自自我认知从个人身份到社会身份的质的转变。

8.2.2 理论分析与研究假设

8.2.2.1 可持续发展型领导对员工亲环境行为伦理困境的影响

生活质量型员工亲环境行为伦理困境。可持续发展型领导能够向员工传递出与可持续行为有关的信息，这些信息体现了领导对于社会和集体福利与自身利益间的选择认知，如可持续发展型领导是以超越自身利益服务于他人，并为他人的福祉和自然环境作出贡献为导向（Ferdig，2007；Dalati et al.，2017）。同时，可持续发展型领导关注多个组织利益相关者的长期利益，而不是少数内部利益相关者的短期利益。根据社会信息加工理论，当员工感知自己的领导在向自己传递这样的信息时，会加深员工对可持续行为的理解和认知，进而意识到可持续发展型领导充分展现了现代企业所承担的社会责任，同时也代表了组织中的一种隐性的道德文化理念。当员工意识到自己的领导和组织承担着重要的社会责任时，会对自己在工作场所对工作满意度/工作质量、非工作生活领域的满意度以及对整体生活和整体幸福感的满意度有更高的评估（Singhapakdi et al.，2015）。此外，一个企业是否具有约定俗成的隐性道德制度也会对个人的工作生活质量产生影响（Torlak et al.，2014）。因此，即使实施亲环境行为会对员工当前的生活质量带来一些损失，但是可持续发展型领导所展现出的道德特质能够降低员工由实施亲环境行为而产生的降低生活质量的担忧，甚至会对当前的生活质量产生更高的评估。基于此，提出以下假设。

假设 1a：可持续发展型领导对生活质量型员工亲环境行为伦理困境有负向影响。

关系型员工亲环境行为伦理困境。在工作环境中，员工们会通过各种人际网络来判断表达自己的观点是否能够被其他人接受或者欢迎，其中与领导者之间的关系则是影响员工衡量人际关系网络最为关键的一个因素。尤其在中国文化背景下，领导者往往会根据关系质量将员工分为"内部人"和"外部人"，并为前者提供更多的情感支持和工作相关资源（Law et al.，2000；He et al.，2019），因此具有"内部人"身份认知的员工更容易满足额外的角色工作要求。根据社会交换理论，可持续发展型领导自身所具有的特质（如关注社会生态，关心可持续性如何影响员工，通过沟通努力建立一种可持续发展的文化）会提供给员工作为与其进行高质量的社会交换的基础，促使员工与领导间建立起高质量的社会交换关系，进而引发员工产生互惠与回报意识，使得员工更加倾向于与领导者保持和谐的关系进而形成稳定的"内部人"身份感知。同时，这种"内部人"的身份认知缓解他们对道德问题的认知压力，并唤起他们对感情、温暖和友谊的积极感觉（Wong et al.，2010）。因此，当工面临亲环境行为困境时，无论涉及哪一种关系，都会做出较为准确的道德判断，即优先考虑"环境的美和资源的足"。基于此，提出以下假设。

假设 1b：可持续发展型领导对关系型员工亲环境行为伦理困境有负向影响。

空间型员工亲环境行为伦理困境。可持续发展型领导强调在多个社会空间承担可持续发展的社会责任，如在社会层面承担社会责任，在生态层面实现环境可持续（Casserley and Critchley，2010）。可见，可持续发展型领导能够认识到作为组织和自然资源的管理者有责任为社会的共同利益服务（Peterlin et al.，2015），同时也能够意识到自身责任在不同空间具有延伸性。根据社会信息加工理论，可持续发展型领导能够首先凭借自身的组织地位和权力在组织中营造出可持续发展的组织环境，这样的组织环境中存在影响员工态度和行为的信息。因此，当员工感知自身的领导具有可持续发展的特质时，会加深员工对可持续行为的理解和认知，进而在组织中展现出与可持续发展型领导一致的行为取向。换言之，可持续发展型领导能够培养员工的可持续行为习惯，使员工将亲环境行为内化为自身的行为习惯，因此，无论员工处于哪一种空间，都会保持较为一致的可持续行为习惯。基于此，提出以下假设。

假设 1c：可持续发展型领导对空间型员工亲环境行为伦理困境有负向影响。

角色型员工亲环境行为伦理。可持续发展型领导者在组织中表现出对社会负责和对生态环境有利的行为，凭借其地位、威望和权力成为组织中的榜样（Sims and Manz，1982）。因此，可持续发展型领导能够使组织内形成与可持续发展有关的行为规范，在此情境下，员工也会对自己的亲环境行为形成更加准确的认知，进而肯定自己实施亲环境行为的意义，或者在实施非环保行为时形成更加强烈的自我否定的感受。换言之，可持续发展型领导能够向员工提供"什么是好与善"以及"什么是错与恶"的行为信息，使员工在面临亲环境行为的选择时有更加准确的伦理判断，并最终降低员工感知的亲环境行为伦理困境。基于此，提出以下假设。

假设 1d：可持续发展型领导对角色型员工亲环境行为伦理困境有负向影响。

8.2.2.2　可持续发展型领导对员工责任感知的影响

可持续发展型领导者对于企业发展有整体性的思考，会建立兼顾社会和自然环境的发展愿景，设立符合可持续发展要求的目标并为之付出努力；同时也会通过制定相应的组织政策鼓励和支持员工的环境行为，帮助组织创建可持续发展的组织文化氛围（Ferdig，2007；McCann and Holt，2010）。更重要的是，可持续发展型领导会以可持续的社会责任态度、以对环境负责的可持续方式和可持续的道德负责的方式行事（McCann and Holt，2010）。根据社会信息加工理论，员工根据可持续发展型领导所传达出的信息进一步解读所处的环境情况，使其意识到环境问题的重要性，进而引起员工对环境问题的担忧，同时唤醒员工面对和解决环境问题的责任意识（Kaiser et al.，1999）。此外，虽然员工的亲环境行为受自身成就经验、替代学习、言语说服、以及心理/情绪唤醒的影响（Bandura，1977；Hannah and Avolio，2010；王震等，2015），但根据社会交换理论，对于处于组织情境下的员工而言，可持续发展型领导作为组织中的榜样，自身所具有的特质（如关注社会生态，关心可持续性如何影响员工，通过沟通努力建立一种可持续发展的文化）会提供给员工作为与其进行高质量的社会交换的基础，促使员工与领导间建立起高质量的社会交换关系，进而引发员工产生互惠与回报意识，使员工愿意为了组织或者集体的利益而不顾个人损失并做出自我牺牲行为，逐渐将可持续发展型领导所提倡的行为规范内化为自身的责任。基于此，提出以下假设。

假设2：可持续发展型领导能够正向影响员工的责任感知。

8.2.2.3　员工责任感知对员工亲环境行为伦理困境的影响

责任感知是指员工在多大程度上认为自己应该更加努力地积极参与各种建设性行为以改善环境问题（Fuller et al.，2006）。员工责任感知是一种主观的、积极的、对个体环境行为有促进作用的个人信念。Rice（2006）的研究发现，一个人的责任感知越强，他对环境的态度就越积极，自我报告的亲环境行为就会越频繁。当员工们意识到自己对社会和自然环境负有责任时，他/她们会更加主动地关注环境问题并积极地寻求改善环境问题的方法，而不是仅仅局限于完成与自己岗位职责相关的本职工作。也就是说，当员工意识到自己对社会和自然环境负有责任时，他会在追求"消耗型"的高水平的生活质量与实施"节约型"的亲环境行为之间有更加明确的选择，即更加倾向于实施有利于环境改善的亲环境行为。或者即使实施亲环境行为需要付出一定的成本，具有一定环境责任感的员工也会认为实施有成本的亲环境行为是自己理所应当做的，同时也是值得的，而不会陷入难以选择的伦理困境中。基于此，提出以下假设。

假设3a：员工责任感知对生活质量型员工亲环境行为伦理困境有负向影响。

关系型员工亲环境行为伦理困境主要体现了员工在进行亲环境行为选择时因涉及某种血缘关系（包括子孙后代）或社会关系而不得不倾向于选择实施或不实施亲环境行为的矛盾的心理。这种矛盾的心理也反映了个体在实施亲环境行为过程中对于"情感""人情""公平"等方面的需求。关系也可称为社会距离。有学者发现低利他人格的个体，在面对亲近的他人时（如亲属关系）仍会关注其福利并做出利他行为（Hamilton，1964；Madsen et al.，2007），但面对不熟悉的他人时则会表现得更利己（DeWall et al.，2008）。当员工意识到自己对社会和自然环境负有责任时，此时会激发员工形成积极的自我概念，如形成道德责任感，在道德责任感的驱使下，员工会进一步形成以"自然环境"为中心的责任认知。那么，当员工面临"环境美与资源足"和维护各种人际关系两种选择时，会同时将自身所承担的环境责任纳入考虑的范围，最终做出有利于环境问题改善的行为决定。基于此，提出以下假设。

假设3b：员工责任感知对关系型员工亲环境行为伦理困境有负向影响。

Spence等（2012）利用解释水平理论和心理距离对英国公民基于气候变化的能源使用行为意向进行调查，结果发现，空间距离越近，个体对节约能源的参与度越高，亲环境行为水平越高。因此，空间型员工亲环境行为伦理困境涉及员工对于不同空间的心理距离感知，并且当员工对某个空间具有较强的亲密感时，会更加倾向于实施主动积极的亲环境行为。具有环境责任感知的员工往往对自然环境的变化持有更高的同理心，故而更容易与自然环境建立更为亲密的情感链接。因此，无论员工处于哪种空间范围，他们都会首先考虑"环境美与资源足"，进而在与自己的社会活动有关的各个场所表现出一致的亲环境行为。基于此，提出以下假设。

假设 3c：员工责任感知对空间型员工亲环境行为伦理困境有负向影响。

角色规范往往代表着个体的责任，因此角色型员工亲环境行为伦理困境也隐含了员工自身的责任矛盾。当员工意识到自己对社会和自然环境负有责任时，他们会认为应该由他们来实施环境行为，而不是将责任转移到他人身上。同时责任感知还可以增强员工的代理意识，使其相信自身行为确实可以产生重大影响（Bateman and O'Connor，2016），会更加坚定自己实施环境行为的必要性，同时肯定自己实施环境行为的意义。因此，即使面临与自己的角色规范不一致的其他标准，员工也能够意识到自己实施亲环境行为的社会意义，进而增强员工实施亲环境行为的倾向性，同时降低员工的亲环境行为伦理困境。基于此，提出以下假设。

假设 3d：员工责任感知对角色型员工亲环境行为伦理困境有负向影响。

8.2.2.4 员工责任感知的中介作用

研究表明，需要中介变量才能从利他主义和生物圈价值中对个人的环境行为作出令人满意的预测（Gifford and Nilsson，2014；Nordlund and Garvill，2002）。特别是责任感被定义为反映公民被迫对环境采取有益行动的程度的心理状态（Fuller et al.，2006），被证明源于个人的相关价值观（Nordlund and Garvill，2003）。基于这个观点，责任知觉可以作为理解可持续发展型领导与员工亲环境行为伦理困境之间关系的一个中介心理变量，同时这一变量也反映和体现了社会交换过程中的互惠规范的社会活动原则。根据社会交换理论和社会信息加工理论，虽然员工的亲环境行为受自身成就经验、替代学习、言语说服以及心理/情绪唤醒的影响（Bandura，1977；Hannah and Avolio，2010；王震等，2015），但对处于组织情境下的员工而言，可持续发展型领导会提供给员工与其进行高质量的社会交换的基础，引发员工产生互惠与回报意识，使员工愿意为了组织或者集体的利益而不顾个人损失并做出自我牺牲行为，逐渐将可持续发展型领导所提倡的行为内化为自身的责任，此时则会进一步加强员工选择实施亲环境行为的倾向性，不易陷入亲环境行为伦理困境的"两难"境地。基于此，提出以下假设。

假设 4a：员工责任感知在可持续发展型领导与生活质量型员工亲环境行为伦理困境关系间具有中介作用。

假设 4b：员工责任感知在可持续发展型领导与关系型员工亲环境行为伦理困境关系间具有中介作用。

假设 4c：员工责任感知在可持续发展型领导与空间型员工亲环境行为伦理困境关系间具有中介作用。

假设 4d：员工责任感知在可持续发展型领导与角色型员工亲环境行为伦理困境关系间具有中介作用。

8.2.2.5　感知的领导群体原型在可持续发展型领导与员工责任感知关系间的调节作用

毫无疑问，可持续发展型领导是组织中践行环保规范的典型代表，然而这种领导风格在组织情境中的有效性不能单方面地由领导自身决定，而是取决于员工所认为的"上行下效"的必要性。换言之，员工对于可持续发展型领导的认可程度会影响可持续发展型领导风格的有效性，进而影响可持续发展型领导与员工责任感知之间的关系。一个典型的领导者往往被认为是最能代表团队身份的团队成员，并且他或她的行为和决定是团队意见的信号（De Cremer et al.，2010），可以积极地影响下属员工的自我感知地位（Van Dijke and De Cremer，2008）。

基于社会交换理论和社会认同理论，员工与可持续发展型领导交往的过程中，如果员工认为领导能够代表自己所在的团体，则会对领导产生更高程度的认可与信赖，同时也愿意相信领导的日常决策包含了员工的利益诉求，而不会忽略员工利益甚至利用员工。换言之，当员工感知自己的领导具有较高的群体代表性，在员工与领导的交往过程中，员工会在工作中给予领导以极大的信任（Brown and Trevino，2006）。此时，员工与领导之间的互动将处于平衡状态，进而形成稳定的互惠关系。在这种情境下，员工会力求保持积极的自我评价，并不断增强与领导间的情感联系来增强自己在组织团体中的身份感（Deal and Kennedy，1983）。那么，当领导展现出可持续发展的特质时，员工会认为领导的一言一行是真实且可信赖的，对于领导所提倡的社会环境责任规范会有更高的认同感，员工自身责任感也会不断增强。此外，如果员工认为领导的可持续发展特质与自己所在团体中的大部分人是相似的，根据社会认同理论，员工会更加倾向于展现出符合当前群体规范的价值取向，使自己成为"圈内人"并增强自己的责任感。相反，当员工感知领导在自己的团体中不具有典型性时，一方面，员工会认为自己的领导不具有领导权威而轻视领导；另一方面，员工会认为符合自己所在团体的群体规范更为安全，对自己的发展也更加有利，此时员工不会在领导的影响下建立起较强的责任感。基于此，提出以下假设。

假设 5：感知的领导群体原型能够正向调节可持续发展型领导对员工的责任感知正向影响。相比低水平的感知的领导群体原型，高水平的感知的领导群体原型的调节效应更加显著。

8.2.2.6　道德注意在可持续发展型领导与员工亲环境行为伦理困境关系间的调节作用

可持续发展型领导不仅会在日常生活中关注生态环境变化，同时也会在工作中制定相应的环保标准，与员工交流，并就道德决策给予反馈。当在工作中面临与可持续发展有关的道德挑战或困境时，可持续发展型领导会解释并指导员工的决策和行动，向员工提供建设性和有洞察力的建议或反馈，并指导员工如何处理与可持续发展有关的道德困境，以及如何以道德的方式解决问题。随着可持续发展型领导者对与可持续发展有关的道德问题的关注和强调，员工也会更加经常地关注自己的与可持续发展有关的道德问题，并在这种道德框架的引导下基于道德规范来感知和评估环境，因此，可持续发展型领导能够更加显著地降低员工的亲环境行为伦理困境。

然而，尽管道德专注通常会激发道德意识和道德行为（Reynolds，2008），但并不意味着人总是以道德方式行事。相反，它构成了感知刺激的差异，使那些道德专注度高的人更清楚地认识到传入信息的道德内容或后果，从而影响他们对自己行为或他人行为的评价（Reynolds，2008）。对道德注意水平较高的人来说，这种心理框架是长期可获得的，长期可获得性随后会导致对未知信息的自动道德评估，以及更有意地使用道德作为一个框架来反思经验（Reynolds，2008；Reynolds et al.，2010）。如果他们倾向于道德注意或者在经历中长期感知和考虑道德和道德因素，很可能会密切关注领导者的言行和性格特征。也就是说，具有高水平道德注意的员工会自动地从道德的角度感知和解释领导者的行为，对可持续发展型领导者的行为或其结果是否合乎道德更加敏感，也更可能质疑可持续发展型领导者的道德。

相反，对于道德注意水平较低的员工，虽然他们自身无法在长期道德框架的引导下基于道德规范来感知和评估环境，但对于组织中的领导者，他们愿意去相信自己的领导者是组织中的榜样。当可持续发展型领导通过自己的日常行为和工作向员工传递可持续发展的理念时，员工会表现出更高的信任程度，也更愿意通过实施亲环境行为与可持续发展型领导形成情感共鸣。可见，相比高水平的道德注意，低水平的道德注意能够更加显著增强可持续发展型领导对员工亲环境行为伦理困境的负向影响。基于此，提出以下假设。

假设 6a：道德注意在可持续发展型领导与生活质量型员工亲环境行为伦理困境关系间具有调节作用。相比高水平的感知的道德注意，低水平的道德注意的调节效应更加显著。

假设 6b：道德注意在可持续发展型领导与关系型员工亲环境行为伦理困境关系间具有调节作用。相比高水平的感知的道德注意，低水平的道德注意的调节效应更加显著。

假设 6c：道德注意在可持续发展型领导与空间型员工亲环境行为伦理困境关系间具有调节作用。相比高水平的感知的道德注意，低水平的道德注意的调节效应更加显著。

假设 6d：道德注意在可持续发展型领导与角色型员工亲环境行为伦理困境关系间具有调节作用。相比高水平的感知的道德注意，低水平的道德注意的调节效应更加显著。

8.3 研究设计

8.3.1 研究量表的设计

8.3.1.1 可持续发展型领导量表

采用 McCann 和 Holt（2010）编制的 15 题项可持续发展型领导的测量问卷（见表 8-1）。

表 8-1　可持续领导量表

序号	题项内容
1	平日里，我的上级都是立足于可持续发展，以对社会负责的方式行事
2	平日里，我的上级都是立足于可持续发展，以对环境友好的方式行事
3	平日里，我的上级都是立足于可持续发展，以强调道德的方式行事
4	我的上级会考虑组织的整体利益来做出决策
5	管理过程中出现影响组织可持续发展的问题及错误时，我的上级能敏锐地察觉到它们
6	我的上级会纠正那些影响组织可持续发展的问题及错误
7	当组织的可持续发展面临问题时，我的上级会尝试用独特的创新方式来解决它们
8	我的上级会做出符合可持续发展要求的努力来创造财富
9	我的上级认为目标比利润更重要
10	我的上级会平衡社会责任和利润之间的关系
11	我的上级会通过各种方式的变革来实现组织的可持续发展
12	我的上级对"组织可持续发展如何影响员工"非常关心
13	在做出有关可持续发展的决策前，我的上级会和所有与此相关的人交流
14	我的上级会尝试通过诸如演讲、会议等多种沟通形式来建立可持续发展的组织文化
15	当招聘、晋升员工时，我的上级会向他们描述可持续发展的重要性

8.3.1.2　责任感知量表

选取了 Punzo（2019）形成的 5 题项员工责任感知量表（见表 8-2）。

表 8-2　责任感知量表

序号	题项内容
1	我自己能够认识到环境保护的重要性
2	我认为每个人需要为保护环境作出贡献
3	我认为环境污染者应对所损害的环境负责
4	对我来说，平日里减少塑料日化用品的使用是非常重要的
5	对我来说，平日里减少化学日化用品的使用是非常重要的

8.3.1.3 领导群体原型量表

在 Van Knippenberg（2005）研究的基础上形成了领导群体原型的 5 条目测量题项（见表 8-3）。

表 8-3 感知的领导群体原型量表

序号	题项内容
1	我的上级是能够反映我所在团队成员的一个很好的例子
2	我的上级与我所在团队的成员们具有非常多的共同点
3	我的上级代表了我所在团队的特点
4	我的上级与我所在团队的成员们拥有一致的价值观
5	我的上级代表了我所在团队的立场

8.3.1.4 道德注意量表

采用 Reynolds（2008）的道德注意量表，包括感性道德注意——日常经验中对道德方面的认识以及反思性道德注意——个人经常考虑道德问题的程度。

表 8-4 道德注意量表

序号	题项内容
1	我经常会思考自己所做的决定中涉及的伦理意义
2	我几乎每天都在思考自己行为中的德行问题
3	我经常发现自己会陷入伦理相关问题的思考
4	我经常反思自己所做的决定中所隐含的道德特征
5	我喜欢思考伦理方面的东西
6	平日里，我会面临好几种伦理困境
7	我经常不得不在对的事和错的事之间做出选择
8	我经常需要做出有重大伦理意义的决定
9	我的生活充满了一个又一个道德困境
10	我所做出的诸多决定都会涉及道德方面的内容
11	平日里，我很少会遇到伦理困境
12	平日里，我经常会遇到伦理问题

8.3.1.5　控制变量

Rice（2006）的研究发现，女性、已婚、年轻、受过更多教育、有更大的家庭的人会有更大的可能性去参与环保行为，因此，该部分研究选取性别、年龄、婚姻状况、受教育程度、家庭人口数量、月可支配收入作为控制变量。同时考虑到研究对象是企业员工，又加入岗位级别、单位性质、工龄作为控制变量。

8.3.2　数据收集与分析

8.3.2.1　数据收集过程

以企业员工为调研对象，对全国各地区的企业员工进行了普遍式调查。正式调研从 2020 年 9 月至 12 月，借助问卷星平台，将问卷以链接的方式通过 QQ、微信等社交平台进行问卷的发布与扩散。本次调研共回收问卷 778 份，对所有问卷进行真实性删减后得到 638 份有效问卷，有效回收率为 82.01%。

8.3.2.2　数据特征分析

对正式调研所得数据进行了样本特征的分析，通过计算每一个人口统计特征的频数和频率对这 9 项人口统计特征进行初步的了解，统计结果见表 8-5。

表 8-5　人口统计特征汇总 （$N = 638$）

单位：人，%

人口统计学特征	分类	人数	比例
性别	男	315	49.5
	女	323	50.5
婚姻状况	已婚	260	40.8
	未婚	378	59.2
年龄	25 岁及以下	250	39.2
	26~35 岁	344	53.9
	36~45 岁	33	5.2
	46~55 岁	11	1.7

续表

人口统计学特征	分类	人数	比例
现单位工龄	5 年及以下	432	67.7
	6~10 年	156	24.5
	11~15 年	22	3.4
	16~20 年	5	0.8
	20 年以上	23	3.6
受教育水平	高中/中专及以下	15	2.4
	大专	43	6.7
	本科	311	48.7
	硕士	264	41.4
	博士及以上	5	0.8
岗位级别	高层管理人员	67	10.5
	中层管理人员	264	41.4
	基层管理人员	139	21.8
	普通一线员工	68	10.7
	其他	100	15.7
单位性质	国有企业	179	28.1
	私营企业	152	23.8
	外资企业	11	1.7
	合资企业	16	2.5
	集体企业/个体户	39	6.1
	事业单位/党政机关	69	10.8
	无业或其他	172	27.0
家庭成员数	1~2 人	47	7.4
	3 人	186	29.1
	4 人	278	43.5
	5 人及以上	127	19.9
可支配收入	3000 元以下	155	24.3
	3000~5000 元	127	19.9
	5001~10000 元	244	38.2
	10001~20000 元	87	13.6
	20001~50000 元	15	2.4
	50000 元以上	10	1.6

8.3.2.3 研究变量的效度与信度分析

可持续发展型领导的 KMO 值为 0.944，Bartlett 球体检验结果显著（sig. = 0.000）。通过主成分因子分析，发现可持续发展型领导的 15 个测量题项归为一个维度，共同解释了 63.272% 的总变异量，且各个测量题项的因子载荷在 0.547~0.872，说明可持续发展型领导量表具有较好的结构效度，进一步检验该量表的信度为 0.957，大于 0.7。因此，可持续发展型领导量表具有良好的信度与效度。

员工责任感知的 KMO 值为 0.839，Bartlett 球体检验结果显著（sig. = 0.000）。通过主成分因子分析，发现员工责任感知的 5 个测量题项归为一个维度，共同解释了 75.322% 的总变异量。且各个测量题项的因子载荷在 0.846~0.917，说明员工责任感知量表具有较好的结构效度，进一步检验该量表的信度为 0.917，大于 0.7。因此，员工责任感知量表具有良好的信度与效度。

感知的领导群体原型的 KMO 值为 0.823，Bartlett 球体检验结果显著（sig. = 0.000）。通过主成分因子分析，发现感知的领导群体原型的 5 个测量题项归为一个维度，共同解释了总变异量的 54.214%，且各个测量题项的因子载荷在 0.691~0.752，说明感知的领导群体原型量表具有较好的结构效度，进一步检验该量表的信度为 0.785，大于 0.7。因此，感知的领导群体原型量表具有良好的信度与效度。

道德注意的 KMO 值为 0.918，Bartlett 球体检验结果显著（sig. = 0.000）。通过主成分因子分析，发现道德注意的 12 个测量题项归为一个维度，共同解释了 53.189% 的总变异量，且各个测量题项的因子载荷在 0.621~0.849，说明道德注意量表具有较好的结构效度，进一步检验该量表的信度为 0.906，大于 0.7。因此，道德注意量表具有良好的信度与效度。

8.3.2.4 同源方差检验

采用 Harman 单因素检验原理，将可持续发展型领导、员工责任感知、感知的领导群体原型、道德注意和员工亲环境行为伦理困境量表的所有题项进行探索性因子分析，将核心概念进行最大方差旋转的因素分析，最终解析出 11 个特征值大于 1 的因子，第一个因子累积提取载荷平方和方差百分比为 23.563%，小于 40%，说明本研究不存在严重的同源方差问题。

8.4 数据分析与假设检验

8.4.1 相关性分析

自变量可持续发展型领导与因变量员工亲环境行为伦理困境各维度均负向相关（$r_{生活质量} = -0.188$，$r_{关系} = -0.292$，$r_{空间} = -0.259$，$r_{角色} = -0.130$），中介变量员工责任感知与员工亲环境行为伦理困境各维度均负向相关（$r_{生活质量} = -0.227$，$r_{关系} = -0.397$，$r_{空间} = -0.366$，$r_{角色} = -0.442$），自变量可持续发展型领导与中介变量员工责任感知正向相关（$r = 0.453$）（见表 8-6）。

表 8-6 各变量相关性分析

	生活质量型	关系型	空间型	角色型	可持续发展型领导	员工责任感知
生活质量型	1					
关系型	0.333**	1				
空间型	0.228**	0.606**	1			
角色型	0.271**	0.637**	0.688**	1		
可持续发展型领导	-0.188**	-0.292**	-0.259**	-0.130**	1	
员工责任感知	-0.227**	-0.397**	-0.366**	-0.442**	0.453**	1

注：* 表示 $p<0.05$，** 表示 $p<0.01$。

8.4.2 假设检验

8.4.2.1 可持续发展型领导对员工亲环境行为伦理困境和员工责任感知的影响

由表 8-7 可知，模型 2 显示了以可持续发展型领导为自变量，以生活质量型员工亲环境行为伦理困境为因变量的回归模型，结果显示，$F = 10.549$，$p<0.001$，说明可持续发展型领导对生活质量型员工亲环境行为伦理困境的影响达到显著水平，该模型的回归效果良好，可持续发展型领导

可以用来解释生活质量型员工亲环境行为伦理困境 14.4% 的变化（$R^2 =$ 0.144）。同时结果显示，可持续发展型领导能够负向影响生活质量型员工亲环境行为伦理困境（$\beta = -0.081$，$p < 0.05$）。此外，模型 3 显示了以责任感知为自变量，以生活质量型员工亲环境行为伦理困境为因变量的回归模型，结果显示，F = 12.707，$p < 0.001$，说明员工责任感知对生活质量型员工亲环境行为伦理困境的影响达到显著水平，该模型的回归效果良好，同时该模型的 $R^2 = 0.169$，说明员工责任感知可以用来解释生活质量型员工亲环境行为伦理困境 16.9% 的变化，并且员工责任感知能够负向影响生活质量型员工亲环境行为伦理困境（$\beta = -0.187$，$p < 0.001$），假设 1a 和假设 3a 得到验证。

表 8-7　可持续发展型领导和员工责任感知对生活质量型员工亲环境行为伦理困境的回归分析

	生活质量型员工亲环境行为伦理困境								
	模型 1			模型 2			模型 3		
	B	β	t	B	β	t	B	β	t
性别	0.090	0.066	1.693	0.091	0.066	1.714	0.147	0.107	2.736 **
年龄	0.299	0.282	4.800 ***	0.288	0.272	4.619 ***	0.306	0.289	4.994 ***
婚姻状况	0.008	0.006	0.138	0.008	0.006	0.149	−0.011	−0.008	−0.198
工龄	−0.006	−0.008	−0.130	−0.014	−0.019	−0.294	−0.011	−0.014	−0.219
受教育水平	0.244	0.253	4.928 ***	0.218	0.226	4.269 ***	0.228	0.237	4.677 ***
岗位级别	−0.124	−0.222	−4.362 ***	−0.113	−0.203	−3.922 ***	−0.094	−0.170	−3.307 **
单位性质	−0.007	−0.026	−0.563	−0.007	−0.027	−0.602	−0.008	−0.029	−0.655
家庭人数	0.070	0.087	2.272 *	0.055	0.068	1.744	0.056	0.069	1.834
收入水平	−0.232	−0.390	−7.102 ***	−0.214	−0.359	−6.325 ***	−0.194	−0.326	−5.862 ***
可持续发展型领导				−0.066	−0.081	−2.029 *			
责任感知							−0.152	−0.187	−4.765 ***
R^2	0.138 ***			0.144 *			0.169 ***		
ΔR^2				0.006			0.031		
F	11.208 ***			10.549 ***			12.707 ***		

注：* 表示 $p < 0.05$，** 表示 $p < 0.01$，*** 表示 $p < 0.001$。

由表 8-8 可知，模型 5 显示了以可持续发展型领导为自变量，以关系型员工亲环境行为伦理困境为因变量的回归模型，结果显示，F = 13.420，p <0.001，说明可持续发展型领导对关系型员工亲环境行为伦理困境的影响达到显著水平，该模型的回归效果良好，可持续发展型领导可以用来解释关系型员工亲环境行为伦理困境 17.6% 的变化（R^2 = 0.176）。同时结果显示，可持续发展型领导能够负向影响关系型员工亲环境行为伦理困境（β = -0.185，p<0.001）。此外，模型 6 显示了以责任感知为自变量，以关系型员工亲环境行为伦理困境为因变量的回归模型，F = 23.525，p<0.001，说明员工责任感知对关系型员工亲环境行为伦理困境的影响达到显著水平，该模型的回归效果良好，同时该模型的 R^2 = 0.273，说明员工责任感知可以用来解释关系型员工亲环境行为伦理困境 27.3% 的变化，并且员工责任感知能够负向影响关系型员工亲环境行为伦理困境（β = -0.381，p<0.001），假设 1b 和假设 3b 得到验证。

表 8-8 可持续发展型领导和员工责任感知对关系型员工亲环境行为伦理困境的回归分析

| | 关系型员工亲环境行为伦理困境 | | | | | | | | |
| | 模型 4 | | | 模型 5 | | | 模型 6 | | |
	B	β	t	B	β	t	B	β	t
性别	-0.037	-0.027	-0.703	-0.035	-0.026	-0.677	0.079	0.057	1.567
年龄	0.009	0.008	0.143	-0.016	-0.015	-0.262	0.022	0.289	0.403
婚姻状况	0.012	0.008	0.210	0.013	0.009	0.239	-0.019	-0.008	-0.512
工龄	0.131	0.170	-0.130	0.113	0.147	2.353*	0.159	-0.014	2.728**
受教育水平	0.343	0.355	2.697**	0.283	0.293	5.645**	0.322	0.237	6.793***
岗位级别	-0.159	-0.286	6.946***	-0.134	-0.242	-4.765***	-0.178	-0.170	-3.720**
单位性质	0.018	0.066	1.463	0.017	0.062	1.401	0.059	-0.029	1.404
家庭人数	0.153	0.190	4.995***	0.119	0.148	3.843***	0.154	0.069	4.360***
收入水平	-0.156	-0.263	-4.816***	-0.115	-0.193	-3.468**	-0.132	-0.326	-2.547*
可持续发展型领导				-0.150	-0.185	-4.719***			
责任感知							-0.310	-0.381	-10.414***

续表

	关系型员工亲环境行为伦理困境								
	模型 4			模型 5			模型 6		
	B	β	t	B	β	t	B	β	t
R^2	0.147 ***			0.176 ***			0.273 ***		
ΔR^2				0.029			0.126		
F	12.029 ***			13.420 ***			23.525 ***		

注：* 表示 $p<0.05$，** 表示 $p<0.01$，*** 表示 $p<0.001$。

由表 8-9 可知，模型 8 显示了以可持续发展型领导为自变量，以空间型员工亲环境行为伦理困境为因变量的回归模型，结果显示，$F=11.685$，$p<0.001$，说明可持续发展型领导对空间型员工亲环境行为伦理困境的影响达到显著水平，该模型的回归效果良好，可持续发展型领导可以用来解释空间型员工亲环境行为伦理困境 15.7% 的变化（$R^2=0.157$）。同时结果显示，可持续发展型领导能够负向影响关系型员工亲环境行为伦理困境（$\beta=-0.177$，$p<0.001$）。此外，模型 9 显示了以员工责任感知为自变量，以空间型员工亲环境行为伦理困境为因变量的回归模型，结果显示，$F=18.542$，$p<0.001$，说明员工责任感知对空间型员工亲环境行为伦理困境的影响达到显著水平，该模型的回归效果良好，同时该模型的 $R^2=0.228$，说明员工责任感知可以用来解释空间型员工亲环境行为伦理困境 22.8% 的变化，并且员工责任感知能够负向影响空间型员工亲环境行为伦理困境（$\beta=-0.337$，$p<0.001$），假设 1c 和假设 3c 得到验证。

表 8-9 可持续发展型领导和员工责任感知对空间型员工亲环境行为伦理困境的回归分析

	空间型员工亲环境行为伦理困境								
	模型 7			模型 8			模型 9		
	B	β	t	B	β	t	B	β	t
性别	−0.113	−0.070	−1.812	−0.110	−0.069	−1.803	0.006	0.004	0.104
年龄	−0.104	−0.084	−1.425	−0.132	−0.107	−1.826	−0.089	−0.072	−1.299
婚姻状况	0.057	0.035	0.863	0.058	0.036	0.900	0.017	0.011	0.281
工龄	0.168	0.188	2.951 **	0.148	0.165	2.625 **	0.159	0.178	2.967 **

	空间型员工亲环境行为伦理困境								
	模型 7			模型 8			模型 9		
	B	β	t	B	β	t	B	β	t
受教育水平	0.421	0.376	7.275***	0.355	0.316	6.018***	0.388	0.346	7.093***
岗位级别	-0.146	-0.225	-4.403***	-0.118	-0.183	-3.566***	-0.084	-0.130	-2.640**
单位性质	-0.006	-0.017	-0.381	-0.007	-0.021	-0.3468	-0.008	-0.024	-0.558
家庭人数	0.096	0.103	2.667**	0.058	0.062	1.594	0.066	0.071	1.942
收入水平	-0.181	-0.261	-4.735***	-0.134	-0.194	-4.471**	-0.101	-0.146	-2.725**
可持续发展型领导				-0.167	-0.177	-4.471***			
责任感知							-0.318	-0.337	-10.414***
R^2	0.130***			0.157***			0.228***		
ΔR^2				0.027			0.098		
F	10.447***			11.685***			18.542***		

注：* 表示 $p<0.05$，** 表示 $p<0.01$，*** 表示 $p<0.001$。

由表 8-10 可知，模型 11 显示了以可持续发展型领导为自变量，以角色型员工亲环境行为伦理困境为因变量的回归模型，结果显示，F = 10.782，$p<0.001$，说明可持续发展型领导对角色型员工亲环境行为伦理困境的影响达到显著水平，该模型的回归效果良好，可持续发展型领导可以用来解释角色型员工亲环境行为伦理困境 14.7% 的变化（$R^2 = 0.147$）。然而，可持续发展型领导对角色型员工亲环境行为伦理困境的负向影响不显著（β = -0.049，$p>0.05$），假设 1d 不成立。此外，模型 12 显示了以员工责任感知为自变量，以角色型员工亲环境行为伦理困境为因变量的回归模型，结果显示，F = 27.188，$p<0.001$，说明员工责任感知对角色型员工亲环境行为伦理困境的影响达到显著水平，该模型的回归效果良好，同时该模型的 $R^2 =$ 0.302，说明员工责任感知可以用来解释角色型员工亲环境行为伦理困境 30.2% 的变化，并且员工责任感知能够负向影响角色型员工亲环境行为伦理困境（β = -0.427，$p<0.001$），假设 3d 得到验证。

表 8-10　可持续发展型领导和员工责任感知对角色型员工亲环境行为
伦理困境的回归分析

	角色型员工亲环境行为伦理困境								
	模型 10			模型 11			模型 12		
	B	β	t	B	β	t	B	β	t
性别	-0.042	-0.030	-0.779	-0.042	-0.030	-0.769	0.091	0.064	1.800
年龄	-0.161	-0.149	-2.536*	-0.168	-0.155	-2.634*	-0.145	-0.134	-2.521*
婚姻状况	-0.052	-0.036	-0.910	-0.052	-0.036	-0.904	-0.096	-0.067	-1.849
工龄	0.038	0.049	0.771	0.033	0.042	0.669	0.029	0.036	0.636
受教育水平	0.222	0.224	4.384***	0.205	0.208	3.931***	0.185	0.187	4.031***
岗位级别	-0.137	-0.241	-4.742***	-0.130	-0.229	-4.433***	-0.068	-0.120	-2.560*
单位性质	-0.031	-0.110	-2.420*	-0.031	-0.111	-2.443*	-0.033	-0.118	-2.882**
家庭人数	0.129	0.156	4.094***	0.119	0.145	3.695***	0.095	0.116	3.343**
收入水平	-0.074	-0.122	-2.223*	-0.063	-0.103	-1.815	0.015	0.025	0.484
可持续发展型领导				-0.041	-0.049	-1.240			
责任感知							-0.355	-0.427	-11.911***
R^2	0.145***			0.147			0.302***		
ΔR^2				0.002			0.158		
F	11.799***			10.782***			27.188***		

注：* 表示 $p<0.05$，** 表示 $p<0.01$，*** 表示 $p<0.001$。

由表 8-11 可知，模型 14 显示了以可持续发展型领导为自变量，以员工责任感知为因变量的回归模型，结果显示，$F=26.473$，$p<0.001$，说明可持续发展型领导对员工责任感知的影响达到显著水平，该模型的回归效果良好，可持续发展型领导可以用来解释员工责任感知 29.7% 的变化（$R^2=0.297$）。同时，可持续发展型领导对员工责任感知的正向影响显著（β = 0.436，$p<0.001$），假设 2 得到验证。

表 8-11 可持续发展型领导对员工责任感知的回归分析

	员工责任感知					
	模型 13			模型 14		
	B	β	t	B	β	t
性别	0.374	0.221	5.698 ***	0.368	0.218	6.219 ***
年龄	0.046	0.035	0.597	0.118	0.090	1.696
婚姻状况	-0.124	-0.072	-1.781	-0.128	-0.074	-2.039 *
工龄	-0.027	-0.029	0.457	0.025	0.027	0.465
受教育水平	-0.104	-0.088	-1.705	0.069	0.058	1.205
岗位级别	0.193	0.282	5.524 ***	0.122	0.178	3.795 ***
单位性质	-0.007	-0.020	-0.431	-0.004	-0.011	-0.259
家庭人数	-0.091	-0.095	2.463 *	0.005	0.005	0.140
收入水平	0.251	0.343	6.225 ***	0.130	0.178	3.459 **
可持续发展型领导				0.435	0.436	12.035 ***
R^2	0.134 ***			0.297 ***		
ΔR^2				0.162		
F	10.838 ***			26.473 ***		

注：* 表示 $p<0.05$，** 表示 $p<0.01$，*** 表示 $p<0.001$。

8.4.2.2 员工责任感知的中介作用检验

采用 Baron 和 Kenny 的依次检验法对中介效应进行验证。上述已经验证除了角色型员工亲环境行为伦理困境外，可持续发展型领导对员工亲环境行为伦理困境其他三个维度有显著负向影响（模型 2，β=-0.081，$p<0.05$；模型 5，β=-0.185，$p<0.001$；模型 8，β=-0.177，$p<0.001$），同时验证了可持续发展型领导能够正向影响员工责任感知（模型 14，β=0.436，$p<0.001$）。因此，继续将可持续发展型领导和员工责任感知同时对员工亲环境行为伦理困境的其他三个维度进行回归，结果如下。

由表 8-12 可知，员工责任感知对亲环境行为伦理困境其他三个维度的回归系数仍然显著（模型 15，β=-0.207，$p<0.001$；模型 16，β=-0.371，$p<0.001$；模型 17，β=-0.320，$p<0.001$），同时，模型 15、模型 16 和模型 17 显示，可持续发展型领导的系数相比模型 2、模型 5 和模型 8 均显著减

小，但未达到显著水平（模型 15，β = - 0.020，p > 0.05；模型 16，β = -0.023，p > 0.05；模型 17，β = -0.038，p > 0.05）。由此可知，员工责任感知在可持续发展型领导与生活质量型员工亲环境行为伦理困境、关系型员工亲环境行为伦理困境和空间型员工亲环境行为伦理困境之间具有完全中介作用。假设 4a、假设 4b 和假设 4c 得到基本的验证。但是，由于传统的依次检验法存在一些缺陷，为了更加精准地探究员工责任感知的中介效应，根据 Preacher 等和 Hayes 等提出的 Bootstrap 方法，运用 PROCESS 插件对中介变量进行检验，选择 Bootstrap 重复抽样次数为 5000，置信区间水平设定为 95%。

表 8-12 可持续发展型领导及员工责任感知对员工亲环境行为伦理困境的回归分析

	模型 15			模型 16			模型 17		
	B	β	t	B	β	t	B	β	t
性别	0.147	0.107	2.736**	0.076	0.055	1.503	0.001	0.001	0.016
年龄	0.306	0.289	4.994***	0.020	0.018	0.340	-0.096	-0.078	-1.386
婚姻状况	-0.011	-0.008	-0.198	-0.025	-0.018	-0.488	0.020	0.012	0.316
工龄	-0.011	-0.014	-0.219	0.120	0.156	2.672**	0.155	0.174	2.884**
受教育水平	0.228	0.237	4.677***	0.304	0.315	6.437***	0.376	0.335	6.649***
岗位级别	-0.094	-0.170	-3.307**	-0.098	-0.176	-3.643***	-0.081	-0.126	-2.537*
单位性质	-0.008	-0.029	-0.655	0.016	0.058	1.396	-0.008	-0.025	-0.568
家庭人数	0.056	0.069	1.834	0.121	0.150	4.139***	0.060	0.064	1.709
收入水平	-0.194	-0.326	-5.862***	-0.076	-0.127	-2.404*	-0.095	-0.137	-2.521*
可持续发展型领导	-0.014	-0.020	-0.655	-0.019	-0.023	-0.567	-0.035	-0.038	-0.895
责任感知	-0.173	-0.207	-4.044***	-0.302	-0.371	-9.136***	-0.303	-0.320	-7.654***
R^2	0.169***			0.273***			0.229***		
F	11.533***			21.392***			16.924***		

注：* 表示 $p < 0.05$，** 表示 $p < 0.01$，*** 表示 $p < 0.001$。

由表 8-13 可知，Bootstrap 检验员工责任感知置信区间分别为 [-0.225，0.083]、[-0.368，0.238] 和 [-0.377，0.228]，均不包含 0，说明员工责任感知在可持续发展型领导和生活质量型员工亲环境行为伦理困境、关系型员工亲环境行为伦理困境和空间型员工亲环境行为伦理困境之间的中介效应显著。假设 4a、假设 4b 和假设 4c 得到验证。

表 8-13　Bootstrap 检验结果

		生活质量型员工亲环境行为伦理困境	关系型员工亲环境行为伦理困境	空间型员工亲环境行为伦理困境
95%置信区间	下限	-0.225	-0.368	-0.377
	上限	-0.083	-0.238	-0.228

8.4.2.3　感知的领导群体原型的调节作用检验

采用层次回归方法检验感知的领导群体原型在可持续发展型领导和员工责任感知间的调节作用。首先将员工责任感知作为因变量，在加入控件变量后，依次加入可持续发展型领导、感知的领导群体原型、经过中心化后的可持续发展型领导和感知的领导群体原型的乘积项，回归结果如表 8-14 所示。由表 8-14 可知，在控制了可持续发展型领导和感知的领导群体原型的主效应之后，加入的可持续发展型领导和感知的领导群体原型的交互项对员工责任感知产生了显著的正向影响（$\beta = 0.109$，$p < 0.01$）。

表 8-14　感知的领导群体原型对可持续发展型领导和员工责任感知关系的调节作用检验

	员工责任感知					
	模型 18			模型 19		
	B	β	t	B	β	t
常量	1.790		4.737 ***	2.061		5.330
性别	0.352	0.208	5.955 ***	0.327	0.055	5.519 ***
年龄	0.114	0.088	1.652	0.141	0.018	2.029 *
婚姻状况	-0.105	-0.061	-1.671	-0.107	-0.018	-1.722
工龄	0.030	0.031	0.547	0.015	0.156	0.276
受教育水平	0.048	0.041	0.844	0.057	0.315	1.008

续表

	员工责任感知					
	模型 18			模型 19		
	B	β	t	B	β	t
岗位级别	0.110	0.161	3.439**	0.116	-0.176	3.644***
单位性质	-0.001	-0.003	-0.067	-0.001	0.058	-0.072
家庭人数	0.006	0.006	0.180	-0.007	0.150	-0.202
收入水平	0.134	0.183	3.571***	0.126	-0.127	3.366**
可持续发展型领导	0.404	0.406	10.859***	0.363	-0.023	9.150***
感知的领导群体原型	-0.139	-0.108	-3.049***	-0.163	-0.371	-3.556***
可持续发展型领导×感知的领导群体原型				0.156	0.109	2.950**
R^2	0.307***			0.317**		
ΔR^2				0.010		
F	25.230***			24.138***		

注：* 表示 $p<0.05$，** 表示 $p<0.01$，*** 表示 $p<0.001$。

　　根据 Aiken 等的建议，选取感知的领导群体原型均值正负各一个标准差之外的数据绘制调节效应图。图 8-1 显示了这种交互作用对员工责任感知的影响趋势，即在高水平的感知的领导群体原型情景下，可持续发展型领导对员工责任感知的正向影响更加强烈，而在低水平的感知的领导群体原型情景下，可持续发展型领导对员工责任感知的正向影响较为平缓。由以上分析可知，感知的领导群体原型能够正向调节可持续发展型领导与员工责任感知的关系，并且高水平的感知的领导群体原型的调节效应更加显著，假设 5 得到验证。

8.4.2.4　道德注意的调节作用检验

　　采用层次回归方法检验道德注意在可持续发展型领导和员工亲环境行为伦理困境各维度间的调节作用。

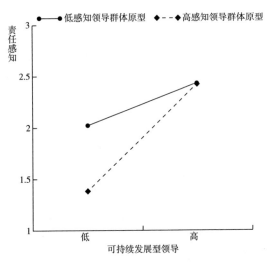

图 8-1 感知的领导群体原型对可持续发展型领导和员工责任感知关系的调节作用

　　首先检验道德注意在可持续发展型领导和生活质量型员工亲环境行为伦理困境间的调节作用。将生活质量型员工亲环境行为伦理困境作为因变量，在加入控件变量后，依次加入可持续发展型领导、道德注意、经过中心化后的可持续发展型领导和道德注意的乘积项，回归结果如表 8-15 所示。由表 8-15 可知，在控制了可持续发展型领导和道德注意的主效应之后，加入的可持续发展型领导和道德注意的交互项对生活质量型员工亲环境行为伦理困境产生了显著的正向影响（$\beta=0.107$，$p<0.01$）。

表 8-15 道德注意对可持续发展型领导和生活质量型员工亲环境行为伦理困境关系的调节作用检验

	生活质量型员工亲环境行为伦理困境					
	模型 20			模型 21		
	B	β	t	B	β	t
常量	1.533		4.415 ***	1.835		5.038 ***
性别	0.090	0.065	1.667	0.064	0.047	1.182
年龄	0.288	0.271	4.601 ***	0.286	0.269	4.586 ***

续表

	生活质量型员工亲环境行为伦理困境					
	模型 20			模型 21		
	B	β	t	B	β	t
婚姻状况	0.009	0.006	0.161	0.006	0.005	0.115
工龄	−0.014	−0.018	−0.287	−0.022	−0.029	−0.450
受教育水平	0.218	0.226	4.265 ***	0.202	0.210	3.948 ***
岗位级别	−0.112	−0.202	−3.888 ***	−0.122	−0.219	−4.196 ***
单位性质	−0.008	−0.028	−0.613	−0.009	−0.032	−0.701
家庭人数	0.055	0.068	1.720	0.048	0.060	1.530
收入水平	−0.213	−0.359	−6.302 ***	−0.209	−0.352	−6.213 ***
可持续发展型领导	−0.069	−0.085	−1.853	−0.075	−0.093	−2.025 *
道德注意	−0.007	−0.008	−0.177	−0.044	−0.048	−1.049
可持续发展型领导× 道德注意				0.091	0.107	2.626 **
R^2	0.144 ***			0.54 **		
ΔR^2				0.009		
F	9.578 ***			9.437 ***		

注：* 表示 $p<0.05$，** 表示 $p<0.01$，*** 表示 $p<0.001$。

图 8-2 显示了这种交互作用对生活质量型员工亲环境行为伦理困境的影响趋势，即在低水平的道德注意情景下，可持续发展型领导对生活质量型员工亲环境行为伦理困境的负向影响更加强烈，而在高水平的感知的道德注意情景下，可持续发展型领导对生活质量型员工亲环境行为伦理困境的负向影响较为平缓。由以上分析可知，道德注意能够正向调节可持续发展型领导与生活质量型员工亲环境行为伦理困境的关系，并且低水平的道德注意的调节效应更加显著，假设 6a 得到验证。

同理，接下来检验道德注意在可持续发展型领导和关系型员工亲环境行为伦理困境间的调节作用。将关系型员工亲环境行为伦理困境作为因变量，在加入控件变量后，依次加入可持续发展型领导、道德注意、经过中心化后的可持续发展型领导和道德注意的乘积项，回归结果如表 8-16 所示。由表 8-16 可知，在控制了可持续发展型领导和道德注意的主效应之后，加入的可持续发展型领导和道德注意的交互项对关系型员工亲环境行为伦理困境产生了显著的正向影响（$\beta = 0.260$，$p < 0.001$）。

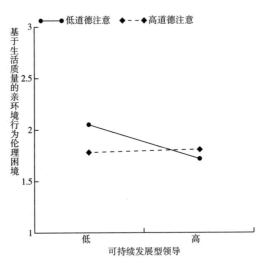

图 8-2　道德注意对可持续发展型领导和生活质量型员工亲环境行为伦理困境关系的调节作用

表 8-16　道德注意对可持续发展型领导和关系型员工亲环境行为伦理困境关系的调节作用检验

	关系型员工亲环境行为伦理困境					
	模型 22			模型 23		
	B	β	t	B	β	t
常量	3.122		9.527 ***	3.857		11.583 ***
性别	−0.089	−0.065	−1.750	−0.150	−0.109	−3.027 **
年龄	−0.037	−0.035	−0.622	−0.042	−0.040	−0.743
婚姻状况	0.039	0.028	0.735	0.033	0.023	0.639
工龄	0.125	0.162	2.704 **	0.105	0.137	2.368 *
受教育水平	0.282	0.292	5.840 ***	0.244	0.252	5.201 ***
岗位级别	−0.117	−0.210	−4.293 ***	−0.139	−0.251	−5.268 ***
单位性质	0.011	0.040	0.920	0.008	0.030	0.725
家庭人数	0.100	0.124	3.333 **	0.085	0.106	2.934 **
收入水平	−0.103	−0.173	−3.225 **	−0.0944	−0.158	−3.041 **

续表

	关系型员工亲环境行为伦理困境					
	模型 22			模型 23		
	B	β	t	B	β	t
可持续发展型领导	−0.273	−0.337	−7.776 ***	−0.288	−0.356	−8.494 ***
道德注意	−0.268	−0.292	−7.134 ***	−0.358	−0.390	−9.314 ***
可持续发展型领导×道德注意				0.222	0.260	6.979 ***
R^2	0.238 ***			0.293 ***		
ΔR^2				0.055		
F	17.798 ***			21.616 ***		

注：* 表示 $p<0.05$，** 表示 $p<0.01$，*** 表示 $p<0.001$。

　　图 8-3 显示了这种交互作用的对关系型员工亲环境行为伦理困境的影响趋势，即在低水平的道德注意情景下，可持续发展型领导对关系型员工亲环境行为伦理困境的负向影响更加强烈，而在高水平的感知的道德注意情景下，可持续发展型领导对关系型员工亲环境行为伦理困境的负向影响较为平缓。由以上分析可知，道德注意能够正向调节可持续发展型领导与关系型员工亲环境行为伦理困境的关系，并且低水平的道德注意的调节效应更加显著，假设 6b 得到验证。

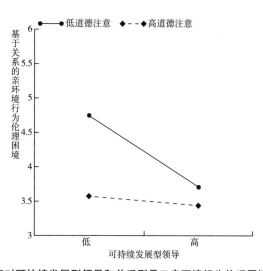

图 8-3　道德注意对可持续发展型领导和关系型员工亲环境行为伦理困境关系的调节作用

同理，接下来检验道德注意在可持续发展型领导和空间型员工亲环境行为伦理困境间的调节作用。将空间型员工亲环境行为伦理困境作为因变量，在加入控件变量后，依次加入可持续发展型领导、道德注意、经过中心化后的可持续发展型领导和道德注意的乘积项，回归结果如表 8-17 所示。由表 8-17 可知，在控制了可持续发展型领导和道德注意的主效应之后，加入的可持续发展型领导和道德注意的交互项对空间型员工亲环境行为伦理困境的产生无显著影响（$\beta = 0.039$，$p > 0.05$），因此假设 6c 不成立。

表 8-17　道德注意对可持续发展型领导和空间型员工亲环境行为
伦理困境关系的调节作用检验

| | 空间型员工亲环境行为伦理困境 | | | | | |
| | 模型 24 | | | 模型 25 | | |
	B	β	t	B	β	t
常量	3.377		8.658***	3.516		8.551***
性别	-0.163	-0.102	-2.702**	-0.175	-0.109	-2.849**
年龄	-0.152	-0.123	-2.162*	-0.153	-0.124	-2.177*
婚姻状况	0.084	0.052	1.325	0.083	0.051	1.306
工龄	0.160	0.179	2.909**	0.156	0.174	2.837**
受教育水平	0.354	0.315	6.157***	0.346	0.309	5.991***
岗位级别	-0.101	-0.157	-3.119***	-0.105	-0.163	-3.226**
单位性质	-0.013	-0.040	-0.920	-0.013	-0.042	-0.954
家庭人数	0.039	0.042	1.098	0.036	0.039	1.016
收入水平	-0.123	-0.177	-3.225**	-0.12214	-0.175	-3.177**
可持续发展型领导	-0.288	-0.306	-6.894***	-0.291	-0.309	-6.949***
道德注意	-0.264	-0.227	-5.896***	-0.381	-0.263	-5.912***
可持续发展型领导×道德注意				0.042	0.039	1.066
R^2	0.187***			0.188		
ΔR^2				0.001		
F	14.355***			13.256***		

注：* 表示 $p < 0.05$，** 表示 $p < 0.01$，*** 表示 $p < 0.001$。

　　最后检验道德注意在可持续发展型领导和角色型员工亲环境行为伦理困境间的调节作用。将角色型员工亲环境行为伦理困境作为因变量，在加入控件变量后，依次加入可持续发展型领导、道德注意、经过中心化后的可持续发展型领导和道德注意的乘积项，回归结果如表 8-18 所示。由表 8-18 可知，在控制了可持续发展型领导和道德注意的主效应之后，加入的可持续发展型领导和道德注意的交互项对角色型员工亲环境行为伦理困境产生了显著的正向影响（β = 0.121，p<0.01）。

表 8-18　道德注意对可持续发展型领导和角色型员工亲环境行为
伦理困境关系的调节作用检验

	角色型员工亲环境行为伦理困境					
	模型 26			模型 27		
	B	β	t	B	β	t
常量	3.164		9.096***	3.515		9.648***
性别	−0.082	−0.058	−1.518	−0.111	−0.079	−2.045*
年龄	−0.184	−0.169	−2.928**	−0.186	−0.172	−2.990**
婚姻状况	−0.032	−0.023	−0.576	−0.035	−0.025	−0.633
工龄	0.042	0.054	0.865	0.033	0.042	0.681
受教育水平	0.204	0.207	3.989***	0.186	0.189	3.632***
岗位级别	−0.117	−0.206	−4.050***	−0.128	−0.225	−4.416***
单位性质	−0.036	−0.128	−2.859**	−0.037	−0.132	−2.976**
家庭人数	0.105	0.127	3.297**	0.098	0.119	3.086**
收入水平	−0.054	−0.088	−1.584	−0.04914	−0.081	−1.461
可持续发展型领导	−0.133	−0.161	−3.571***	−0.140	−0.169	−3.781***
道德注意	−0.200	−0.214	−5.027***	−0.243	−0.259	−5.788***
可持续发展型领导 * 道德注意				0.106	0.121	3.043**
R^2	0.165***			0.176***		
ΔR^2				0.012		
F	12.479***			12.361***		

注：* 表示 p<0.05，** 表示 p<0.01，*** 表示 p<0.001。

图 8-4 显示了这种交互作用对角色型员工亲环境行为伦理困境的影响趋势，即在低水平的道德注意情景下，可持续发展型领导对角色型员工亲环境行为伦理困境的负向影响更加强烈，而在高水平的感知的道德注意情景下，可持续发展型领导对角色型员工亲环境行为伦理困境的负向影响较为平缓。由以上分析可知，道德注意能够正向调节可持续发展型领导与角色型员工亲环境行为伦理困境的关系，并且低水平的道德注意的调节效应更加显著，假设 6d 得到验证。

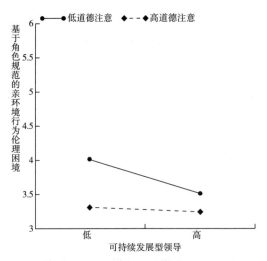

图 8-4   道德注意对可持续发展型领导和角色型员工亲环境行为伦理困境关系的调节作用

8.5   研究结果与讨论

8.5.1   研究结果

（1）可持续发展型领导能够负向影响生活质量型员工亲环境行为伦理困境、关系型员工亲环境行为伦理困境和空间型员工亲环境行为伦理困境。该结论不仅验证了可持续发展型领导能够降低员工亲环境行为伦理困境，同时也说明了可持续发展型领导的"平衡"特质在空间、关系以及日常生活等不同视角下都具有一定的延伸性。然而，可持续发展型领导对角色型员工亲环境行为伦理困境无显著影响。其可能的原因是虽然可持续发展型领导能够使组织内形成与可持续发展有关的行为规范，然而这种行为规范可能更多地包含命令性规范的成分，对于员工来讲他们更倾向于模仿自己身边大部分人的行为，即受到描述性规范的影响，因为"如果每个人都选择去做或者相信，这件事一定是明智之举"（Cialdini et al.，1990），此时可持续发展型领导的示范作用则会减弱。因此，员工无法从领导的行为中直接接收到"什么是好与善"以及"什么是错与恶"的行为信息，最终无法影响员工陷入角色型亲环境行为伦理困境中。

（2）可持续发展型领导能够正向影响员工的责任感知。该结论说明，对于处于组织情境下的员工而言，可持续发展型领导作为组织中的榜样，自身所具有的特质可能会提供给员工与其进行高质量的社会交换的基础，促使员工与领导间建立起高质量的社会交换关系，进而引发员工产生互惠与回报意识，使员工逐渐将可持续发展型领导所提倡的行为规范内化为自身的责任，进而增强员工努力改善环境问题的意愿。

（3）员工责任感知能够负向影响生活质量型员工亲环境行为伦理困境、关系型员工亲环境行为伦理困境、空间型员工亲环境行为伦理困境和角色型员工亲环境行为伦理困境。可见，员工的责任感知是增强其亲环境行为实施意愿的重要因素，不仅能够使员工认为他们应该主动努力解决环境问题，减少责任扩散（Bateman and O'Connor，2016；Gifford et al.，2011），同时能够使其相信自身的亲环境行为具有重要意义（Bateman and O'Connor，2016），并最终降低员工实施亲环境行为的伦理困境。

（4）员工责任感知在可持续发展型领导和生活质量型、关系型、空间型员工亲环境行为伦理困境间均具有中介作用，员工责任感知在可持续发展型领导和角色型员工亲环境行为伦理困境间无中介作用。

（5）感知的领导群体原型能够正向调节可持续发展型领导对员工的责任感知影响。该结论首先说明，可持续发展型领导风格在组织情境中的有效性不能单方面由领导自身决定，而是取决于员工所认为的"上行下效"的必要性。此外，员工认为自己的领导越具有典型性，越能代表团队的标准、价值观和规范，对于员工的影响力和吸引力也就越强，也更有可能从身份认同和情感共鸣两个方面增强可持续发展型领导对员工责任感知的影响。因此，相比低水平感知的领导群体原型，高水平感知的领导群体原型的调节效应更加显著。

（6）道德注意能够增强可持续发展型领导对关系型员工亲环境行为伦理困境的负向影响，道德注意能够增强可持续发展型领导对生活质量型员工亲环境行为伦理困境的负向影响，道德注意能够增强可持续发展型领导对角色型员工亲环境行为伦理困境的负向影响。该结论说明，员工能够对可持续发展型领导形成正确的道德认知是影响员工亲环境行为伦理困境的重要因素。在加入道德注意后，可持续发展型领导对于角色型员工亲环境行为伦理困境的负向影响也变得显著。该结论则进一步验证了上述的说明。一般来说，高度的道德专注导致追随者自动地从道德的角度感知和解释领导者的行为，对领导者的行为或其结果是否合乎道德更加敏感，也更可能质疑领导者的道德。因此，相比高水平的道德注意，低水平的道德注意对上述关系的调节效应更加显著。

8.5.2 研究创新点

（1）国外研究者往往是从价值观或态度、规范、行为控制等思路研究个体环境行为的困境和不足，具体到个体环境行为涉及的各种利益问题，以及个体环境行为所陷入伦理困境的深层次原因，研究者们并没有给出完备的解释。该部分研究基于员工生活中所涉及的具体化以及一般化情境探究员工环境行为伦理困境的内涵，有利于对员工环境行为的选择过程有更加全面的认识。

（2）先前研究仅仅强调了不同的领导风格在组织实现企业社会责任过程中所扮演的"管理者"的角色，却并未结合企业社会责任的内涵关注不同的领导风格对于企业实现社会责任的有效性，因此，该部分研究拓展和丰富了现有的领导理论，从可持续领导的视角建立起组织与其社会责任的系统联系，充分体现组织的"社会企业"内涵。

（3）为了深化员工亲环境行为伦理困境的相关研究，该部分研究从"可持续发展人"和"可持续发展领导者"的双重属性探究了可持续发展型领导在组织中的影响效应，将可持续发展型领导与企业员工亲环境行为伦理困境进行"群体层—个体层"的伦理逻辑连接。这一研究模式不仅深化了关于可持续发展型领导以及员工亲环境行为伦理困境的相关研究，同时为构建破除员工亲环境行为伦理困境的组织调控策略提供了明确的指导。

9 企业环境治理个体层困境的纾解：绿色人力资源管理的视角

9.1 引言

9.1.1 企业绿色人力资源管理是化解员工亲环境行为伦理困境的主要途径

无论是在理论还是在实践中，人力资源管理通常都着眼于企业经济绩效的实现，如"战略性人力资源管理"关注的便是人力资源管理实践对企业股东利益最大化的作用（Jackson and Seo，2010）。现如今随着世界以温室效应为主的环境问题日趋严重，如何在不消耗后代需求的基础上满足当代人需求的环境管理（Bruntland，1987）受到人们的广泛关注，也帮助企业从更广阔的角度看待未来发展。组织需要通过人力资源管理政策和实践对员工进行投资，使其参与组织中创造价值的活动，以便再生价值和更新财富（Gollan，2013）。在此背景下，企业需要新的人力资源管理理论对组织整个管理体系进行更改（Bertalanffy，1969），让组织各层级员工参与可持续发展战略中。由此将"绿色"与"人力资源管理"有机统一的绿色人力资源管理（Green Human Resource Management，GHRM）应运而生，受到了越来越多的关注（Tom，2018；Wikhamn and Wajda，2019）。

同时，企业受到来自社会的环保监管压力也越来越大，为满足利益相关者的环保诉求，企业环境管理成为必然。不少研究将环境管理应用到营销管理、供应链管理以及会计管理领域，人力资源管理在环境管理中发挥的作用也逐渐受到重视。员工是组织人力资源的重要组成部分，只有当员工采取相应的支持行为，企业的环境管理才能持续（Pinzone et al.，2016）。

绿色人力资源管理作为环境管理在人力资源管理方面的实践，被广泛用于企业管理过程中。研究表明，绿色人力资源管理能够提升企业环境绩效，同时有效减少员工离职率。更重要的，大量研究表明绿色人力资源管理能够提升员工亲环境行为心理资本、绿色心理氛围及其环保动机，进而促进员工实施绿色行为。而员工亲环境行为伦理困境的直接表现就是员工在是否实施绿色行为时感到难以选择。因此，绿色人力资源管理可以作为提升员工环保意愿、化解员工亲环境行为伦理困境的主要途径。

9.1.2 员工环境承诺是突破其亲环境行为伦理困境的关键视角

个体在面对环保行为选择时，由于多种价值观的冲突或矛盾，使得遵从环保价值观并不是唯一正确的选择。换句话说，个体在环保还是不环保之间做出选择时，往往不能做出明确的决定。尤其是当实施不环保行为或不实施环保行为时，个体的多重需求难以得到同时满足，如自我享乐需求、人际交往需求、关爱家人需求等。作为完整个体，个体不仅需要与大自然建立固有联系，也会与自我、家人以及同事朋友等建立起关系网，因此，个体在对是否实施环保行为进行选择时，其实就是对他们所在关系网中多重关系偏好性的选择。环境承诺是个体对自然环境的情感依恋和责任感，是人与自然积极关系中的一种。这种积极的关系在解决亲环境行为领域的伦理困境过程中，能够起到关键作用。特别是在工作情境下，当员工个体与自然环境的情感联系进一步加深时，他们能够在自身多重关系网中优先考虑与自然环境的关系，将自然环境的利益放在优先位置上，以环保价值观或原则主导行为选择过程，从而化解亲环境行为伦理困境。

9.1.3 研究目的和意义

9.1.3.1 研究目的

行为选择是综合多种考虑后的结果，虽然我国企业员工已具备较多环保知识和环保技能，在某种角度来说也具备较高环保价值观水平，但面临的一个突出问题就是伦理困境，即在多种考虑因素的影响下，难以做出是否实施环保行为的满意选择。为解决这一问题，本书从员工亲环境行为伦理困境出发，深入探讨企业绿色人力资源管理对员工亲环境行为伦理困境的影响机制，试图通过企业环保政策来解决员工面临的环境问题，进而提升组织和员工的可持续发展目标。

其研究目标，第一，构建企业绿色人力资源管理对员工亲环境行为伦理困境的理论模型并进行实证检验。第二，探究并检验员工环境承诺在企业绿色人力资源管理和员工亲环境行为伦理困境关系中的中介作用。第三，探究并检验员工道德反思在企业绿色人力资源管理和员工环境承诺关系中的调节作用。

9.1.3.2　研究意义

其理论意义，第一，整合企业环境管理与员工环保行为，研究企业绿色人力资源管理与员工亲环境行为伦理困境的关系，从绿色人力资源管理视角寻找化解员工亲环境行为伦理困境的方法，为企业环境管理和员工管理提供思路，进一步实现组织与员工可持续发展。第二，揭示了员工环境承诺在企业绿色人力资源管理与员工亲环境行为伦理困境关系中的中介作用，为化解员工亲环境行为伦理困境提出了根本性的解决方法，也为提升公民环保行为提供了思路，丰富了绿色人力资源管理和员工亲环境行为的相关研究。第三，根据社会认知理论，试图利用员工道德反思加强员工感知的绿色人力资源管理对其环境承诺的作用力，从而为企业环境管理与员工行为管理提供调控思路。

其实践意义，通过理论分析和实证研究揭示了企业绿色人力资源管理对员工亲环境行为伦理困境的影响，并从员工环境承诺视角挖掘了内部作用机理，不仅有利于为企业参与环境治理提供思路，同时也为企业提升环境绩效提供解决路径。此外，通过提升员工环境承诺来化解员工亲环境行为伦理困境，激发个体积极主动参与环境保护的意愿并能够有效落实到实践中。

9.2　理论基础与研究假设

9.2.1　理论基础

能力—动机—机会理论（Ability-Motivation-Opportunity Theory，AMO）被用来决定人力资源管理中人员管理的关注点。该理论确定了人力资源管理的关键领域，这些领域对环境管理的结果产生了影响。该理论强调，所有通过提高员工的能力来增加企业人力资本的人力资源管理实践和政策都会带来更好的绩效表现，包括减少浪费，提高生产力，增加企业利润。AMO 模型有三个成功的重要方面：一是培养吸引高绩效员工来提高员工的能力；二是通过有效管理绩效和奖励的实践来增强员工动机并确保承诺；三是能力—动机—机会理论为员工提供参与多项活动的机会，如参与解决问题、分享知识（Renwick et al.，2013）。在绿色人力资源管理模块中，招聘和选择、员工培训和发展可以提高员工环境管理的能力，绩效管理评估、薪酬和奖励制度可以提升员工参与环境管理的动机，员工授权和参与、支持的组织氛围和文化以及工会的设立都可以为员工提供参与组织环境管理的机会。

社会信息处理理论（Social Information Processing Theory）最早由 Salancik 和 Pfeffer（1978）提出，用于解释工作场所个体的态度和行为。该理论强调情境和过去行为选择后果的影响，认为个体具有一定的适应性，其态度、信念或行为会根据社会情境、过去经历以及当前行为和处境发生改变。其中一个重要的信息来源就是个体直接嵌入的社会环境，通过这个环境提供的信息，个体意识到什么样的行为和观念是被允许接受的，揭示了社会情境和个体态度、行为之间的联系。同样地，在组织情境下，员工能够主动收集、归因、判断各类信息，并通过对信息的加工处理为当前的行为选择提供参考。从社会信息处理理论视角来看，组织政策或实践向员工提供了各种信息，包含显性或隐性规则，而组织与员工的多次互动进一步丰富了相关信息，员工通过对获取到的信息进行加工编码，能够准确判断自己行为选择的后果。因此，社会信息处理理论被学者们广泛用于解释员工态度和行为。Janet 和 Boekhorst（2015）运用社会信息处理理论提出创造包容性工作氛围的策略，骆元静等（2019）基于社会信息处理理论解释了合理化和处罚两种变革策略对员工主动变革行为的影响。

社会认同理论（Social Identity Theory）最早由 Tajfel（1972）提出，并在组织行为学领域得到广泛应用。该理论认为人们总是会将自身归为某类社会群体，并将内群体和外群体的积极或消极特征进行比较，例如地位和声誉，从而产生所属群体的优势感知。这种积极感知会提升个体对所属群体的身份认同，进而增强个体的自尊和自我概念，个体也会积极采取措施维护自尊和自我概念。因此，当个体感知自身所属群体的独特优势，并形成内群体偏好和外群体偏见时（Ashforth and Mael，1989），这种积极的比较结果能够促使个体形成对内群体的认同感，并提升个体自尊和积极的自我概念。组织作为人们按照一定规则、为完成共同目标而形成的人群集合体，属于典型的社会群体形式。当员工从属于某一组织时，其能够通过对自己所属群体与其他群体进行多方位比较而感知组织成员身份赋予自身的情感和价值意义（Tajfel，1972），即所属群体的优势感知，这会提升员工对自己所属群体成员身份的认同感，进而获取自尊和自我概念。而为了维持并提升自尊和自我概念，员工会将个人命运与组织成功紧密联系，主要表现为积极的工作态度和工作行为（Ashforth and Mael，1989）。

相互依赖理论（Interdependent Theory）认为，在与他人的交往过程中，每个人都有一个与众不同的比较水平，即个体认为在与他人的交往中应得结果的价值。该理论认为我们为了衡量我们在其他关系中是否会更好，会比较满意度、投资、替代的水平。满意度是指对一段关系中所经历的相对积极或消极的主观评价（例如，个人从自然环境中得到的好处）；投资是指与关系相关的有形或无形的资源，一旦关系破裂，这些资源就会消失（例如，个人投入自然环境中的时间和精力）；替代指的是在没有现有伴侣的情况下，个体的需求可以被满足的程度（例如，个体可以通过其他方式获得自然环境给予的好处）。该理论不仅被用于人与人的交往关系中，也开始被应用于人和自然环境的关系中。Davis（2011）结合相互依赖理论和承诺模型研究了三种自然环境的关系类型（满意、投资、替代）与环境承诺之间的联系，发现与自然环境的满意型和投资型关系能提升个体的环境承诺水平，相反，替代型关系不利于个体的环境承诺水平的提升。与此同时，其研究还发现环境承诺能提升个体为自然环境做出牺牲的意愿，并且会促使个体实施一般生态行为，从而验证了环境承诺在人与自然关系类型和个体亲环境行为（意愿）之间的中介作用。

9.2.2 研究假设与概念模型

9.2.2.1 绿色人力资源管理与员工亲环境行为伦理困境

为了满足时代发展的需要，实现企业可持续发展的目标，企业将环保战略纳入企业战略设计中，并充分实施环境管理策略，这就要求各部门积极参与企业环境管理。企业绿色人力资源管理作为人力资源管理的环境管理功能体系（唐贵瑶等，2015），通过将环保战略贯彻落实到人力资源管理各个模块中，实现绿色招聘、绿色员工培训、绿色薪酬绩效和员工绿色参与（Tang 等，2018）。根据能力—动机—机会理论，绿色人力资源管理能够通过培训等提升员工参与环保的能力，通过绩效、薪酬与奖励体系形成员工参与环保的外在动机，通过营造绿色氛围，在组织内部传播绿色文化，为员工提供参与环境管理的实践机会（Renwick et al.，2013）。绿色人力资源管理相较环境管理战略在其他部门的应用，针对的是更广泛的企业全体员工，员工更能够感知企业在绿色人力资源管理方面所做的努力。基于社会信息处理理论，组织环境是员工获得信息的主要来源（Pfeffer，1978），企业通过实施绿色人力资源管理，向企业员工发出企业重视环保的信号，同时企业在执行绿色人力资源管理过程中，会充分通过奖惩机制来规范员工行为，这将进一步强化和丰富企业传达给员工的绿色相关信息，员工通过观察学习，对获得的信息进行加工处理，认识到什么样的行为是被组织允许的（Salancik and Pfeffer，1978）。此外，企业实施绿色人力资源管理时企业内部员工的认同感会让员工在面对同样的环境问题时，主动选择对环境有益的行为（Kim et al.，2019）。因此，绿色人力资源管理一方面通过向员工传达环保信息，形成对员工的行为约束；另一方面也通过教化作用让员工认同企业参与环境治理的举措，从而同样表现出积极的环保态度。基于此，绿色人力资源管理能够帮助员工明确自身在环保行为选择方面的倾向性（即积极参与环保），进而帮助员工降低亲环境行为伦理困境。同时，考虑到绿色人力资源管理对员工的影响存在溢出效应，因此能够跨情境边界减少员工亲环境行为伦理困境。特别的，无论是考虑到生活质量的保障，还是人际关系的维护等，员工受到绿色人力资源管理的影响主要体现在员工环保态度和意愿方面，这会使员工相较其他多重考虑，更加重视环保问题，从而促使其在各种行为选择情境下，伦理困境问题能够有效减少，即绿色人力资源管理能够有效抑制基于生活质量、关系、空间和角色的亲环境行为伦理困境。基于此，提出如下研究假设。

假设 1a：绿色人力资源管理负向影响员工生活质量型亲环境行为伦理困境。

假设 1b：绿色人力资源管理负向影响员工关系型亲环境行为伦理困境。

假设 1c：绿色人力资源管理负向影响员工空间型亲环境行为伦理困境。

假设 1d：绿色人力资源管理负向影响员工角色型亲环境行为伦理困境。

9.2.2.2 绿色人力资源管理与员工环境承诺

绿色人力资源管理是企业在人力资源管理中加入绿色因素（唐贵瑶等，2015），其实施能够减少环境污染、节约资源消耗，表达了企业对环境管理的重视以及企业为维护自然环境所做的努力。绿色人力资源管理反映了企业对待自然环境的积极态度以及对解决环境问题的责任心，是一种亲社会性行为，员工会对实施绿色人力资源管理的企业产生认同（Shen 等，2018）。在认同感的作用下，员工同样会认识到自己与自然环境的联系，并愿意与自然环境建立积极的关系，在考虑问题的过程中会充分考虑对自然环境的影响，进而对自然环境产生承诺，即环境承诺水平得到提升。

此外，企业在实施绿色人力资源管理的过程中营造了绿色工作氛围（Norton et al.，2014），传播了绿色价值观，并通过绿色培训对员工进行环保教育，鼓励员工参与环境管理实践（Tang et al.，2018）。这些举措会丰富员工的环保知识，员工环保意识或价值观会得到进一步提升。员工和自然环境的联系感加深，认识到人类与自然环境的福祉相依，从而形成对自然环境的承诺，其环境承诺水平得到提升。基于此，提出如下研究假设。

假设 2：绿色人力资源管理正向影响员工环境承诺水平。

9.2.2.3 员工环境承诺与亲环境行为伦理困境

在面临亲环境行为选择时，如果出现多种价值观或原则，员工难以通过选择得到满意的结果，这时就会产生员工亲环境行为伦理困境（Sofia et al.，2004；芦慧等，2023）。员工亲环境行为伦理困境的化解需要员工放弃自身在生活质量、关系维护等方面的需求，甚至违背角色规范如工作角色中的非环保规范等（Raines，2000；芦慧等，2023），来关注自然环境的利益。而环境承诺是个体对自然环境的承诺关系，表明了个体对自然环境的依恋感和责任心（Davis et al.，2011）。研究表明，环境承诺能提升个体为自然环境做出牺牲的意愿，并且会促使个体实施一般生态行为（Davis et al.，2011）。环境承诺水平高的员工，能够认识到自身与自然环境的紧密联系，并能够为维系这种联系感做出努力，尽可能减少对自然环境造成伤害，并为能够解决环境问题的事情感到高兴（Davis et al.，2009）。那么，当高环境承诺的员工面临生活质量型亲环境行为伦理困境时，员工以自然环境利益为重的价值观导向会使其在选择时的"心理栅栏"减少，即基于生活质量型亲环境行为伦理困境减少。同样，当高环境承诺的员工面临是否为维系和谐人际关系而实施非环保行为还是实施有利于自然环境的环保行为时，其明确的以自然环境利益为重的价值观导向会使其在选择时的"心理栅栏"减少，即基于关系型亲环境行为伦理困境减少。而当高环境承诺的员工处在不同空间场所时，其明确的以自然环境利益为重的价值观导向会使其在不同场所亲环境行为践行程度较为一致，因此面临亲环境行为选择时的"心理栅栏"减少，即基于空间型亲环境行为伦理困境减少。此外，当高环境承诺的员工面临是否为遵从角色规范而实施非环保行为还是实施有利于自然环境的环保行为时，其明确的以自然环境利益为重的价值观导向会使其在选择时的"心理栅栏"减少，即基于角色型亲环境行为伦理困境减少。基于此，提出如下研究假设。

假设3a：员工环境承诺负向影响员工生活质量型亲环境行为伦理困境。

假设3b：员工环境承诺负向影响员工关系型亲环境行为伦理困境。

假设3c：员工环境承诺负向影响员工空间型亲环境行为伦理困境。

假设3d：员工环境承诺负向影响员工角色型亲环境行为伦理困境。

9.2.2.4 员工环境承诺的中介作用

根据能力—动机—机会理论，企业通过绿色人力资源管理，能够为企业培养具备环境管理能力的员工，同时提升员工参与环保的动机，创造更多机会让员工参与环保事务（Renwick et al.，2013）。在执行过程中，企业将绿色理念贯穿招聘、培训、薪酬、绩效以及员工参与环节，明确企业可持续导向（唐贵瑶等，2019），营造企业绿色文化，向员工展现了企业的社会责任感和对环境问题的重视，引导员工参与环保，重视人与自然的和谐关系。一方面，作为环保组织中的一员，员工需要遵从组织制度要求，只能将绿色人力资源管理当作一种强制性规范接受并执行；另一方面，实施绿色人力资源管理的组织，在招聘过程中就已经根据是否具备环保意识或价值观对应聘者进行了初步筛选，从而保证入职员工与组织在环保方面的价值观一致性（Renwick et al.，2013）。这类员工更易对实施绿色人力资源管理的组织形成认同感（Shen et al.，2018），感受到在组织中工作的意义，更容易通过培训等实践提升个人的环保技能，积累更多的环保知识（Saeed et al.，2019），更有可能认识到自然环境对人类生存的意义，从而加深与自然环境的联系感，形成环境承诺。

当员工对自然环境作出承诺后，会将自然环境的利益最大化放在优先位置（Davis et al.，2009），因此员工在面对环保选择时，对于多重价值观会有更为明确的排序，即认为环保价值观会更为重要。在进行行为选择时，员工认为选择实施环保行为是一个令人满意的结果，因而其亲环境行为伦理困境会减轻。环境承诺是个人对自然环境的长期导向的心理依恋（Raineri and Paillé，2016），高环境承诺的员工在自身与自然环境之间建立起紧密的联系，并认为自己的福祉依赖于自然环境的可持续性。对这类员工而言，在进行亲环境行为选择时，实施环境行为将是令他们感到满意的选择，且无论处于何种情境，因为环境承诺的长期导向性和内生性，这种选择倾向会保持相对稳定。故而，无论是哪种导向的亲环境行为伦理困境，都将因为员工的环保选择倾向得以化解，即绿色人力资源管理能够形成内生的、长期的员工环境承诺，从而跨情境边界减少员工亲环境行为伦理困境，产生绿色人力资源管理的溢出效应。基于此，提出如下研究假设。

假设4a：员工环境承诺在绿色人力资源管理与员工生活质量型亲环境行为伦理困境之间起中介作用。

假设4b：员工环境承诺在绿色人力资源管理与员工关系型亲环境行为伦理困境之间起中介作用。

假设4c：员工环境承诺在绿色人力资源管理与员工空间型亲环境行为伦理困境之间起中介作用。

假设4d：员工环境承诺在绿色人力资源管理与员工角色型亲环境行为伦理困境之间起中介作用。

9.2.2.5 道德反思的调节作用

员工道德反思反映了员工在日常决策过程中道德问题被考虑和反思的程度，是一种有意识的、刻意的思考（Miao et al.，2019），被认为是员工的一种个人特征。这种特征能够影响员工的认知过程，从而对员工态度和行为产生影响。Reynolds（2008）的研究表明道德反思能够影响个人道德行为，类似的，Kim（2017）研究发现道德反思能够促进员工工作场所绿色行为，Miao

等（2019）认为道德反思能够抑制非道德亲组织行为。道德反思不仅能够直接影响员工道德相关行为，也能够影响员工对伦理或社会责任角色的感知（Dawson，2018；Wurthmann，2013）。绿色人力资源管理是企业参与环境管理的方式之一，体现了组织道德的一面，对于具有道德反思特征的员工而言，更能感知组织的道德性，提高其伦理和社会责任角色感知（Dawson，2018；Wurthmann，2013）。这类具有明显道德特征的员工能够更好地接受企业绿色人力资源管理过程中传达的绿色信息，并对组织产生更高水平的认同，从而强化绿色人力资源管理对员工态度和行为的教化作用。具体来说，绿色人力资源管理是企业在人力资源管理中加入绿色理念的实践过程，通过全员参与环境管理实现更高的环境绩效（Kim et al.，2019），建立与自然环境和谐、可持续的良好依存关系，某种程度上反映了组织对自然环境的承诺。这对具有道德反思特征的员工来说，是一种被认可和接受的道德教育行动，能够提升员工的道德意识（Wurthmann，2013），保持与组织一致的环保态度，形成对自然环境的承诺，其环境承诺水平得到进一步提升。相反，如果员工不具备道德反思特征，在企业实施绿色人力资源管理的过程中，该类员工绿色感知能力将会被弱化。由于他们对道德方面缺乏关注，他们对企业绿色人力资源管理这一道德行为也将缺少认同，将进一步减弱员工对自然环境的责任心，削弱员工环境承诺水平。基于此，提出如下研究假设。

假设5：员工道德反思正向调节绿色人力资源管理与员工环境承诺之间的关系。

基于上述假设，绘制出研究模型图（见图9-1）。

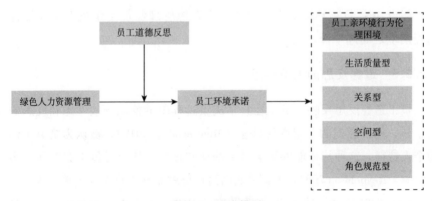

图9-1 研究模型

9.3 问卷设计与发放

9.3.1 量表编制

9.3.1.1 量表内容设计

该量表的内容包括三个方面。一是卷首语，旨在说明本问卷的研究目的和意义。二是个人资料的填写，包括性别、婚姻状况、年龄、现单位工龄、受教育水平、级别等人口统计学变量。三是调查问卷的主要内容，包括绿色人力资源管理、员工亲环境行为伦理困境（生活质量型、关系型、空间型和角色型）和员工环境承诺以及员工道德反思。

9.3.1.2 绿色人力资源管理量表的编制

绿色人力资源管理量表选自 Tang 等（2018）提出的绿色人力资源管理量表，包括 18 个题项，通过员工感知的企业绿色人力资源管理水平衡量。量表具体内容如表 9-1 所示，所有题项采用李克特五点量表，1 = "非常不符合"，2 = "不太符合"，3 = "一般"，4 = "比较符合"，5 = "非常符合"。

表 9-1 绿色人力资源管理量表题项

题号	维度	题项
1	绿色招聘和选择	我认为公司提倡的绿色环保理念更容易吸引有环保理念的应聘者
2		我认为公司的绿色雇主品牌对应聘者有很强的吸引力
3		我认为公司更看重具有环保意识的应聘者
4	绿色培训	我所在公司会对员工进行环境管理方面的培训
5		我所在公司会通过培训增加员工在环境管理过程中的情感投入
6		我所在公司会进行绿色知识管理（比如环保教育中知行合一）
7	绿色绩效管理	我所在公司会将环保绩效指标纳入绩效管理及评估体系中
8		我所在公司会为管理者和员工制定环保目标和职责
9		我所在公司会对绿色目标的完成情况进行评估
10		在绩效管理体系中，我所在公司会对没有完成环境管理目标的行为进行惩罚

续表

题号	维度	题项
11		我所在公司会为员工提供环保性质的福利（如交通、旅游等无污染的福利）
12	环保薪酬与奖励	我所在公司实施财务及税收优惠奖励措施（如低污染汽车的使用）
13		我所在公司在环境管理方面为员工设定认可性奖励（包括公众认可等）
14		我所在公司有明确的环保愿景来指导员工的行为
15		我所在公司会为员工的环保行为及意识营造相互学习的氛围
16	绿色参与	我所在公司会通过建立多种沟通渠道来传播绿色文化
17		我所在公司会鼓励员工参与质量提升和环保问题的解决
18		我所在公司会为员工提供参与环境管理的实践活动（包括时事刊物）

9.3.1.3 环境承诺量表的编制

环境承诺量表选自 Davis 等（2009）提出的环境承诺量表，包括 11 个题项，量表具体内容如表 9-2 所示，所有题项采用 Likert 五点量表，1 = "非常不符合"，2 = "不太符合"，3 = "一般"，4 = "比较符合"，5 = "非常符合"。

表 9-2 环境承诺量表题项

题号	题项
1	我希望以后我能更加亲近大自然
2	我觉得我和大自然紧密联系
3	当我需要做出决定时，我会考虑这些决定是否会影响自然环境
4	在我看来人类和自然环境是相互依存的
5	当发生有利于自然环境的事情时，我感到开心
6	和大自然的联系感对我来说很重要
7	我希望我能一直感受到和大自然的紧密联系
8	我认为自然环境的福祉能影响我的福祉
9	我能感觉到和自然环境紧密联系
10	我十分喜欢大自然
11	我将自然环境的利益最大化谨记于心

9.3.1.4　道德反思量表的编制

道德反思量表选自 Reynolds 等（2008）的 5 题项量表，量表具体内容如表 9-3 所示，所有题项采用李克特五点量表，1 = "非常不符合"，2 = "不太符合"，3 = "一般"，4 = "比较符合"，5 = "非常符合"。

表 9-3　道德反思量表题项

题号	题项
1	我经常会思考自己所做的决定中涉及的伦理意义
2	我几乎每天都在思考自己行为中的德行问题
3	我经常发现自己会陷入伦理相关问题的思考
4	我经常反思自己所做的决定中所隐含的道德特征
5	我喜欢思考伦理方面的东西

9.3.1.5　员工亲环境行为伦理困境量表的编制

采用第四章所开发的 24 题项企业员工亲环境行为伦理困境测量量表，形成员工在行为选择 1 与行为选择 2 中纠结程度的亲环境行为伦理困境量表。量表中所有题项采用李克特五点量表，1 = "不纠结"，2 = "比较不纠结"，3 = "一般纠结"，4 = "比较纠结"，5 = "非常纠结"。

9.3.1.6　控制变量

考虑到被调查对象的基本特征会影响其行为选择过程，将性别、婚姻状况、年龄、现单位工龄、受教育水平、级别、单位性质、家庭人数和收入等变量作为控制变量纳入研究。

9.3.2　调研过程与调研对象

9.3.2.1　数据收集过程

以企业员工为调研对象，通过线上调研方式，对全国企业员工进行了普遍式调查，调研样本的主要来源省份包括广东、安徽、河南、河北等地区。问卷分布来源如图 9-2 所示。调研对象包括不同性别、婚姻状况、年龄、现单位工龄、受教育水平、岗位级别、单位性质、家庭成员数、可支配收入的企业员工，以期获得人口结构分布合理的数据。正式调研从 2020 年 9 月到 10 月，历时 2 个月，借助问卷星平台收集数据 658 份，进行真实性删减后剔除无效问卷 110 份，有效问卷为 548 份，有效问卷回收率为 83.3%。

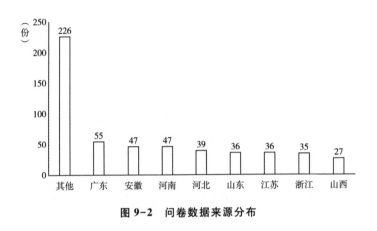

图 9-2　问卷数据来源分布

9.3.2.2　样本特征分析

对正式调研所得数据进行了样本特征的分析，主要包括 9 项人口统计特征，分别为性别、婚姻状况、年龄、现单位工龄、受教育水平、岗位级别、单位性质、家庭成员数、可支配收入，通过计算每一个选项的频数和频率来对这 9 项人口统计特征进行初步的了解，具体的分布情况如表 9-4 所示。

表 9-4　人口统计特征分布

单位：人，%

人口统计学特征	分类	计数	占比
性别	男	160	29.2
	女	388	70.8
婚姻状况	已婚	194	35.4
	未婚	354	64.6

续表

人口统计学特征	分类	计数	占比
年龄	25 岁及以下	171	31.2
	26~35 岁	344	62.8
	36~45 岁	18	3.3
	45~55 岁	13	2.4
	55 岁以上	2	0.4
现单位工龄	5 年及以下	414	75.5
	6~10 年	109	19.9
	11~15 年	19	3.5
	16~20 年	1	0.2
	20 年以上	5	0.9
受教育水平	高中/中专及以下	147	26.8
	大专	121	22.1
	本科	245	44.7
	硕士	29	5.3
	博士及以上	6	1.1
岗位级别	高层管理人员	17	3.1
	中层管理人员	115	21
	基层管理人员	136	24.8
	普通一线员工	166	30.3
	其他	114	20.8
所在单位性质	国有企业	96	17.5
	私营企业	173	31.6
	外资企业	40	7.3
	合资企业	27	4.9
	集体企业/个体户	80	14.6
	事业单位/党政机关	32	5.8
	无业或其他	100	18.2
家庭人数	1~2 人	43	7.8
	3 人	152	27.7
	4 人	223	40.7
	5 人及以上	130	23.7

人口统计学特征	分类	计数	占比
	3000 元及以下	162	29.6
	3000～5000 元	195	35.6
	5001～10000 元	151	27.6
可支配收入	10001～20000 元	27	4.9
	20001～50000 元	5	0.9
	50000 元以上	8	1.5

9.4　研究结果与分析

9.4.1　变量的数据处理

在进行正式的数据分析之前，首先需要对本研究变量所有题项的数据进行正态性检验，确保数据能用于后续的分析方法。数据正态分布可以通过峰度和偏度来检验，如果峰度和偏度的绝对值小于 2，则表明数据近似正态分布。采用 SPSS19.0 对数据进行正态性检验，检验结果表明，所有题项的峰度和偏度的绝对值小于 2，符合正态分布特征，因此认为量表数据近似服从正态分布。

9.4.2　变量的描述性统计分析与相关性分析

研究变量的描述性统计分析结果如表 9-5 所示，包括各变量的均值、标准差以及各变量之间的相关系数。可以看出，员工感知的企业绿色人力资源管理、员工环境承诺和员工道德反思水平较高，均值在 3～4 分。而各类型员工亲环境行为伦理困境水平较低，均值均低于 3 分。此外，绿色人力资源管理与道德反思、环境承诺正相关（$r=0.271$，$p<0.01$；$r=0.459$，$p<0.01$），道德反思与环境承诺正相关（$r=0.182$，$p<0.01$），绿色人力资源管理与员工亲环境行为伦理困境—生活质量型负相关（$r=-0.228$，$p<0.01$），绿色人力资源管理与员工亲环境行为伦理困境—关系型负相关（$r=-0.197$，$p<0.01$），绿色人力资源管理与员工亲环境行为伦理困境—空间型负相关（$r=-0.188$，$p<0.01$），绿色人力资源管理与员工亲环境行为

伦理困境—角色型负相关（r = -0.226，p<0.01），与研究假设吻合，为下文假设检验提供了依据。

表 9-5 研究变量描述统计量

	1	2	3	4	5	6	7
1. 绿色人力资源管理	1						
2. 道德反思	0.271**	1					
3. 环境承诺	0.459**	0.182**	1				
4. 生活质量型	-0.228**	-0.113**	-0.305**	1			
5. 关系型	-0.197**	-0.079	-0.272**	0.449**	1		
6. 空间型	-0.188**	-0.200**	-0.267**	0.389**	0.503**	1	
7. 角色型	-0.226**	-0.131**	-0.279**	0.396**	0.561**	0.465**	1
均值	3.21	3.55	3.93	2.49	2.56	2.57	2.51
标准差	0.91	0.84	0.78	0.79	0.79	0.87	0.88
有效的 N（列表状态）	548						

注：** 表示 p<0.01。

9.4.3 假设检验

针对假设提出的员工环境承诺的中介作用，本部分利用 SPSS19.0 运用分层回归方法就员工环境承诺在绿色人力资源管理与员工亲环境行为伦理困境各维度之间的直接作用进行分别检验。中介作用成立需要满足以下 4 个条件：①自变量绿色人力资源管理显著影响因变量员工亲环境行为伦理困境（生活质量型、关系型、空间型、角色型）；②自变量绿色人力资源管理显著影响中介变量员工环境承诺；③中介变量员工环境承诺显著影响因变量员工亲环境行为伦理困境（生活质量型、关系型、空间型、角色型）；④当加入中介变量环境承诺到回归模型中，中介变量环境承诺对因变量员工亲环境行为伦理困境（生活质量型、关系型、空间型、角色型）影响显著，且自变量绿色人力资源管理对因变量员工亲环境行为伦理困境（生活质量型、关系型、空间型、角色型）的影响减弱或消失。

9.4.3.1 环境承诺在绿色人力资源管理与员工生活质量型亲环境行为伦理困境之间的中介作用检验

模型 1 将控制变量（性别、婚姻状况、年龄、现单位工龄、受教育水平、级别、单位性质、家庭人数、收入）加入模型，考察控制变量对员工生活质量型亲环境行为伦理困境的影响。模型 2 在加上控制变量的基础上，加入自变量绿色人力资源管理。表 9-6 中模型 2 数据显示，绿色人力资源管理显著负向影响员工生活质量型亲环境行为伦理困境（$\beta = -0.226$，$p < 0.001$），因此假设 1a 得到支持。模型 3 在加上控制变量的基础上，加入中介变量环境承诺。表 9-6 中模型 3 数据显示，环境承诺显著负向影响员工生活质量型亲环境行为伦理困境（$\beta = -0.296$，$p < 0.001$），假设 3a 得到支持。

表 9-6 环境承诺的中介效应检验（生活质量型）

变量	亲环境行为伦理困境—生活质量型								环境承诺			
	M1		M2		M3		M4		M5		M6	
	标准化系数	t	标准化系数	t	标准化系数	t	标准化系数	t	标准化系数	t	标准化系数	t
性别	-0.024	-0.542	-0.014	-0.323	-0.025	-0.602	-0.02	-0.479	-0.005	-0.114	-0.025	-0.66
婚姻状况	-0.06	-1.17	-0.062	-1.24	-0.064	-1.315	-0.065	-1.325	-0.015	-0.294	-0.011	-0.242
年龄	-0.088	-1.569	-0.087	-1.595	-0.063	-1.183	-0.067	-1.263	0.082	1.47	0.081	1.63
现单位工龄	-0.018	-0.349	-0.005	-0.094	-0.032	-0.64	-0.023	-0.458	-0.047	-0.887	-0.075	-1.604
受教育水平	-0.005	-0.098	-0.024	-0.489	0.002	0.049	-0.008	-0.176	0.025	0.49	0.064	1.439
级别	-0.145	-2.67	-0.159	-3.01	-0.115	-2.214	-0.128	-2.455	0.1	1.843	0.13	2.711
单位性质	-0.115	-2.294	-0.097	-1.985	-0.106	-2.225	-0.099	-2.077	0.028	0.563	-0.009	-0.194
家庭人数	0.039	0.902	0.051	1.194	0.046	1.103	0.05	1.215	0.022	0.513	-0.001	-0.034
收入	-0.065	-1.231	-0.063	-1.229	-0.101	-2.006	-0.094	-1.863	-0.123	-2.345	-0.127	-2.733

续表

变量	亲环境行为伦理困境—生活质量型								环境承诺			
	M1		M2		M3		M4		M5		M6	
	标准化系数	t	标准化系数	t	标准化系数	t	标准化系数	t	标准化系数	t	标准化系数	t
自变量：GHRM			-0.226 ***	-5.432			-0.112 **	-2.44			0.468 ***	12.39
中介变量：EC					-0.296 ***	-7.203	-0.243 ***	-5.23				

注：1. GHRM 即 Green Human Resource Management/绿色人力资源管理，EC 即 Environmental Commitment/环境承诺；

2. ** 表示 $p<0.01$，*** 表示 $p<0.001$。

模型 5 将控制变量（性别、婚姻状况、年龄、现单位工龄、受教育水平、级别、单位性质、家庭人数、收入）加入模型，考察控制变量对员工环境承诺的影响。模型 6 在加上控制变量的基础上，加入自变量绿色人力资源管理。表 9-6 中模型 6 数据显示，绿色人力资源管理显著正向影响员工环境承诺（$\beta=0.468$，$p<0.001$），因此假设 2 得到支持。综合表 9-6 中模型 2、模型 3、模型 4、模型 6 的数据结果，当加入中介变量环境承诺后，自变量绿色人力资源管理对因变量员工生活质量型亲环境行为伦理困境的影响效应减弱（β 绝对值由 0.226 减小到 0.112），但仍然显著（$\beta=-0.112$，$p<0.01$），中介变量环境承诺显著负向影响员工生活质量型亲环境行为伦理困境（$\beta=-0.243$，$p<0.001$），假设 4a 得到支持。

9.4.3.2　环境承诺在绿色人力资源管理与员工关系型亲环境行为伦理困境之间的中介作用检验

模型 1 将控制变量（性别、婚姻状况、年龄、现单位工龄、受教育水平、级别、单位性质、家庭人数、收入）加入模型，考察控制变量对员工关系型亲环境行为伦理困境的影响。模型 2 在加上控制变量的基础上，加入自变量绿色人力资源管理。表 9-7 中模型 2 数据显示，绿色人力资源管理显著负向影响员工关系型亲环境行为伦理困境（$\beta=-0.193$，$p<0.001$），因此假设 1b 得到支持。模型 3 在加上控制变量的基础上，加入中介变量环境

承诺。表 9-7 中模型 3 数据显示，环境承诺显著负向影响员工关系型亲环境行为伦理困境（β=-0.261，*p*<0.001），假设 3b 得到支持。

表 9-7　环境承诺的中介效应检验（关系型）

变量	亲环境行为伦理困境—关系型								环境承诺			
	M1		M2		M3		M4		M5		M6	
	标准化系数	t	标准化系数	t	标准化系数	t	标准化系数	t	标准化系数	t	标准化系数	t
性别	0.049	1.131	0.058	1.347	0.048	1.14	0.052	1.24	-0.005	-0.114	-0.025	-0.66
婚姻状况	-0.068	-1.329	-0.07	-1.387	-0.072	-1.455	-0.073	-1.461	-0.015	-0.294	-0.011	-0.242
年龄	-0.078	-1.392	-0.077	-1.405	-0.057	-1.042	-0.06	-1.104	0.082	1.47	0.081	1.63
现单位工龄	0.016	0.307	0.028	0.534	0.004	0.078	0.011	0.223	-0.047	-0.887	-0.075	-1.604
受教育水平	0.031	0.618	0.015	0.3	0.037	0.772	0.029	0.592	0.025	0.49	0.064	1.439
级别	-0.08	-1.478	-0.093	-1.735	-0.054	-1.029	-0.064	-1.218	0.1	1.843	0.13	2.711
单位性质	-0.114	-2.271	-0.099	-2	-0.106	-2.197	-0.101	-2.077	0.028	0.563	-0.009	-0.194
家庭人数	0	-0.004	0.01	0.223	0.006	0.134	0.009	0.22	0.022	0.513	-0.001	-0.034
收入	-0.029	-0.542	-0.027	-0.524	-0.061	-1.188	-0.055	-1.071	-0.123	-2.345	-0.127	-2.733
自变量：GHRM			-0.193***	-4.58			-0.091*	-1.935			0.468***	12.39
中介变量：EC					-0.261***	-6.261	-0.218***	-4.623				

注：1. GHRM 即 Green Human Resource Management/绿色人力资源管理，EC 即 Environmental Commitment/环境承诺；

2. * 表示 *p*<0.05，*** 表示 *p*<0.001。

模型 5 将控制变量（性别、婚姻状况、年龄、现单位工龄、受教育水平、级别、单位性质、家庭人数、收入）加入模型，考察控制变量对员工环境承诺的影响。模型 6 在加上控制变量的基础上，加入自变量绿色人力资源管理。表 9-7 中模型 6 数据显示，绿色人力资源管理显著正向影响员工环境承诺（β=0.468，*p*<0.001），因此假设 2 得到支持。综合表 9-7 中模

型 2、模型 3、模型 4、模型 6 数据结果，当加入中介变量环境承诺后，自变量绿色人力资源管理对因变量员工关系型亲环境行为伦理困境的影响效应减弱（β 绝对值由 0.193 减小到 0.091），但仍然显著（β = -0.091，$p <$ 0.05），中介变量环境承诺显著负向影响员工关系型亲环境行为伦理困境（β = -0.218，$p < 0.001$），假设 4b 得到支持。

9.4.3.3 环境承诺在绿色人力资源管理与员工空间型亲环境行为伦理困境之间的中介作用检验

模型 1 将控制变量（性别、婚姻状况、年龄、现单位工龄、受教育水平、级别、单位性质、家庭人数、收入）加入模型，考察控制变量对员工空间型亲环境行为伦理困境的影响。模型 2 在加上控制变量的基础上，加入自变量绿色人力资源管理。表 9-8 中模型 2 数据显示，绿色人力资源管理显著负向影响员工空间型亲环境行为伦理困境（β = -0.177，$p < 0.001$），假设 1c 得到支持。模型 3 在加上控制变量的基础上，加入中介变量环境承诺，表 9-8 中模型 3 数据显示，环境承诺显著负向影响员工空间型亲环境行为伦理困境（β = -0.259，$p < 0.001$），假设 3c 得到支持。

表 9-8 环境承诺的中介效应检验（空间型）

变量	亲环境行为伦理困境—空间型								环境承诺			
	M1		M2		M3		M4		M5		M6	
	标准化系数	t	标准化系数	t	标准化系数	t	标准化系数	t	标准化系数	t	标准化系数	t
性别	0.028	0.649	0.036	0.840	0.027	0.641	0.030	0.719	-0.005	-0.114	-0.025	-0.660
婚姻状况	-0.056	-1.097	-0.057	-1.145	-0.060	-1.215	-0.060	-1.219	-0.015	-0.294	-0.011	-0.242
年龄	-0.066	-1.190	-0.065	-1.197	-0.045	-0.832	-0.047	-0.880	0.082	1.470	0.081	1.630
现单位工龄	-0.002	-0.038	0.009	0.167	-0.014	-0.279	-0.008	-0.164	-0.047	-0.887	-0.075	-1.604
受教育水平	0.028	0.569	0.013	0.274	0.035	0.721	0.028	0.578	0.025	0.490	0.064	1.439
级别	-0.091	-1.686	-0.102	-1.923	-0.065	-1.242	-0.073	-1.388	0.100	1.843	0.130	2.711
单位性质	-0.179	-3.611	-0.165	-3.376	-0.172	-3.584	-0.167	-3.485	0.028	0.563	-0.009	-0.194

续表

变量	亲环境行为伦理困境—空间型								环境承诺			
	M1		M2		M3		M4		M5		M6	
	标准化系数	t	标准化系数	t	标准化系数	t	标准化系数	t	标准化系数	t	标准化系数	t
家庭人数	-0.028	-0.638	-0.019	-0.438	-0.022	-0.521	-0.019	-0.454	0.022	0.513	-0.001	-0.034
收入	-0.095	-1.813	-0.093	-1.815	-0.127	-2.499	-0.122	-2.405	-0.123	-2.345	-0.127	-2.733
自变量：GHRM			-0.177***	-4.223			-0.071	-1.526			0.468***	12.390
中介变量：EC					-0.259***	-6.280	-0.226***	-4.825				

注：1. GHRM 即 Green Human Resource Management/绿色人力资源管理，EC 即 Environmental Commitment/环境承诺；

2. *** 表示 $p < 0.001$。

模型 5 将控制变量（性别、婚姻状况、年龄、现单位工龄、受教育水平、级别、单位性质、家庭人数、收入）加入模型，考察控制变量对员工环境承诺的影响。模型 6 在加上控制变量的基础上，加入自变量绿色人力资源管理。表 9-8 中模型 6 数据显示，绿色人力资源管理显著正向影响员工环境承诺（$\beta = 0.468$，$p < 0.001$），假设 2 得到支持。综合表 9-8 中模型 2、模型 3、模型 4、模型 6 数据结果，当加入中介变量环境承诺后，自变量绿色人力资源管理对因变量员工空间型亲环境行为伦理困境的影响效应减弱（β 绝对值由 0.177 减小到 0.071），且不显著（$\beta = -0.071$，$p > 0.05$），中介变量环境承诺显著负向影响员工空间型亲环境行为伦理困境（$\beta = -0.226$，$p < 0.001$），假设 4c 得到支持。

9.4.3.4 环境承诺在绿色人力资源管理与员工角色型亲环境行为伦理困境之间的中介作用检验

模型 1 将控制变量（性别、婚姻状况、年龄、现单位工龄、受教育水平、级别、单位性质、家庭人数、收入）加入模型，考察控制变量对员工角色型亲环境行为伦理困境的影响。模型 2 在加上控制变量的基础上，加入自变量绿色人力资源管理。表9-9中模型2数据显示，绿色人力资源管理显著负向影响员工角色型亲环境行为伦理困境（β=-0.223，p<0.001），假设1d得到支持。模型3在加上控制变量的基础上，加入中介变量环境承诺，表9-9中模型3数据显示，环境承诺显著负向影响员工角色型亲环境行为伦理困境（β=-0.273，p<0.001），假设3d得到支持。

表9-9 环境承诺的中介效应检验（角色型）

变量	亲环境行为伦理困境—角色型								环境承诺			
	M1		M2		M3		M4		M5		M6	
	标准化系数	t	标准化系数	t	标准化系数	t	标准化系数	t	标准化系数	t	标准化系数	t
性别	-0.017	-0.391	-0.007	-0.173	-0.018	-0.438	-0.013	-0.306	-0.005	-0.114	-0.025	-0.66
婚姻状况	-0.023	-0.455	-0.025	-0.506	-0.028	-0.555	-0.028	-0.563	-0.015	-0.294	-0.011	-0.242
年龄	-0.036	-0.648	-0.036	-0.65	-0.014	-0.258	-0.018	-0.339	0.082	1.47	0.081	1.63
现单位工龄	-0.016	-0.303	-0.003	-0.052	-0.029	-0.564	-0.019	-0.369	-0.047	-0.887	-0.075	-1.604
受教育水平	-0.062	-1.229	-0.081	-1.636	-0.055	-1.137	-0.067	-1.379	0.025	0.49	0.064	1.439
级别	-0.042	-0.768	-0.056	-1.054	-0.015	-0.276	-0.028	-0.535	0.1	1.843	0.13	2.711
单位性质	-0.165	-3.285	-0.147	-3.004	-0.157	-3.251	-0.149	-3.097	0.028	0.563	-0.009	-0.194
家庭人数	-0.005	-0.106	0.007	0.155	0.001	0.035	0.006	0.151	0.022	0.513	-0.001	-0.034
收入	-0.001	-0.022	0.001	0.01	-0.035	-0.681	-0.027	-0.525	-0.123	-2.345	-0.127	-2.733
自变量：GHRM			-0.223***	-5.313			-0.122***	-2.616			0.468***	12.39
中介变量：EC					-0.273***	-6.545	-0.215***	-4.569				

注：1. GHRM 即 Green Human Resource Management/绿色人力资源管理，EC 即 Environmental Commitment/环境承诺；

2. *** 表示 p<0.001。

模型5将控制变量（性别、婚姻状况、年龄、现单位工龄、受教育水平、级别、单位性质、家庭人数、收入）加入模型，考察控制变量对员工环境承诺的影响。模型 6 在加上控制变量的基础上，加入自变量绿色人力资源管理。表 9-9 中模型 6 数据显示，绿色人力资源管理显著正向影响员工环境承诺（$\beta = 0.468$，$p<0.001$），假设 2 得到支持。综合表 9-9 中模型 2、模型 3、模型 4、模型 6 数据结果，当加入中介变量环境承诺后，自变量绿色人力资源管理对因变量员工角色型亲环境行为伦理困境的影响效应减弱（β 绝对值由 0.223 减小到 0.122），但仍显著（$\beta = -0.122$，$p<0.001$），中介变量环境承诺显著负向影响员工角色型亲环境行为伦理困境（$\beta = -0.215$，$p<0.001$），假设 4d 得到支持。

9.4.3.5 道德反思的调节作用

由表 9-10 可知，模型 1 将控制变量（性别、婚姻状况、年龄、现单位工龄、受教育水平、级别、单位性质、家庭人数、收入）加入模型，考察控制变量对员工环境承诺的影响。模型 2 在加上控制变量的基础上，加入自变量绿色人力资源管理。模型 3 在加入控制变量和自变量绿色人力资源管理后，加入调节变量道德反思。模型 4 将控制变量、自变量绿色人力资源管理、调节变量和交互项统一纳入模型中，研究结果显示，自变量绿色人力资源管理和调节变量道德反思的交互项对环境承诺的影响显著（$\beta = 0.162$，$p<0.001$），因此可以认为道德反思能够正向调节绿色人力资源管理和员工环境承诺之间的关系，假设 5 得到支持。此外，以图形的方式直观显示出调节变量不同水平（上下一个标准差波动）对绿色人力资源管理和员工环境承诺之间的关系影响的差异（见图 9-3）。

表 9-10 道德反思调节效应检验

变量	环境承诺							
	M1		M2		M3		M4	
	标准化系数	t	标准化系数	t	标准化系数	t	标准化系数	t
控制变量								
性别	-0.005	-0.114	-0.025	-0.66	-0.025	-0.663	-0.013	-0.354
婚姻状况	-0.015	-0.294	-0.011	-0.242	-0.012	-0.271	-0.023	-0.508
年龄	0.082	1.47	0.081	1.63	0.079	1.613	0.07	1.448

续表

变量	环境承诺							
	M1		M2		M3		M4	
	标准化系数	t	标准化系数	t	标准化系数	t	标准化系数	t
现单位工龄	-0.047	-0.887	-0.075	-1.604	-0.079*	-1.703	-0.088*	-1.919
受教育水平	0.025	0.49	0.064	1.439	0.07	1.585	0.063	1.45
级别	0.1*	1.843	0.13***	2.711	0.134**	2.793	0.105**	2.207
单位性质	0.028	0.563	-0.009	-0.194	-0.014	-0.305	-0.011	-0.258
家庭人数	0.022	0.513	-0.001	-0.034	-0.002	-0.052	0.006	0.154
收入	-0.123**	-2.345	-0.127***	-2.733	-0.132***	-2.848	-0.145***	-3.166
自变量：GHRM			0.468***	12.39	0.448***	11.491	0.39***	9.523
调节变量：MR					0.08**	2.043	0.092**	2.388
交互项：GHRM * MR							0.162***	4.065

注：1. GHRM 即 Green Human Resource Management/绿色人力资源管理，MR 即 Moral Reflection/道德反思；

2. * 表示 $p<0.05$，** 表示 $p<0.01$，*** 表示 $p<0.001$。

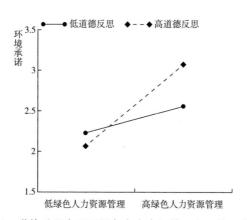

图 9-3　道德反思水平下绿色人力资源管理和环境承诺关系

9.4.4 研究结果

对研究假设进行验证，验证结果如表 9-11 所示。

表 9-11　假设检验结果汇总

序号	研究假设	验证结果
假设 1a	绿色人力资源管理负向影响员工亲环境行为伦理困境—生活质量型	成立
假设 1b	绿色人力资源管理负向影响员工亲环境行为伦理困境—关系型	成立
假设 1c	绿色人力资源管理负向影响员工亲环境行为伦理困境—空间型	成立
假设 1d	绿色人力资源管理负向影响员工亲环境行为伦理困境—角色型	成立
假设 2	绿色人力资源管理正向影响员工环境承诺水平	成立
假设 3a	员工环境承诺负向影响员工亲环境行为伦理困境—生活质量型	成立
假设 3b	员工环境承诺负向影响员工亲环境行为伦理困境—关系型	成立
假设 3c	员工环境承诺负向影响员工亲环境行为伦理困境—空间型	成立
假设 3d	员工环境承诺负向影响员工亲环境行为伦理困境—角色型	成立
假设 4a	员工环境承诺在绿色人力资源管理与员工亲环境行为伦理困境—生活质量型之间起中介作用	部分中介
假设 4b	员工环境承诺在绿色人力资源管理与员工亲环境行为伦理困境—关系型之间起中介作用	部分中介
假设 4c	员工环境承诺在绿色人力资源管理与员工亲环境行为伦理困境—空间型之间起中介作用	完全中介
假设 4d	员工环境承诺在绿色人力资源管理与员工亲环境行为伦理困境—角色型之间起中介作用	部分中介
假设 5	员工道德反思正向调节绿色人力资源管理与员工环境承诺之间的关系	成立

9.5　研究结论与讨论

9.5.1　研究结论与讨论

基于社会认同理论、社会信息处理理论、相互依赖理论，构建了绿色人力资源管理与员工亲环境行为伦理困境的关系模型，分析了环境承诺作为体现人与自然关系的变量在绿色人力资源管理与员工亲环境行为伦理困境之间的中介作用，同时探讨了道德反思如何调节绿色人力资源管理和员工环境承诺之间的关系。具体研究结论如下。

（1）员工感知的绿色人力资源管理能够显著减弱员工亲环境行为伦理困境水平。企业绿色人力资源管理实践通过将绿色管理理念应用于人力资源管理实践中，实施对人的管理，必然会影响员工的态度和行为。企业通过绿色招聘、绿色培训、绿色绩效、绿色薪酬与奖励、绿色参与等方式提升员工环保知识和技能，为员工创造了更多参与环境保护的机会，向员工展现了企业对环保问题的重视。作为企业一员，员工也会更加重视环保问题，从而起到对员工的环保教化作用，此时员工内心的环保价值观或环境重视程度得到提升，因此，当他们面临环境行为选择时，虽然会考虑到多重因素，但还是倾向于更环保的行为，其感受的行为难以选择程度会减弱。特别的，企业绿色人力资源管理对员工的影响是能够跨情境边界的，绿色人力资源管理能够促使员工发生内在的、持续的改变，这种改变能够使员工无论在何种空间、处于何种关系，或担当何种角色，都能够将环境利益放在优先位置，从而通过绿色人力资源管理纾解了员工亲环境行为伦理困境。

（2）员工感知的绿色人力资源管理能够显著提升员工环境承诺水平。企业绿色人力资源管理实践最终还是会通过员工行为实践反映出来，在企业绿色实践的长期指导和影响下，员工能够深刻体会到企业对自然环境问题的重视（周金帆、张光磊，2018）。作为员工个人，企业这种积极的示范效应，会直接影响员工内在思想，并对大自然形成一种承诺，使得员工更加关注自然环境的利益，在做决定时会尽可能减少对环境的影响，从而形成较高的环境承诺。具体来说，企业绿色人力资源管理将绿色理念贯穿人力资源管理各个模块中，通过招聘环保价值观一致的员工，培训新员工从而提升其环保价值观，以及通过薪酬绩效体系约束员工行为，促使其积极参与环境管理实践等，能够有效提升员工对组织的认可度和对环保责任的感知，启发员工将自身福祉与大自然联系起来，并将环境利益放在优先位置，对自然环境产生长期的情感依恋，其环境承诺水平得以提升。

（3）员工环境承诺水平能够显著减弱员工亲环境行为伦理困境水平。员工环境承诺水平高，意味着员工认为自己和自然环境联系紧密，在日常生活中会充分考虑自然环境的利益，并将个人福祉与自然环境紧密联系在一起。因此，在面临是否环保的行为选择时，尽管实施环保行为会影响个人生活质量，或与自身的角色规范冲突，或不利于与他人建立良好的人际关系，环境承诺水平高的员工依旧会将自然环境的利益放在第一位，不会陷入亲环境行为伦理困境中。需要特别指出的是，员工环境承诺在某种程度上脱离了组织情境，是员工对自然环境的承诺，具有内生性和持续性的特点。因此，当员工形成较高水平的环境承诺时，这种承诺感会跨情境边界影响员工亲环境行为选择过程，促使其环保价值观主导不同情境下的行为选择过程，包括不同空间、不同角色、不同关系层次等多种情境，从而有效削弱员工在亲环境行为选择过程中的纠结感受，并认为实施环保行为是让其满意的结果，因此减少员工亲环境行为伦理困境的产生。

（4）绿色人力资源管理通过影响员工环境承诺进而影响员工亲环境行为伦理困境，是绿色人力资源管理与员工亲环境行为伦理困境之间的桥梁。员工亲环境行为伦理困境的形成主要还是体现在员工在多种考虑包括保护自然环境中感到纠结和难以选择，而环境承诺是个人对自然环境的一种承诺，即将环保考虑放在优先位置，这种承诺能够在企业环保政策或环保实践的影响下得到提升。绿色人力资源管理充分体现了企业对自然环境的重视，也可以被认为是企业对自然环境承诺的行为表现，在企业积极为解决环保问题而付出努力的影响下，企业员工也必然会积极配合企业环保政策，参与环保实践，对自然环境问题也会更加重视。因此，绿色人力资源管理能有效提升员工的环境承诺水平，进而化解员工亲环境行为伦理困境问题。

（5）员工道德反思显著加强了绿色人力资源管理与员工环境承诺之间的正向关系。环境保护本身就包含道德特征，而道德反思反映了个体在道德问题上思考的深度。就环保而言，当员工将环境保护当作道德问题对待时，在日常工作生活中就会不断反思自身的德行问题，谨慎对待自身所做决定是否违背道德要求，即具备高道德反思水平。这类员工更加容易接受企业为实现环境管理目标而采取的绿色人力资源管理实践，并及时内化企业环保价值观和环保导向，愿意积极参与环境保护这一道德行为，对自然环境产生情感上的联系和责任心，从而表现出更高的环境承诺水平。相反，对于道德反思水平低的员工，当接受企业绿色人力资源管理的信息时，他们更可能将这种环境管理实践当作企业的强制规范，产生消极应对心理，很难意识到自我与自然环境的联系，对自然环境产生承诺的可能性更小，从而削弱了企业绿色人力资源管理对员工环境承诺的正向促进作用。

9.5.2　研究创新点

（1）基于企业视角考察了绿色人力资源管理对员工不同情境下伦理困境的影响，研究了绿色人力资源管理的跨情境作用。员工亲环境行为伦理困境是跨越角色、空间、关系等多情境下的伦理困境，不局限于工作场所员工亲环境行为伦理困境。通过考察企业绿色人力资源管理对员工亲环境行为伦理困境的溢出效应，一方面"教化"员工促使其在工作场所主动实施亲环境行为，另一方面也通过绿色人力资源管理的溢出效应，提升员工作为公民个体的整体性亲环境行为水平。这种跨情境边界的研究视角，更加充分地探究了企业环保实践对员工完全角色行为和态度的影响，更有利于解释企业环保实践如何提升公民亲环境水平，提升我国环境治理成效。

（2）基于时代发展背景，实证研究了员工感知的企业绿色人力资源管理对员工亲环境行为伦理困境的影响效应。将企业绿色管理制度和实践与企业员工亲环境行为伦理困境进行"组织层—个体层"的伦理逻辑连接，是企业环境管理到员工亲环境行为选择作用机制的研究，可以丰富员工亲环境行为伦理困境研究。

（3）以往关于企业政策或实践与员工行为关系研究较多关注企业与员工之间的关系，如组织认同、组织承诺等，缺乏对员工与自然环境之间关系的关注。该部分通过探讨员工环境承诺在企业绿色人力资源管理和员工亲环境行为伦理困境关系间的中介作用，可以延展绿色人力资源管理的作用边界和实践意义。

10 企业环境治理困境的纾解与阶跃：
"利益—组织"分层视角

10.1 企业环境治理的组织层困境纾解路径

10.1.1 企业环境行为困境纾解：企业环境行为价值的实现路径

本书第三章关于"内部视角下企业环境行为困境的价值回应：一项实证研究"中已经证实了企业环境行为转化为企业内部价值的可能性与有效性，以及发现了相应的转化机制。一方面，企业环境行为的实施过程可以视作传递社会道德责任与展现环保精神的过程，员工通过参与企业实施的环境行为会认可企业所投入的资源与努力，进而满足员工心理工作需求（即工作意义），促进角色外绩效；另一方面，强调并支持了人—组织价值观匹配的边界作用，在回答"为什么企业环境行为会带来内部价值"和"如何做企业环境行为才能带来内部价值"问题的基础上，解释了"企业环境行为什么时候能够带来内部价值"的问题。那么，为保障所得研究结论与企业环境治理实践的有机结合，进一步指导实践，该部分从如何有效保障企业环境行为价值的实现路径方面提出以下建议（见图 10-1）。

涉及企业环境行为相关的战略制定、绿色决策等皆依赖于具有可持续发展型、道德型风格的领导力，那么企业的高层、中层及基层管理者拥有正确的环境价值观导向是有效实施企业环境行为的根本保障。因此，要加强对企业高层、中层、基层管理者可持续发展以及环保意识的培训，使他们充分意识到企业积极实施环境行为与企业价值并不是零和博弈的关系，而是创造企业内部价值的有效工具。同时，企业还应积极选择和提拔符合组织可持续发展方向的领导者/管理者，从而帮助制定与推行有效的政策方针和决策。

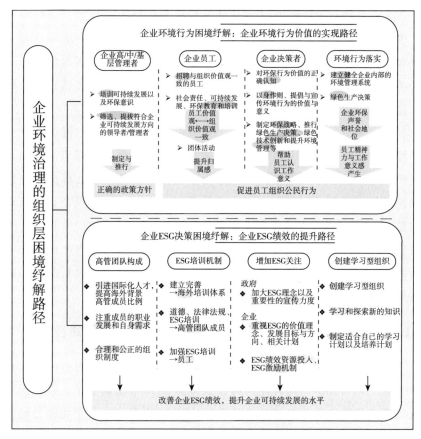

图 10-1 企业环境治理的组织层困境纾解路径

就企业员工而言,企业应招聘与组织价值观一致的员工,注重员工基于社会责任、可持续发展、环境保护和公民道德的教育和培训,最大限度调动员工的参与意识,并在参与的过程中使员工充分认识到企业在环保方面的努力以及自身工作的意义,继而使员工对组织产生更高水平的认同并形成较强的工作意义。具体来说,企业可以通过教育和培训的方式来向员工传递企业环境行为的社会价值与意义,进而对员工形成积极的心理暗示,加强员工价值观与组织价值观的一致性,提升员工的组织认同感,培养员工的工作意义。此外,企业可以通过各种团体活动增强员工的归属感,使员工在组织中充分感受到像家庭一般的温暖,以此激发员工实施组织公民行为的意愿。

企业决策者应充分意识到企业实施环境行为并非对企业成本的增加，相反，企业环境行为能够通过提升员工组织公民行为来提升企业的经济效益。也就是说，企业决策者要以身作则，大力提倡和宣传企业环境行为的价值和意义，通过制定环保战略、推行绿色生产决策、创新绿色技术和提升环境管理等举措帮助员工认识到工作的意义，促使员工实施组织公民行为，进而为企业创造内部价值。

在企业环境行为的落实过程中，企业决策者要注重建立健全的企业内部环境管理系统，如减少污染排放，加强员工环保教育和培训。同时，加大生产工序、设备等的创新投资并推行绿色生产决策，以此形成企业良好的绿色环保声誉和社会地位，充分满足员工对组织的环保期望，继而对员工的精神力和工作意义感产生持续的积极影响。这一系列措施将使员工能够重新审视自己的组织成员身份，在未来工作中能够以主人翁的姿态参与到组织建设中去，有助于最大限度让员工积极采取组织公民行为，为组织创造更大的价值。

10.1.2 企业 ESG 困境纾解：企业 ESG 绩效的提升路径

本书第三章关于"内部视角下企业 ESG 价值与绩效提升：一项实证研究"验证了高管团队的海外经历可以提升企业 ESG 绩效水平，以此回答了高管团队的背景特征会如何对企业 ESG 绩效产生影响。鉴于此部分研究是建立在"企业 ESG 绩效可以提高公司市场价值"基本假设前提下，那么企业 ESG 价值困境的纾解问题，其实就是如何切实改善企业 ESG 绩效问题。故而，基于所得结论，从高管团队构成、企业 ESG 培训机制、政府 ESG 关注以及学习型组织创建等几方面对"国内企业如何提高与改善企业 ESG 绩效水平，以纾解企业 ESG 困境"方面提出以下管理建议。

10.1.2.1 企业优化高管团队构成，建立并完善高管聘用及选拔机制

解决环境、社会和治理（ESG）问题是国内和国外公司的首要治理任务，企业可以通过发布环境、社会和治理报告向投资者展示公司的经营管理和投资回报情况。而高层管理团队作为企业战略决策制定、推动和执行的关键主体，对于解决环境、社会和治理问题具有重要作用。从高管团队构成特征来说，企业应重视和提高团队中海外背景高管成员的比例，以此

优化高管团队结构，提升企业可持续发展的水平。具体来说，企业在组建高层管理团队时可以积极引进国际化人才，建立国际化高管人才队伍，强力支持高管团队中有海外经历的人员加入，并且可以通过外部招聘或内部提拔等方式，将具有海外学习背景或者在海外工作过的高管成员纳入企业高管队伍中，以加强企业在国际上的影响力，从而更容易获得投资者认可。除此之外，在日常管理与经营的过程中，企业不仅需要建立并完善高管的聘用及选拔机制来吸引人才，也要注重高管团队成员的职业发展和自身需求，为高管成员提供良好的工作环境，建立合理公正的组织制度，确保高管团队成员能够长期稳定地留在企业，并在外部利益相关者中赢得良好的企业口碑，从而可以吸引更多的诸如拥有海外经历的高管成员等的人才。

10.1.2.2 企业建立健全高管团队成员 ESG 培训机制

首先，企业可以建立完善的海外培训体系，使高管团队成员获得海外先进的管理理念，形成注重企业 ESG 绩效的管理理念，提升高管团队成员的专业知识以及企业管理能力。例如，企业可以派遣企业高管人员到海外考察、访问，学习和了解当地的政治、经济、法律等，也可以通过视频会议系统进行远程培训。其次，企业应重视对高管团队成员的职业道德、道德规范的教育以及相关法律法规的培训，使高管团队成员关注到社会责任、环境保护和可持续发展等。同时，企业可以对高管团队成员进行 ESG 相关政策和理念的培训，提高高管团队成员 ESG 的意识，从而提升企业 ESG 绩效水平。此外，企业应加强对员工的 ESG 培训，提高员工的责任意识，积极倡导低碳环保的生产生活方式，助力企业实现可持续发展目标。值得注意的是，企业需要根据自身发展的情况来制定和完善符合企业自身发展的培训计划。

10.1.2.3 政府和企业可以加大对 ESG 的宣传力度和资源投入

高管团队对 ESG 的重视会影响企业 ESG 绩效水平，因此，可以从政府和企业的角度加大对 ESG 的宣传力度和资源投入，从而提高高管团队的 ESG 意识。首先，从政府的角度来说，政府应加大 ESG 理念以及重要性的宣传力度，使高管团队和所在组织（企业）增加对环境、社会以及治理问题的重视程度。这会让企业重视高管团队的 ESG 意识培养，高管团队重视

ESG 问题带来的效益（如社会效益、经济效益等），从而增加对企业 ESG 绩效的资源投入。其次，从企业的角度来说，企业在日常经营管理中应重视 ESG 的价值理念，关注企业在环境保护、社会责任等方面的发展目标与方向，及时调整或制订 ESG 相关计划，让 ESG 理念贯穿企业的日常经营管理。企业可以加大对企业 ESG 绩效的资源投入，提高管理层和董事会对 ESG 的关注度，积极建立企业内部的 ESG 激励机制。

10.1.2.4 创建学习型组织，督促高管团队成员不断学习和探索新知识

高管团队成员的工作方式和思维方式，对企业的未来发展有着重要影响，对企业的社会、环境以及治理有着重要作用。因此，在这个过程中，通过创建学习型组织，督促企业高管团队成员不断提升自己的能力。从高管团队成员的角度来说，在企业发展过程中不断学习，高管团队成员不仅需要充分利用自身现有的知识，还需要不断学习和探索新的知识，提升自己的专业能力，从而更有可能去突破自身的注意力局限，关注到环境、社会以及治理的相关问题，从而倾斜资源来提升企业 ESG 绩效水平。同时，高管团队成员也要有足够的耐心，不能急功近利，要根据自身的水平以及企业发展的水平，制订适合自己的个性化学习及培养计划来提升自己。

10.2 企业环境治理的个体层困境纾解与阶跃路径

10.2.1 企业环境治理的个体层困境纾解与阶跃路径的指导框架

此章节遵循"利益—组织"分层的研究思路，聚焦企业环境治理的个体层困境纾解与阶跃的过程探索，来形成企业环境治理的个体层困境纾解与阶跃路径的整体指导框架（见图 10-2）。

在利益分层方面，纾解与阶跃路径的指导框架主要强调从组织层、群体层渗透至个体层的"阶跃"特征，围绕空间导向利益分层和关系导向利益分层展开探讨（见本章 10.2.3 和 10.2.4 部分）。其中，空间导向的利益分层是依据归属于组织层的工作空间与家庭空间的环境价值诉求呈现在个体层面的差异化价值观视角所进行的"组织层—个体层"伦理逻辑衔接，而关系导向的利益分层则是依据个体所处不同圈层的环境价值诉求折射在

个体层面的差异化价值观视角所进行的"群体层—个体层"伦理逻辑联结，二者共同反映了在"组织层—群体层—个体层"体系中实现环境价值观"阶跃"的绿色文化与伦理道德路径。故而，结合前述第六章与第七章所得研究结论，将价值观/文化、领导力、伦理/道德等元素纳入该部分指导框架中。

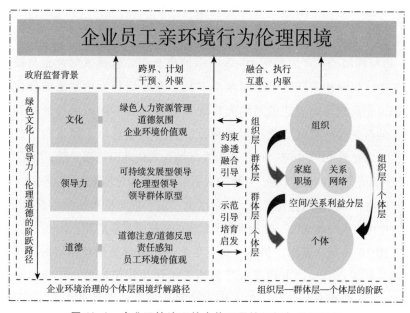

图 10-2　企业环境治理的个体层困境纾解与阶跃路径

同时，在组织层级分层方面，纾解与阶跃路径的指导框架主要关注绿色人力资源管理和可持续发展型领导力在影响个体亲环境行为伦理困境过程中的"纾解"角色与"阶跃"特征（见本章 10.2.2 和 10.2.3 部分）。其中，绿色人力资源管理关注的是归属于组织层级的绿色管理制度对个体亲环境行为伦理困境产生纾解作用的"组织层—个体层"伦理逻辑关联，而可持续发展型领导力则是强调归属于群体层级的领导力对个体亲环境行为伦理困境产生纾解作用的"群体层—个体层"伦理逻辑关系。相似的，二者同样也反映了在"组织层—群体层—个体层"体系中实现伦理困境"纾解"与"阶跃"的"绿色文化—领导力—伦理道德"路径。在此基础上，结合前述第八章与第九章所得研究结论，将文化（价值观与制度）、领导力

（可持续发展型、伦理型以及领导群体原型）、伦理/道德（道德氛围、道德注意、道德反思以及责任感知）等元素纳入该部分指导框架中。

可见，基于"利益—组织"分层的企业环境治理个体层困境纾解与阶跃路径需要将组织层、群体层以及个体层要素纳入同一思路框架下进行分析与搭建，图10-2可以帮助读者更好地理解后续5个分节的整体内容。

10.2.2 基于四维度特征的企业员工亲环境行为伦理困境纾解建议

依据本书第五章"员工行为视角下企业环境治理困境现状与博弈分析"，将所得结论整理成如图10-3所示的棋盘图，包括纵向视角与横向视角。其中，纵向视角反映了不同维度下员工亲环境行为伦理困境程度的具体呈现，横向视角则表达了不同人口统计学特征和不同区域特征在四维度情境下的员工亲环境行为伦理困境程度。为直观表达出不同视角下的困境程度，本书在图10-3中用"○"表示亲环境行为伦理困境程度低，"◉"表示亲环境行为伦理困境程度较低，"◑"表示亲环境行为伦理困境程度较高，"●"表示亲环境行为伦理困境程度高。而后续的"基于四维度特征的企业员工亲环境行为伦理困境纾解建议"将从棋盘图呈现的特征来具体展开。

从图10-3可以看出，纵向视角下员工亲环境行为伦理困境的四个维度有不同的侧重点，如"节约成本"是陷入生活质量困境的员工所重点关注的内容，"避免冲突"是陷入关系困境的员工所重点关注的内容，"公共场所与家庭场所的差异"是陷入空间困境的员工所重点关注的内容，"后代期望"是陷入角色困境的员工所重点关注的内容。根据四个维度的特点，本书对应提出了10.2.2.2到10.2.2.4的四条建议（参见图10-3和图10-4）。而从横向视角查看棋盘图，可以发现不同人口统计学特征的调研样本在员工亲环境行为伦理困境呈现状态上存在某些典型特征，如女性群体、未婚群体、26~35岁的中青年和55岁以上的老年群体、高学历群体都容易产生高困境；居住在像京津冀、长三角以及中原城市群这种经济发展水平高或者关系文化深厚地区的人群更容易陷入困境当中，而居住在哈长城市群和呼包鄂榆城市群的人群则不容易陷入困境当中。据此，本书对应提出了10.2.2.5到10.2.2.6的四条建议（参见图10-3和图10-4）。

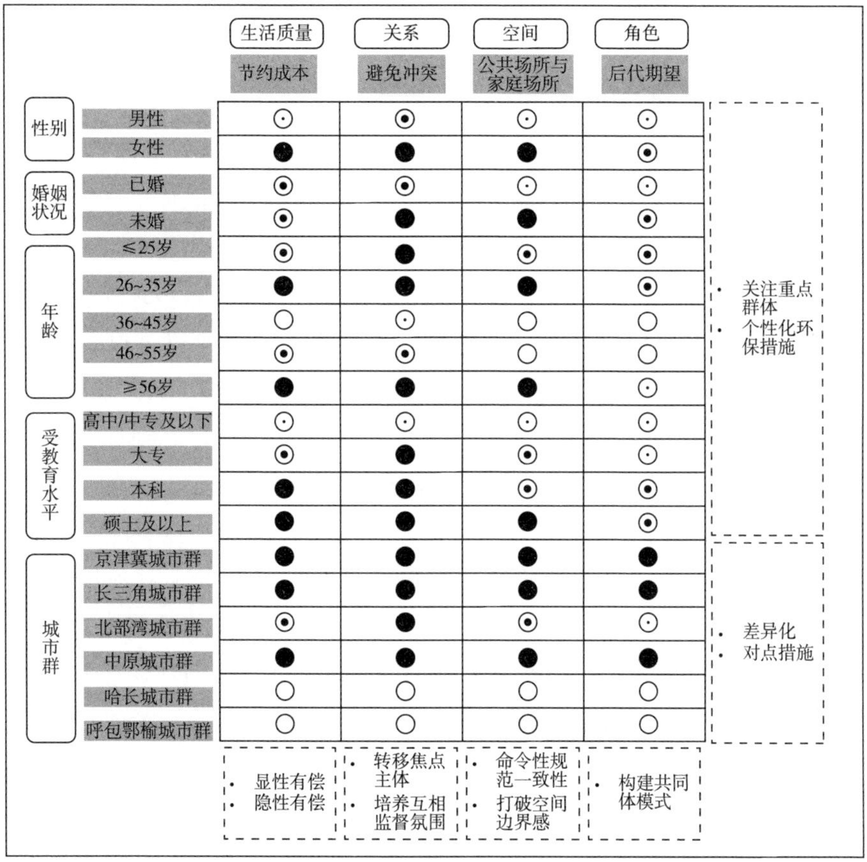

		生活质量	关系	空间	角色
		节约成本	避免冲突	公共场所与家庭场所	后代期望
性别	男性	⊙	●	⊙	⊙
	女性	●	●	●	◉
婚姻状况	已婚	◉	◉	⊙	⊙
	未婚	◉	●	●	◉
年龄	≤25岁	◉	●	◉	◉
	26~35岁	●	◉	●	◉
	36~45岁	○	◉	○	○
	46~55岁	◉	◉	○	●
	≥56岁	●	●	●	⊙
受教育水平	高中/中专及以下	⊙	○	⊙	⊙
	大专	◉	◉	◉	○
	本科	●	●	●	◉
	硕士及以上	●	●	●	◉
城市群	京津冀城市群	●	●	●	●
	长三角城市群	●	●	●	●
	北部湾城市群	◉	●	◉	⊙
	中原城市群	●	●	●	●
	哈长城市群	○	○	○	○
	呼包鄂榆城市群	○	○	○	○

右侧标注：
- ·关注重点群体 ·个性化环保措施
- ·差异化对点措施

底部对应策略：
- ·显性有偿 ·隐性有偿
- ·转移焦点主体 ·培养互相监督氛围
- ·命令性规范一致性 ·打破空间边界感
- ·构建共同体模式

图10-3 企业员工亲环境行为伦理困境特征棋盘图

注：○表示亲环境行为伦理困境程度低，⊙表示亲环境行为伦理困境程度较低，◉表示亲环境行为伦理困境程度较高，●表示亲环境行为伦理困境程度高。

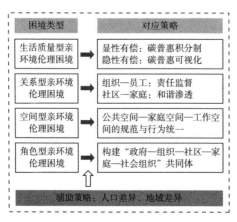

图10-4 基于四维度特征的企业员工亲环境行为伦理困境纾解路径

10.2.2.1　聚焦企业"碳普惠"平台的"有偿"激励功能，完善其"显性有偿"和"隐性有偿"模块

在第五章的大规模样本调研中，发现"环境保护"与"节约个人成本"形成的冲突点、"饮食方式的舒适便利性"与"饮食方式的环保性"形成的冲突点是构成生活质量型"心理栅栏"的主力，凸显出"员工对于环保行为所要消耗的个人成本十分敏感""员工对一日三餐是否选择环保性的饮食方式问题上较为纠结"的现状。针对这些问题，本书建议可以聚焦企业"碳普惠"平台的"有偿"激励功能，完善其"显性有偿"和"隐性有偿"模块（参见图10-3）。

"显性有偿"是指为企业员工的环保行为提供物质回馈。比如，企业员工可以采用减少私家车出行等环保行为在企业"碳普惠"平台上换取积分，再用积分兑换礼品、消费券等物质奖励，以降低企业员工对环境行为的"自我成本"与"利他"的矛盾感，从而减少生活质量型伦理困境，进一步提升企业员工亲环境行为。"隐性有偿"是指为企业员工的环保行为提供精神回馈。比如，完善"碳普惠"平台中企业员工环境行为未来效用的可视化功能，实现企业员工对自身环境行为的"沉浸体验"，提升实施环境行为的"禀赋效应"，即将企业员工亲环境行为对环境的未来贡献提前展现：随着员工上传亲环境行为数据的增多，未来环境状态的优化形态也随着发生改变。如此，可使企业员工认为当下付出的时间、金钱等成本并非"自我损失"，以缓解其生活质量型伦理困境（参见图10-4）。

比如，霍尼韦尔（苏州）有1000名员工，但公司只有90个停车位，于是公司鼓励员工拼车上班，提前预约停车位。当开车进园区的时候，保安核验司机是否带了员工，把车位留给拼车的员工，领导、员工一视同仁。又如，蒙牛开展了诸如"牛奶利乐包回收利用""使用节能灯""购物自带购物袋"等低碳活动，践行活动就能获得碳积分，并可以用积分换取纪念礼品。这些小小的鼓励措施极大地推动了大众践行绿色生活的热情。

10.2.2.2　转换环保宣传的焦点主体，培养互相监督的环保氛围

在第五章的大规模样本调研中，发现企业员工基于自身环保意识驱动的"制止他人破坏环境"与基于和谐关系驱动的"默许他人破坏环境"所

形成的"心理栅栏"更难以跨越，以及"迎合家人高碳的享受期望"与"坚持自我的低碳观念"之间的冲突点形成的"心理栅栏"也很明显（见图10-3）。针对这些问题，本书建议可以尝试转换环保宣传的焦点主体，以培养互相监督的环保氛围。

以往环保宣传多强调"个人责任"（如"保护环境，人人有责"），虽能够增强个人环保意识，却忽视了领导、同事以及家人等其他主体对于个体行为的影响。如若企业在宣传中强调环保不仅是每个公民或者是每个员工应尽的责任，更是每个组织、部门的责任，比如"保护环境，单位有责"、"保护环境、部门有责"或"保护环境、家庭有责"等，那么企业员工会切实感受到领导、同事、家庭成员与个体环保规范的一致性，关系型伦理困境便也随之降低，员工个体在实施亲环境行为时便不会再有"破坏和谐关系"的顾虑。另外，可招募志愿者担任工作区域性内的"环保监督员"，对不环保的行为（如没有进行垃圾分类）进行指正和教育，并将其与员工考核或者奖励进行挂钩。在这种措施下，员工之间的互相提醒可避免对方被监督员"指正"，从而为员工环境行为附加"维护和谐关系"的效果，进一步形成"共同监督"的氛围，缓解关系型伦理困境，促进亲环境行为的实施（参见图10-4）。

比如，杜邦公司将相关的业绩标准与员工奖金挂钩，并且制订了一个奖励计划，以肯定公司各项优秀的环境成就。奖金和公开表彰是为公司减排行动创造认同的通行做法。

10.2.2.3　通过多种途径增强不同空间"命令性环保规范"的一致性，打破不同空间的环保边界感

在第五章的大规模样本调研中，发现企业员工在"公共空间"和"家庭空间"的冲突点十分明显，以及员工重视维持自身在外人面前的良好形象以及满足单位场所中的他人期望与个人诉求两者之间产生冲突也会让个体感知较高程度的困境。针对这些问题，本书建议可以通过多种途径增强不同空间"命令性环保规范"的一致性，打破不同空间的环保边界感（参见图10-3）。

针对空间型困境需重点关注"一致性"原则（不同空间环境规范的统一）。比如，在单位和社区可以设置环保网格员进行对点宣传和回收技术普

及、指导和监督垃圾分类处理等，强化工作空间和家庭空间的环保监督感；在公共场所可以设置一些醒目的环保标语，并随机抓拍一些乱扔垃圾的画面投放到环保宣传大屏上，以此增强公共空间的环保监督感和惩罚感。这样，不论是家庭空间、工作空间还是公共空间都向员工传达了一致的命令性环保规范，使员工个体打破环保边界感，建立一套在不同空间中遵从环境规范的行动模式。空间型伦理困境由此得到缓解，员工个体便能够在不同空间都主动实施亲环境行为（参见图10-4）。

比如，美铝公司购买树种，分发给员工，鼓励员工在小区或者公司附近植树。仅在2005年，植树数量就达到150万棵，随着时间的推移，也完成了2020年植树1000万棵的目标。同时，公司还鼓励员工参加地方或区域性的活动。该公司尝试创造不同情境下的规范一致性，来弱化员工个体的空间型伦理困境。

10.2.2.4 着力构建政府、用人单位、社区（家庭）、社会组织等的环境治理"共同体模式"

在第五章的大规模样本调研中，发现企业员工对长短期利益的衡量是困扰员工个体的重要因素，以及在"自然界的生态期望"和"自我期望"之间的纠结是另一个主要困境。针对这些问题，本书建议需着力构建政府、用人单位、社区（家庭）、社会组织等的环境治理"共同体模式"（参见图10-3）。

仅有一方主体承担环境治理压力，不仅不能缓解困境，还会增加各类主体间规范和利益等的冲突，引发各类角色型困境。故而，需进行分类、分层的环境治理模式设计，以平衡压力，促进多元主体共同治理的积极性和自觉性，增强员工亲环境行为。比如，政府聚焦主导作用发挥，制定宏观环境治理调控策略，明确各类主体努力方向，并强调对后代利益的宣传；用人单位强调自觉履行环保社会责任，通过环境战略、创新和管理等多种方式实现员工亲环境行为的溢出效应；打开社区或家庭环保教育通道，强化社区和家庭的环境治理助推作用等。通过共同体模式将环保责任融入企业员工的各个角色中，角色规范统一后角色型亲环境行为伦理困境便也得到缓解。进一步的，多元主体环保期望的一致性也暗示了每一个社会成员都应该去实施环保行为，因此角色型困境的降低不仅促进了企业员工的个人环保责任感，更强化了其社会环保责任感，员工在这种氛围下愿意承担起带领更多人一起环保的责任，逐渐形成实施亲环境行为的习惯（参见图10-4）。

比如，2004年，英特尔与上海青少年科技教育中心联合开展了主题为"大手牵小手，生活更美好"的社区活动，助推"环保科技"理念的普及；2005年，联合中国福利会少年宫和上海青少年科技教育中心共同举办了"高科技助力构建和谐社区"活动，以倡导"科技美好生活"和"和谐促进发展"；2010年，又与中国福利会少年宫联合主办了"发现、成长、快乐，世博会环保知识知多少"的主题活动；2014年，开展了"倡导文明生活方式，促进社区和谐发展"的社区活动；2017年，举行了"科创促社会进步，环保使生活美好"的社区活动等，英特尔的系列环保宣传活动以青少年和家庭为主要对象，坚持并深入社区群众中，体现了企业、社区与公众的"环保共同体模式"。

10.2.2.5 针对不同员工亲环境行为伦理困境的差异性，采取个性化环保措施

在第五章的大规模样本调研中，发现女性群体、未婚群体、刚成家立业的26~35岁群体、老年群体以及高学历群体都是高困境人群（参见图10-3）。结合现在女性独立意识的增强、结婚率下降、人口老龄化严重、高学历群体中女性比例提高等现象，社会各界应该对这些企业群体给予更高程度的关注。也许可以将这些高困境群体作为一个突破口，因为其困境程度高也意味着环境意识的存在，所以找到制约这些群体难以实施亲环境行为的因素后，便能够高效地引导他们实施环境行为。比如，企业开发连续和实时的个性化信息，针对不同群体使用不同的激励措施，利用绿色小礼品、经济奖励、个人表彰等工具降低个体实施亲环境行为的自我损失；社区可以举办环保交流会，让不同年龄段的人相互接触。这样可以帮助中青年企业员工群体了解更多生活经验，从而更加从容地处理环保问题，一起为社区的环保贡献力量（参见图10-4）。

10.2.2.6 采取区域性差异化对点环保策略

在第五章的大规模样本调研中，发现长江三角洲、中原以及北部湾

城市群在关系、空间和角色维度上困境程度高（参见图 10-3）。针对该类地区，要更注重对正面环保形象的宣传，当环保行为成为越来越多人的习惯行为时，这种碍于面子而不好意思实施环保的"心理栅栏"便也不攻自破。而对于生活质量维度困境程度较高的地区，更应该注重绿色科技的发展，降低环保成本，让企业员工既能拥有高质量生活，又能保护环境，减少实施环保前的顾虑，那生活质量的"心理栅栏"便也会随之消失。对于低困境的地区，企业要明晰困境低的原因，如果当地的环保情况良好，企业就可以以此地区为正面案例进行分析，强化榜样作用并强化治理；如果当地环境情况很糟糕，那便需要结合上述措施，加强对此地区环保任务的重视，构建生态绩效体系，规划相关的生态建设目标（参见图 10-4）。

10.2.3 企业环境治理困境的个体层纾解与阶跃：空间导向利益分层的视角

本书第六章关于"企业环境治理个体层困境的成因与结果：空间导向利益分层的视角"中论证并验证了无论工作还是家庭情境，员工亲环境行为伦理困境在影响员工亲环境行为自觉实现时所充当的强烈性的负面角色，得出了"员工突破亲环境行为伦理困境是实现亲环境行为的关键且重要视角"的重要结论。同时，通过对个体层面的环境价值观变量与组织层面的空间变量进行"个体层—组织层"的阶跃性融合，发现了工作—家庭界面环境价值观一致性对员工亲环境行为伦理困境有显著的负向影响，以及工作家庭分割偏好、工作或家庭场域约束性分别在工作—家庭界面环境价值观一致性与亲环境行为伦理困境、亲环境行为伦理困境与工作或家庭亲环境行为之间的边界作用，解释了"空间导向利益分层如何、何时能够克服亲环境行为伦理困境，以及何时促进亲环境行为自觉"的现实问题。故而，为实现所得研究结论对企业环境治理实践的有机且有效指导，该部分聚焦空间导向利益分层视角下的企业环境治理个体层困境纾解问题，从"政府—组织—个体"三层面提出以下建议（参见图 10-5）。

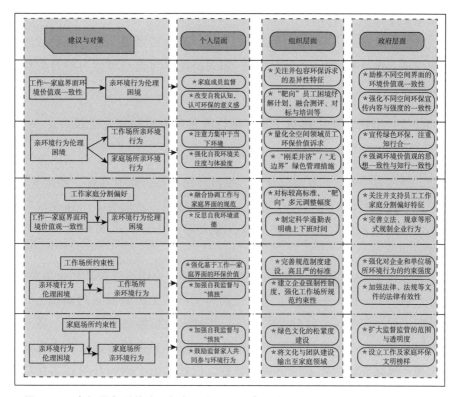

图 10-5　空间导向利益分层视角下企业员工亲环境行为伦理困境纾解与阶跃路径

10.2.3.1　政府层面化解员工亲环境行为伦理困境的相关建议

首先，政府可以在实现不同空间界面下的员工个体环境价值观一致性方面做出努力。例如，通过强化在工作场域、社区场域乃至家庭场域等不同场域下涉及环保理念宣传内容与强度的一致性，以及强调绿色环保的知行合一，使得基于不同场域的环境价值观思想一致性与知行一致性深入人心，降低企业员工的亲环境行为伦理困境。

其次，政府应该关注员工的工作家庭分割偏好特征，通过立法、规章等形式从规制企业行为视角，为企业员工在分割工作与家庭的偏好上提供支持。比如，政府可以完善对于劳动法规的执法情况，加强对每周和每日的工作时间规定的监督力度，全面遏制"996"、"007"、强制加班等不良现象，从而帮助企业员工更好地融入他们的工作和家庭，降低员工的亲环境行为伦理困境。同时，政府还应该加强法律法规等约束性文件的执行力度，加强对企业和单位场所的行为约束。

最后，政府应该扩大监督监管的范围，提升监督透明性，鼓励社区及组织设立工作及家庭环保文明榜样，加大公民参与亲环境行为的自觉性与荣誉感。

10.2.3.2 组织层面化解员工亲环境行为伦理困境的相关建议

首先，企业应关注并包容员工工作—家庭界面环境价值诉求的差异性特征，通过诸如家庭环保支持计划、单位环保考核行动等具有"刚柔并济"与"无边界"特征的绿色管理制度或者管理措施，协助员工个体在单位和在家中考虑的环境利益趋向于一致，最大限度化解员工亲环境行为伦理困境。

其次，企业可以采取"靶向"员工亲环境行为困境纾解计划，集测评、对标、培训于一体，在量化员工全空间领域环境价值观现状的基础上，了解员工不同空间下环境利益诉求现状，并对标较高标准来"靶向"多元化的调整幅度，进一步根据"靶向"调整幅度设计相应的培训计划来提升员工工作—家庭界面亲环境价值观一致性，以纾解员工的亲环境行为伦理困境，进而提升员工亲环境行为自觉。同时，企业需完善自身规范制度建设，通过强制性制度建设来传递工作场所对环境要求的高标准、严标准和强制度，强化工作场所下环境规范的约束性，提升企业规范对企业员工行为的约束力度。另外，也可制定科学通勤表，明确上下班时间，兼顾员工的工作家庭分割偏好。

最后，企业不仅需要加强制度规范，还应该注重构建企业的制度文化，特别是企业绿色文化的松紧度建设。企业在对员工实行约束性政策时，应该辅以文化输出与团队建设，并将对组织颁布的政策规范的积极遵守和支持扩展至家庭领域，从而使企业员工实现工作—家庭界面环境价值观和环境行为的一致性。

10.2.3.3 个体层面化解员工亲环境行为伦理困境的相关建议

首先，发挥家庭成员的监督作用，帮助员工个体改变自我认知，意识到自身环境价值观在不同空间下一致性的价值感与意义感，使企业员工在单位与家庭场所认同并践行相同的环境价值体系。

其次，企业员工可以通过将注意力集中在当下所处的环境之中，增加环境关注度与体验度，进而缓解自身亲环境行为伦理困境。个体应该对不同场所的规范约束加以融合协调，在工作场所中，一方面应该注意公司的规章制度等外部约束，另一方面应思考自身的行为是否符合工作场所的环境道德。在家庭场所中，一方面应该鼓励和监督家人共同参与亲环境行为，增加环境价值观的渗透作用；另一方面应该考虑如何通过践行自觉环境价值观，带来工作和家庭的双重收益。此外，在受到约束和监督较少的时候，个体也应当做到"慎独"，不只是在受到监管时才做出有利于环境的行为。

10.2.4　企业环境治理困境的个体层纾解与阶跃：关系导向利益分层的视角

本书第七章关于"企业环境治理个体层困境的形成：关系导向利益分层的视角"研究中通过对个体层面的环境价值观变量与群体层面的关系变量进行"个体层—群体层"的阶跃性融合，将关系导向员工利益分层的问题转化为不同圈层关系下环境价值观的冲突程度进行研究，验证了关系导向员工利益分层冲突对员工亲环境行为伦理困境的正向影响作用，以及伦理型领导作为关系导向员工利益分层影响员工亲环境行为伦理困境的边界条件和干预作用。和以往观点不同的是，研究得出了"虽然基于直接上级、普通同事以及最高上级的环境价值观冲突强化了员工的亲环境行为伦理困境，但是被归为圈内群体的亲密同事的价值观冲突对员工亲环境行为伦理困境的影响并不显著"的结论。基于此，为实现所得研究结论对企业环境治理困境的有效纾解，该部分主要锚定关系导向员工利益分层，从"政府—组织—个体"三个层面提出帮助企业员工克服亲环境行为伦理困境的策略（见图10-6）。

政府层面。目前已经出台了许多维护环境的强制性政策，已取得显著成效。但要让企业员工自觉实施亲环境行为，只靠强制性措施是不够的。想要帮助企业员工跨越"心理栅栏"，还要强调政策的情感与意义特征，探索"强制—情感—价值"特征的环保政策，并结合多方力量推动政策的落实以及行为主体自觉的实现。一方面，在所出台相关环保政策的修订或者后续新政策的推行进程中，不仅要体现政策的强制性，还需要体现政策的情感性与意义性特征。因为强制性政策是正式层面的环境政策，是触发个体产生工具性动机的根源；情感性政策是将环境情感的内涵嵌入环境政策体系，以引发个体对外部环境规范与自我感知的初始交互，产生对政策的认同；相似的，价值性政策是将意义感嵌入环境政策体系，以激发员工个体深入思考环境制度所隐含的高层次社会意义，产生对政策的内化。另一方面，政府在制定相关规章制度时要注重"生态命运共同体"的思想引领，发挥主导作用，从宏观的角度进行调控，构建系统的环境战略和环境政策体系，将社会各方的力量结合起来，明确社会各方的努力方向，让"碳中和"的观念根植于每一个人的心中。

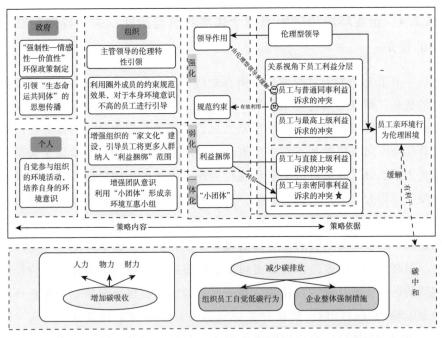

图 10-6　关系导向利益分层视角下企业员工亲环境行为伦理困境纾解路径

组织层面。第一，针对员工个人与直接上级环境价值观的冲突，企业可以增强"家文化"建设，引导员工将更多的工作伙伴纳入自己的"个人圈"内，由此将冲突矛盾转化为"个人圈"观点的多样性，在该认知基础上员工会更加包容此类多样性，进而从认知上形成与组织利益达成一致的态度，化解冲突对于员工亲环境行为伦理困境的影响。第二，针对员工个人与亲密同事环境价值观的冲突，企业可以有效利用工作场所中"小团体"

（即非正式组织）的作用与价值，针对"小团队"来组织环保交流活动，形成亲环境行为的互惠小组，由此能够将这种非正式组织利益的一致性强化为"小团队"环境利益的一致性，来弱化冲突对员工亲环境行为伦理困境的影响。第三，针对员工个人与圈外群体（最高领导与普通同事）的环境价值观冲突，可以通过领导力的以身作则、领导与员工的沟通交流、正向伦理道德观的传递等多元方式来加强组织内环保文化与道德氛围的引领。领导者应该更加注意自身的领导带头作用，以伦理引导的方式激励员工，增加领导与员工的沟通交流机会，在了解员工思想的同时将正向的道德观念传递给员工，从而弱化关系导向员工利益分层冲突带来的员工亲环境行为伦理困境。同时，企业也可以有效利用圈外群体与员工利益冲突的影响作用，增加员工之间的交流机会，企业高层可以多举办文化交流会，将自身的正向环境观念向员工输出，使员工在圈外群体的规范约束下，能够让其形成困境，进一步思考环境与人类的问题，有利于减少员工的碳排放行为，增加其实施亲环境行为的可能性。

　　个人层面。员工应从自身出发，积极主动参与组织的环保活动，培养自身环保意识。通过与具有良好道德观念的同事、领导进行交流，可以更好地融入集体及组织氛围中，并且用自身的力量影响他人，将自身积极的环境观念传递给他人，带动企业成员共同为保护生态环境作出贡献。

　　此外，企业的"碳中和"推动，可以从两方面入手：一是调动人力和物力来发展碳捕集和封存技术，或者加大财政支出力度进行碳汇交易，从而降低污染率；二是除了企业投入大量财力进行的排污系统升级、清洁能源使用等措施外，企业还应该关注企业内部的员工行为，通过实现企业员工亲环境行为自觉来达到减少整个企业碳排放的目的。通过缓解员工亲环境行为伦理困境，有利于激励员工的正向环境行为，从而促进企业的可持续发展，使企业为中国的"碳中和"承诺奉献一份力量。

10.2.5　企业环境治理困境的个体层纾解与阶跃：可持续发展型领导力的视角

　　本书第八章关于"员工亲环境行为伦理困境的纾解：可持续发展领导力的效用"中验证了可持续发展型领导对员工亲环境行为伦理困境的负向影响作用，以及员工责任感知在可持续发展型领导和员工亲环境行为伦理困境的部分中介作用。同时发现了感知的领导群体原型在可持续发展型领导与员工责任感知的边界作用，以及员工道德注意在可持续发展型领导与员工亲环境行为伦理困境的边界作用，解释了"可持续发展型领导如何以及何时能够帮助员工克服亲环境行为伦理困境"的现实问题。故而，该部分围绕所得研究结论，对员工亲环境行为伦理困境提出四点干预策略（见图 10-7）。

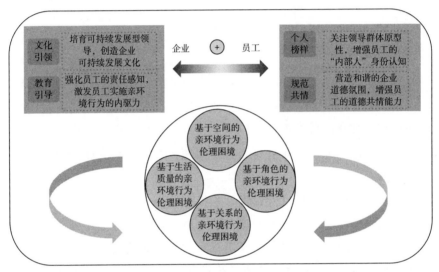

图 10-7　可持续发展型领导力视角下企业员工亲环境行为伦理困境的纾解策略

10.2.5.1　培育可持续发展型领导，创建组织可持续发展文化

领导通过实施符合可持续发展的行为能够有效化解员工在实施亲环境行为时所感知的困境。"双碳"战略发展背景下，企业的发展面临着环境社会责任与经济建设责任的双重压力，而这种压力则赋予了企业领导者更加全新且富有挑战性的角色，因此，管理者的领导任务也更加艰巨。应提倡且培育企业领导者的可持续发展特质，只有实施符合可持续发展要求的领导方式，才能帮助企业实现从内到外的整体性可持续发展变革。换言之，需要强调可持续发展型领导是一种积极的领导风格，它本身就应该作为一种组织目标来努力实现。因此，针对领导者而言，需要让领导者做好展示可持续发展领导力的准备，充分发挥领导者的感染力，增强领导的示范作用，利用职位使管理者成为激发员工学习模仿的榜样，使员

工在与领导相处的过程中对领导进行正向归因，而不仅仅是将职位权力作为管理控制的手段，导致员工的情感消耗并最终诱发对领导的负面归因，以此来强化员工对企业可持续发展文化的正面感知，提升员工实施亲环境行为的主动性，并最终降低员工在实施亲环境行为过程中感知的伦理困境程度。

在组织层面，需要建立可持续发展的企业文化纲领，在企业文化纲领的引导下确立企业的可持续发展价值理念以及发展愿景，设计企业的可持续发展宣传语，通过企业的内部工作网络展示给全体员工，营造可持续发展的工作氛围，同时通过企业的官方网站或者微信公众号传递到企业外部，使企业中每一个员工对企业形成高度的可持续发展认知，进而降低员工在实施亲环境行为过程中感知的伦理困境程度。

10.2.5.2 强化员工责任感知，激发员工实施亲环境行为的内驱力

无论是可持续发展型领导力的培育还是企业文化的建立，都是一个需要付出长期努力的过程，并且其对于个体亲环境行为的影响也会受到诸多外界因素的作用，因此企业在提升员工亲环境行为的过程中，也需要对员工层面心理认知给予充分的重视。可持续发展型领导重视环保理念的共享及对追随者相应的环保行为进行鼓励，员工感知领导的环保价值观，强调可持续发展，对社会和环境的健康发展负有较高的责任意识，同时也关注企业以及员工的可持续发展，会对领导在企业中扮演的角色产生崇拜感，进而衍生为对领导的认同与信任。因此，当可持续发展型领导在向员工传递可持续发展的理念，提醒员工在工作以及生活中关注环保问题时，员工会更加愿意相信领导在与他们沟通交流时的一言一行都是领导的真实想法，而不是虚假表面的客套话，此时员工也更加倾向与企业领导形成一致的关于环境问题的情感共鸣，也更加愿意主动承担起自身的环保责任，进而在面临是否主动实施亲环境行为的行为选择时做出正确的伦理判断。

在管理实践中，领导者除了需要自身表现出更多的环保担当，向员工传递可持续发展的理念，同时也应该将自身与员工紧密联系起来，关注员工的行为体验，及时响应员工对于是否实施亲环境行为而产生的责任认知。如针对员工对实施亲环境行为正面的责任认知，领导可设置相应的正向激励措施，如评选环保模范员工，并给予适当的奖励，一方面使员工得到实

施亲环境行为的积极体验，另一方面强化员工实施亲环境行为的责任感知，通过这种"润物细无声"的影响力强化员工的环境责任意识，并最终增强员工解决环境伦理问题的能力。

针对如何提升并塑造员工对实施亲环境行为的责任感，领导可首先通过教育的方式提升员工的环保责任意识，同时增强员工的环保技能，或者通过教育的手段强化员工对于不实施亲环境行为的负面道德评价，使员工正视自身行为的伦理问题。研究发现，仅仅要求商学院学生思考一种道德情境，就会对他们之后的道德选择产生积极的影响。可见，通过教育的方式能够使员工对自己的亲环境行为形成更加准确的认知，进而肯定自己实施亲环境行为的意义，激发员工实施亲环境行为的热情，或者在实施非环保行为时形成更加强烈的自我否定的感受，进而增强员工识别环境伦理问题的能力，并最终唤醒员工实施亲环境行为的责任认知。

10.2.5.3 关注领导群体原型性，增强员工的"内部人"身份认知

毫无疑问，可持续发展型领导是企业中践行环保规范的典型代表，然而这种领导风格在企业情境中的有效性不能单方面由领导自身决定，而是取决于员工所认为的"上行下效"的必要性。领导可以通过参与发表某些言论来增加他们在团体中的典型性。因此，领导者需重视自己在团队中的"话语权"，通过自己的"声音"塑造团队影响力，或者鼓励群体的"领导者"扮演可持续发展型领导的角色，使员工在群体环境中也能够清晰地认识到个人责任。

虽然领导者能够凭借其地位、威望和权力成为组织中的榜样，然而由于员工与领导间存在等级差距，员工往往会认为领导者的一些行为具有功利性目的，此时会弱化领导者的榜样作用，甚至会使员工对领导者产生负面的看法。因此，除了需要强化领导者的榜样作用，同时也需要关注员工个体的榜样作用，如评选环保模范员工，鼓励员工参与解决环境问题，同时鼓励员工在群体中扮演公正无私的角色，使员工在群体环境中也能够清晰地认识到个人责任，并对道德行为的选择有自身坚定的立场，增强员工表达自我的勇气。

10.2.5.4 营造和谐的企业道德氛围，增强员工的道德共情能力

员工通过道德视角观察环境和同事的程度存在差异，有些员工会被他们长期的道德注意所驱使，甚至可能高估了工作场所道德问题的存在程度，但其他缺乏这种内在道德视角的员工可能根本无法从工作环境中获得道德暗示。因此，管理者可以通过组织奖励和控制系统来唤起员工的道德注意。此外，当员工长期处于一个群体内时会因群体压力而产生从众心理，此时即使员工自身具有较高的道德水平，在群体压力下其也可能会屈从或退缩，或者调整自己真实的情感和内心信念，使自己与群体保持一致并成为群体中积极的一分子，而不是成为干扰因素，即使这种干扰对于改善群体决策的效果十分有益。因此，需要关注员工在所处群体的"内部人"身份认知，通过组织团建和年会的形式打造和谐的工作氛围，增强员工间的情感联系，缓解他们对道德问题的认知压力，并唤起员工对感情、温暖和友谊的积极感觉。

同时，企业需要关注组织内部正式和非正式制度的互动效应，当非正式制度对个体的情感表达和行为选择造成消极影响时，通过正式制度的压力矫正群体规范对个体道德行为造成的偏差。有研究表明，尽管个人最初可能会出于自我呈现策略的目的遵守规范，但随着时间的推移，这些规范可能导致认同的变化，从而影响个人采取道德行动的责任感。因此，企业应当建立明确的组织规章制度，告诉员工"什么样的行为是好的和正确的"，增强员工的道德共情能力。

10.2.6 企业环境治理困境的个体层纾解与阶跃：绿色人力资源管理的视角

本书第九章关于"企业环境治理个体层困境的纾解：绿色人力资源管理的视角"研究所得结论，结合工作—家庭界面亲环境行为溢出的关键问题，认为实现碳中和的同时保持经济发展，需要政府、企业、成千上万的家庭与个体共同努力，采取各种环境保护的行为。此外，由于改善环境是一个持续的过程，每个组织与个体都应一贯坚持环境保护，为建设和谐美丽的社会作贡献。该部分结合实证分析结果，从国家—企业—个人层面提出了不同的建议（见图10-8）。

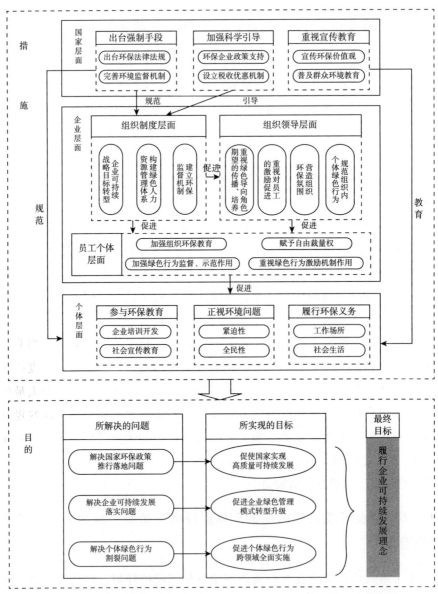

图 10-8　绿色人力资源管理视角下企业员工亲环境行为伦理困境的纾解策略

10.2.6.1　重视政府层面规范的引导作用

第一，政府应通过实行严格的制度、严密的法规等强制保障手段，从根源上尽可能遏制破坏环境的行为。国家正通过建立的秩序规则来有效规范环境问题，利用法律的强制功能来预防社会各层面对环境的破坏。当然，在法律推行的基础上也要加强相应的监管机制，将环保监管的任务细化落实到各个与环境有关的部门中，关注全社会特别是企业这一经营主体的环境行为，完善污染实时监测系统以及执法监管体系。此外，也要开放群众监督举报渠道，发动群众的力量进一步为社会环境保护作出贡献，以促进国家环境保护政策的全面有效推行。

第二，政府应该重视对企业这一保障国家正常运行的关键部门进行科学引导。虽然法律法规能防止恶性环境污染事件的出现，但并不能促使企业转而支持环境保护这一积极行为。目前，政府已经出台了各种支持环境经济的政策文件，例如生态环境部以环境保护、明确污染责任为主题的《关于深化生态环境领域依法行政　持续强化依法治污的指导意见》等，通过政策支持与税收优惠等手段加强对企业环境保护投资的推进与引导。但这些政策间仍存在缺乏协调、配套措施和技术保障不到位等问题，政府应进一步协调各项政策，规范相关环境技术，以便环境政策能够顺利推行。而企业方则应该促进自身对政策的实时解读与运用，大幅提升企业的环保行为，使国家政策真正落到实处。

第三，政府还应重视对群众的宣传教育。保护环境的主体力量应来源于人民群众，只有当基层充分意识到环境保护的重要性以及紧迫性，才能真正营造一个重视环境保护、强调绿色发展的社会环境。因此，首先应重视整体社会对于生态环境保护的宣传与教育，使人与自然和谐相处成为建设社会主义和谐社会的主要内容之一，并在群众心中留下深刻的印象，以此提升社会环境保护的水平。其次应认识到社区的维系力，将环境保护融入社区的精神文明建设之中，通过社区宣传板或社区教育等方式建立一种自觉保护环境的社区文化，从而进一步提高居民在其他领域的环境保护意识。

10.2.6.2　加强企业绿色人力资源管理，提升员工环境承诺，提高员工道德反思

第一，从企业管理视角建议企业加强绿色人力资源管理，以此化解员工亲环境行为伦理困境。具体来说，绿色人力资源管理包括绿色招聘、绿色培训、绿色绩效、绿色薪酬与奖励、绿色参与等，通过招聘环节筛选具

有较高环保意识，与组织环保价值观一致的员工，从而确保加入组织的新员工对企业环保实践和战略更加认同。通过培训提升员工环保意识、增加员工环保知识和技能，使员工在参与环境管理过程中有更多的情感投入，从而提升员工环保能力和环保意愿。通过绿色绩效环节设置更多绿色指标，为员工分配更多环保职责，并对未完成环境管理目标的员工进行惩罚，明确员工角色规范，从而有效减少角色型员工亲环境行为伦理困境。通过绿色参与，企业在组织内传播绿色文化，营造相互学习的绿色氛围，鼓励员工参与解决环境问题，为员工创造更多参与环境管理的机会，这将对员工环保态度和行为产生持续性的影响，为减少员工亲环境行为伦理困境提供更多可能性。总之，绿色人力资源管理是企业环境管理的重要举措，不仅能解决员工亲环境行为伦理困境问题，使员工在工作场所以外能表现出环保行为，同时也能够提升企业环境绩效，使企业承担更多的环保社会责任，从而参与解决社会性的环境问题。

第二，基于员工与自然环境关系视角，建立员工与环境的紧密联系感，提升员工对环境的依恋感和责任心，脱离对组织关系的依赖，从本质上改变或提升员工环保态度，进而解决员工亲环境行为伦理困境。从企业管理视角来看，企业在制定提升员工环保行为水平的策略时，需要重视对员工的教化作用，不仅要建立员工与企业的良好合作关系，同时也应当重视加深员工与自然环境的情感联系，从情感视角唤起和激发其环境承诺水平，从根本上解决员工在进行环境行为选择时的伦理困境，形成不依赖于企业情境的、可持续性的员工亲环境行为。

第三，对于实施环境管理的企业而言，培育具有更高道德反思水平的员工具有重要意义。道德反思是动态变化的，个体的道德水平会随着时间的推移发生改变，而企业环境将会对员工道德产生潜移默化的影响。从企业来看，一方面需要重视员工道德方面的引导和教育，如要求员工以符合道德要求的方式完成工作，引导员工在关注问题时首先考虑到道德方面的特性，对于违背道德规范的员工要予以警示，提高员工在面对道德问题时的思考深度，促进其道德行为的内化；另一方面，企业可以通过自身的道德行为来提升员工对道德的关注，在组织中营造关注道德的氛围，如通过承担社会责任向员工展现组织道德，通过道德领导提升下属道德关注等（见图 10-9）。

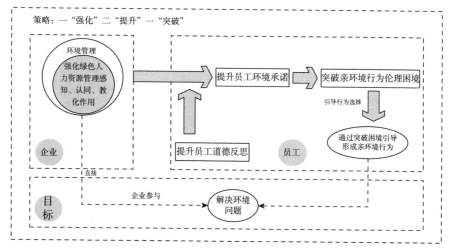

图 10-9　绿色人力资源管理视角下企业员工亲环境行为困境纾解路径

10.2.6.3　重视企业层面的推广促进作用

第一，在企业制度层面，促进企业可持续目标转型，强化绿色人力资源管理体系，建立环保监督机制。当企业在战略层面实施可持续发展转型，并通过企业绿色人力资源管理实践进行战略落地后，为保证两者的实施效果，企业需要建立合理、有效的环保监督机制，具体可以根据每个部门的不同特点设立不同导向的监督流程，例如结果导向或过程导向，并指定部门负责人进行统一管理与监督。同时，还应设计不同的监督主体，利用外部监督与自我监督双管齐下的方式，在强制实施的基础上给予员工自我反思成长的空间，促进员工实现企业环境绩效。企业能够通过环保宣传文稿与环保活动等强化企业内部的环保教育，在全面动员工参与的同时帮助员工树立环保理念。

第二，在企业领导层面，重视绿色导向角色期望的传播、培养，营造企业环保氛围，规范组织内个体绿色行为，激励促进员工跨边界绿色行为。其一，管理者要加强员工绿色导向角色期望一致性，让员工清晰明了地知道在企业中他应该如何做，以及企业及领导希望他如何做。管理者应将自身对员工的角色期望传递给员工本人，应该加强与员工的沟通，在加深相互了解、理解双方想法的情况下，改善角色期望的不合理之处，促进员工自身角色期望与企业对员工角色期望的一致性。其二，管理者应大力促进团队内的环保教育，帮助员工掌握有关环境保护的知识与技能，还可以设计相关的绿色竞争与反馈机制，在团队中鼓励环保争优，同时树立典型榜样，以帮助员工不断进行环保方面的自我调整与自我成长。其三，管理者可以通过提高环保培训的频率，使他们能够继续学习工作技术领域的新知识和新技能。这些知识与技能会被员工不由自主地运用解决家庭生活中的各种难题，维持家庭生活的和谐。此外，管理者还应尊重员工的劳动成果，给予他们行动的自由与权利，对表现优异的员工进行物质激励。这些管理者行为都会使员工获得更多的情感资源与物质资源，进而传递到员工家庭角色内，帮助员工在家庭中更有时间、精力与耐心处理家庭问题，并在家庭生活中保持良好的表现。

第三，在员工个体层面，加强组织环保教育，赋予其自由裁量权，加强绿色行为监督示范作用，重视绿色行为激励机制作用。其一，在实施绿色人力资源实践的背景下，可以通过对员工的宣传、教育、培训、激励等一系列绿色人力资源管理措施，改变员工对于环境保护的看法，帮助员工树立环保意识，培养环保手段与技能。其二，企业还应重视在环保领域给予员工足够的自由、尊重与权利。通过赋予自由裁量权，赋予员工实施亲环境行为的情感与意义感，同时企业能够帮助员工树立一种主人翁的意识，让他们能够自觉自愿地为实现企业环境绩效作贡献。其三，管理者应加强相应的监督、示范作用。在日常工作中，管理者可以通过巡检等方式发现员工工作过程中的不环保行为，并当场给予纠正，使员工的环保认识更加深刻。此外，准确识别符合企业环保要求的典型个体，将其列为榜样，并通过员工日报告等方式，使员工对一天中的工作行为进行自我反思，进行主动的纠正与改进。其四，企业管理人员在对绿色行为表现优异的员工给予更多领导者的情感支持与关怀的同时，还应加强绩效或薪酬方面的激励。

10.2.6.4　重视个体层面的跨界实施作用

第一，积极参与环保教育。对个人而言，应重视在实施绿色人力资源管理的企业中积极参与相关环保主题的培训以及社会宣传教育。这些有关环保的培训与教育能够帮助个体迅速掌握相关环保的知识、技能，帮助个体了解社会目前面临的环境问题。

第二，正视所面临的环境问题。个体应重视宣传教育的作用，其能够通过揭示社会环境问题的全貌，帮助公众树立一种"从我做起"的环保意识与环境责任感，从被动接受到主动探寻各种环保举措，从而正视社会环境问题。此外，个体还应该摆正自己的心态，正视环境问题的紧迫性与严峻性，主动参与相关绿色环保活动。

第三，全面履行环保义务。个体不能在工作场所实施了绿色行为便自我满足，而放任自己在家庭生活中忽视环保问题，造成道德许可效应的出现；反而应该在满足企业环保目标的同时，利用被企业激励所得的相关物质、情感等资源积极投资于自己的家庭生活中，在工作场所与家庭生活中共同履行自身的环保义务。

10.3　研究不足与未来展望

10.3.1　企业环境治理的组织层困境研究不足与未来展望

10.3.1.1　企业环境行为困境的研究不足与展望

涉及企业环境行为困境问题，本书第三章所进行的"内部视角下企业环境行为困境的价值回应：一项实证研究"对该问题进行了分析。在该部分研究中，存在以下的研究不足与展望。

第一，在一定程度上揭示了员工感知企业环境行为与员工组织公民行为之间的关系，但缺乏对中介的充分讨论。未来的研究可以调查更多的中介变量，例如情绪等，以探索它们在员工感知企业环境行为与员工行为之间的关系中的作用，并进一步深入了解这些中介的不同影响。

第二，该部分研究直接采用了以往研究的结果，将员工组织公民行为视为企业内部价值的直接代理。未来的研究可以扩展研究模型来验证员工组织公民行为对企业绩效（价值）的作用。

第三，该部分研究主要从环境战略制定、环境管理、绿色技术创新和绿色生产决策四个方面衡量了员工感知企业环境行为，未能对各个维度之间的关系进行深入的实证分析。因此，未来的研究可以探索员工感知企业环境行为与员工组织公民行为不同维度之间的关系，以便更深入地了解员工感知企业环境行为对组织的意义。

第四，该部分研究对所有类型的企业进行了数据收集。然而，有限的样本量可能会由于区域经济状况、污染水平和文化背景等复杂因素的交叉影响，数据分布特征出现偏差，未来建议可利用大数据进一步验证该研究结果。

10.3.1.2 企业 ESG 决策困境的研究不足与展望

涉及企业 ESG 决策困境问题，本书第三章所进行的"内部视角下企业 ESG 价值与绩效提升：一项实证研究"对该问题进行了回应。在该部分研究中，存在以下的研究不足与展望。

第一，该部分研究存在研究方法的局限。该部分研究主要采用实证方法，通过分析二手数据来研究领导团队的海外经历对企业 ESG 绩效的影响机制，但这不能完全反映公司的实际情况。因此，未来的研究可以采用深度访谈、问卷调查以及实验法等来探究影响公司绩效的其他重要因素，使得研究结论更加准确。另外，该部分研究企业 ESG 绩效采用的是商道融绿的衡量标准，但各评级机构之间的评级结果存在差异，可能会对实证结果产生一定的影响，未来研究可以考虑加入其他的测量办法。

第二，该部分研究的样本对象存在局限性。尽管该部分研究涵盖了商道融通数据库中具有 ESG 评级的 A 股上市公司，但是由于本土评级机构对上市公司的 ESG 评估还处于起步阶段，而且大多为自愿性的 ESG 信息披露。这意味着评估结果的覆盖面较窄、时间跨度较短，因此研究使用的样本量较小，可能存在着样本代表性不足的情况。故而，建议未来的研究可以在更全面及更宽泛的数据支撑基础上，从多个视角深入探讨我国上市公司高管团队特征与企业 ESG 绩效的驱动因素，例如不同行业中高管团队特征是如何影响企业 ESG 绩效以及不同行业之间的差异性。

第三，该部分研究在分析数据时没有扩展各变量的维度，以考察各维度的影响。企业 ESG 绩效包含环境绩效、社会绩效以及治理绩效，高管团队的海外经历会不同程度影响各个维度。因此，未来的研究可以探讨高管团队的海外经历对企业 ESG 绩效各个维度的影响。同时，高管团队的海外经历包括海外学习和海外工作的经历，这两种经历所产生的烙印也不完全相同，会不同程度影响企业 ESG 绩效。因此，在未来的研究中可以将高管团队的海外经历细化成海外学习和海外工作，甚至不同国家的海外经历，具体分析其对企业 ESG 绩效的影响。

第四，该部分研究仅仅考虑高管团队海外背景对企业 ESG 绩效的影响作用。未来的研究可以考虑其他高管团队背景特征对企业 ESG 绩效水平的影响，如高管团队环保经历、高管团队学术经历以及高管团队贫困经历等，也可以进一步探讨其他因素对高管团队背景特征与企业 ESG 绩效之间的"黑匣子"，如能力等，以期进一步丰富高管团队背景特征与企业 ESG 绩效之间关系的影响机制。

10.3.2 企业环境治理的个体层困境研究不足与未来展望

10.3.2.1 企业员工亲环境行为伦理困境结构与现状的研究不足与展望

本书第四章所进行的"员工亲环境行为视角下企业环境治理困境的内涵与结构"以及第五章所进行的"员工行为视角下企业环境治理困境现状与博弈分析"存在以下的研究不足与展望。

第一，该部分研究所得亲环境行为伦理困境的结构基于中国文化情境，且受疫情影响仅于线上进行数据收集，存在文化普适性和样本量局限性问题。后续研究可在参考本研究结论基础上，进一步进行多元文化背景下大样本量的问卷或现场实验等多元化调研。

第二，企业员工亲环境行为伦理困境的"生活质量、空间、关系、角色"四维结构，更加说明亲环境行为领域中产生的伦理冲突是自身多元利益或多个利益相关者自身利益之间产生矛盾的一种表现，而个体自身利益诉求的多元化和多个利益相关者之间利益诉求的多元化，都共同形成了空间、时间、关系等多维度上的层次差异特征，与利益层次有明显的关联性。在未来的研究中，可以将个体或群体的利益层次、伦理困境内部的多条因果链纳入同一研究框架，系统研究个体或组织的亲环境行为伦理困境形成的内在机理。

第三，该部分研究发现亲环境行为伦理困境与亲环境行为的关系不是简单的高困境—低行为或低困境—高行为，低困境存在劣质低困境与优质低困境两种情况。优质低困境最有可能导向亲环境行为自觉，相反，劣质低困境则会导向低程度的亲环境行为。虽然高困境限制了个体的亲环境行为自觉，但说明人们至少对亲环境行为自觉是发自肺腑的，亲环境行为伦理困境的频现并不意味着人们没有亲环境行为自觉的意向。因此，困境与行为的联系还需要进一步探索。未来的研究可以集中在亲环境行为伦理困境与亲环境行为之间的关系上，进一步探索如何让劣质低困境的人群先步入高困境，进一步走向优质低困境，从而推动全民亲环境行为自觉的实现。

10.3.2.2 空间导向利益分层视角下的研究不足与展望

本书第六章所进行的"企业环境治理个体层困境的成因与结果：空间导向利益分层的视角"存在以下的研究不足与展望。

第一，关于调研方面的不足，样本量不够充足。由于时间、公共卫生问题等方面的限制，该部分研究收集到的样本量可能比较少，未来的研究可以对样本量进行扩大。此外，虽然已经在问卷设计时特地加入了一项甄别题项，即"此题项请选'非常同意'"，由于各种客观因素，问卷收集时产生的误差还是比较大，会有答复者不够认真填的情况出现。未来的研究可以扩大样本量，并且可以将调研对象的地域范围扩大，进而可以研究变量的地域性差异。

第二，该部分研究主要聚焦企业员工在工作和家庭两个领域下的亲环境行为，但其实除了工作场所和家庭场所，企业员工的日常活动领域还包括公共领域，比如公园、广场、餐饮娱乐场所等。未来的研究可以把对不同空间下亲环境行为的影响研究扩展至公共空间场所，持续探究企业员工在全部空间下的亲环境行为。

第三，该部分研究只是停留在了个体层面，探究企业员工个体的工作—家庭界面环境价值观一致性、亲环境行为伦理困境与亲环境行为之间的关系，加入了个体的工作家庭分割偏好和环境特征场所约束性作为调节变量。未来的研究可以对其进行纵向扩展，进一步深入探究组织层面或者社会层面的相关变量在工作—家庭界面环境价值观一致性与员工亲环境行为伦理困境关系中的作用机制。

10.3.2.3 关系导向利益分层视角下的研究不足与展望

本书第七章所进行的"企业环境治理个体层困境的形成：关系导向利益分层的视角"分析存在以下的研究不足与展望。

第一，该部分研究只是限定在工作场所，人际圈层的划分也仅是包括了工作范围内的人群。事实上，家庭成员以及陌生人等的价值诉求也会对员工个体的亲环境行为伦理困境产生影响。未来的研究可以在该部分研究所得结论的基础上，拓展人际关系的圈层范围，将家人、朋友、陌生人等不同主体纳入人际圈层，形成更为完善的关系视角下员工利益分层结构。

第二，该部分研究探究了伦理型领导对于关系视角下员工利益分层冲突对亲环境行为伦理困境的负向干预机制，对工作场所员工亲环境行为的引导提供了理论依据。但领导类型往往不是单一的，多种领导类型的存在也会对这一路径造成不同的影响，未来的研究可以继续寻找能够对其造成干预的单一或多元领导类型，从而提出更为系统化的指导意见。此外，除了领导风格，还可以从组织氛围、员工自身的解释水平等角度出发，拓展破解这一困境的可能方式。

第三，该部分研究发现员工亲环境行为伦理困境的纠结与不纠结所导致的行为结果不是两种情况，而是三种情况：不纠结直接实施亲环境行为、不纠结直接不实施亲环境行为以及纠结状态下的犹豫行为。因此，未来的研究可以在该部分研究所得结论的基础上，强调亲环境行为伦理困境到亲环境行为自觉之间不是简单的高—低、低—高的负向影响情况，还需进一步探索在低亲环境行为伦理困境下如何产生高亲环境行为与低亲环境行为的边界条件。此外，再探究如何从低困境的环境行为不实施转变为高困境的环境行为不实施，再转变为低困境的环境行为实施，从而为国家和组织的环境策略提供更具有针对性的建议。

10.3.2.4 可持续发展型领导力视角下的研究不足与展望

本书第八章所进行的"员工亲环境行为伦理困境的纾解：可持续发展领导力的效用"存在以下的研究不足与展望。

第一，虽然该部分研究的初步结果为可持续发展型领导研究提供了一条新的途径，建立了可持续发展型领导与员工亲环境行为伦理困境间的研究模型，但未关注到不同层级领导对员工行为的不同影响效应。具体来说，为了充分理解可持续发展型领导在组织中的重要性，未来的研究可能需要处理一些根本性的未解决的问题。例如，在什么样的组织、文化、关系、团队和任务中，可持续发展型领导的实践是十分重要的，是否存在可持续发展型领导力失效的时候。有部分学者和实证研究表明，直接主管对员工行为的影响可能更大，但也有一些学者认为高层管理人员应该对员工的行为产生更大的影响，因此在未来的研究中需考虑领导所处的层级，在此基础上进行领导与员工间的配对样本数据分析，以此来提高研究结论的准确性。

第二，以往的研究表明感恩作为更广泛的生活取向的一部分，是能够提升个人幸福感的积极心理中最关键的积极情绪。并且感恩是个人在广泛的生活空间中体现出的积极的人格特质，是对生活中所涉及的事物的总体积极情感。并且这种积极的情绪作为一种有效的个人资源，也是某种具有道德意义的美德，能够促进个体与整个社会的有益交流和关系，使得个体在面临行为选择时对道德行为表现出更高的倾向性，同时对所处的道德情境有更加清晰的认识。因此，在未来的研究中，可以从个人特质出发，探究如感恩这样的积极情绪对于个体亲环境行为感知的影响。

第三，社会文化因素对于环境伦理、环境态度和环境行为的影响研究主要集中于环境心理学、环境社会学等领域。仅有少量的文献探讨了不同文化背景下人与自然关系的认知差异，未来的研究可通过大范围的数据搜集，分析各类特征在人口统计变量和工作变量上的差异性，提炼有价值的观点。

10.3.2.5 绿色人力资源管理视角下的研究不足与展望

本书第九章所进行的"企业环境治理个体层困境的纾解：绿色人力资源管理的视角"存在以下的研究不足与展望。

第一，该部分研究通过考察绿色人力资源管理对员工亲环境行为伦理困境的影响，以此作为化解员工亲环境行为伦理困境的依据，进而为提升员工亲环境行为水平提供新的思路。但在研究框架中没有将员工亲环境行为伦理困境与员工亲环境行为直接联系起来，缺少对员工亲环境行为的实证研究，未来的研究可以将亲环境行为加入研究模型，考察亲环境行为伦理困境到亲环境行为的关系。

第二，该部分研究在探讨绿色人力资源管理和员工亲环境行为伦理困境之间的中介机制时，仅关注了员工对自然环境的承诺即环境承诺水平的中介效应，缺少对员工对组织承诺的关注。未来的研究可以加入组织承诺这一中介变量，考察环境承诺和组织承诺双中介在企业绿色人力资源管理与员工亲环境行为伦理困境之间的中介效应。

第三，该部分研究重点考察了绿色人力资源管理的影响效应，但在数据收集过程中缺少对环保企业的关注，相关企业数据样本量不够充分。此外，由于问卷数据收集时间的限制，数据准确性也会受到一定影响。在对绿色人力资源管理数据收集的过程中，主要是通过员工感知的绿色人力资源管理水平来衡量，与企业真实绿色人力资源管理水平存在一定差异。未来的研究可以扩大样本收集范围，纳入环保型企业，同时以更科学的调研方式获取更广泛与真实的数据，克服问卷调研的主观性评分问题。

第四，该部分研究在考察绿色人力资源管理对员工环境承诺和员工亲环境行为伦理困境的影响效应过程中，仅考察了绿色人力资源管理这一变量的综合影响效应。而绿色人力资源管理作为人力资源管理的一种方式，该部分研究尚未考察各个模块如招聘、培训等对员工态度和行为的影响，因而不能提出更具体、更有针对性的绿色人力资源管理的实践建议。未来的研究可细化模型，对绿色人力资源管理各个模块进行单独研究，从而充分考察各个模块对员工环境承诺及员工亲环境行为伦理困境的差异性影响，为政策建议提供更有效、更精准的实证依据。

参考文献

[1] Chen H. , Chen F. , Huang X. , et al. , "Are Individuals' Environmental Behavior Always Consistent? —An Analysis Based on Spatial Difference," *Resources, Conservation and Recycling*, 2017, 125: 25-36.

[2] Sarkar, R. , "Public Policy and Corporate Environmental Behaviour: A Broader View," *Corporate Social Responsibility and Environmental Management*, 2008, 15 (5), 281-297.

[3] Blok, V. , Gremmen, B. , Wesselink, R. , "Dealing with the Wicked Problem of Sustainability. The Necessity of Virtuous Competence," Internal working paper, Wageningen University, 2014.

[4] Zhao, X. , Zhao, Y. , Zeng, S. & Zhang, S. , "Corporate Behavior and Competitiveness: Impact of Environmental Regulation on Chinese Firms," *Journal of Cleaner Production*, 2015, 86, 311-322.

[5] Ramus, C. A. , Killmer, A. B. , "Corporate Greening Through Prosocial Extrarole Behaviours-a Conceptual Framework for Employee Motivation," *Business Strategy and the Environment*, 2007, 16 (8), 554-570.

[6] Miroshnychenko, I. , Barontini, R. , Testa, F. , "Green Practices and Financial Performance: A Global Outlook," *Journal of Cleaner Production*, 2017, 147, 340-351.

[7] Chuang, S. P. , Huang, S. J. , "The Effect of Environmental Corporate Social Responsibility on Environmental Performance and Business Competitiveness: the Mediation of Green Information Technology Capital," *Journal of Business Ethics*, 2018, 150 (4), 991-1009.

[8] Testa, M. , D'Amato, A. , "Corporate Environmental Responsibility and Financial Performance: Does Bidirectional Causality Work? Empirical Evidence from

the Manufacturing Industry," *Social Responsibility Journal*, 2017, 13 (2), 221-234.

[9] Perc, M. , Szolnoki, A. , "Coevolutionary Games—a Mini Review," *BioSystems*, 2010, 99 (2), 109-125.

[10] Lyon, T. P. , Maxwell, J. W. , "Greenwash: Corporate Environmental Disclosure Under Threat of Audit," *Journal of Economics & Management Strategy*, 2011, 20 (1), 3-41.

[11] Li Miaomiao et al. , "The Moderating Role of Ethical Leadership on Nurses' Green Behavior Intentions and Real Green Behavior," *BioMed Research International*, 2021.

[12] Wang L. , Le Q. , Peng M. , et al. , "Does Central Environmental Protection Inspection Improve Corporate Environmental, Social, and Governance Performance? Evidence from China," *Business Strategy and the Environment*, 2022.

[13] Meng G. , Li J. , Yang X. , "Bridging the Gap Between State-Business Interactions and Air Pollution: The Role of Environment, Social Responsibility, and Corporate Governance Performance," *Business Strategy and the Environment*, 2023.

[14] Naeem N. , Çankaya S. , "The Impact of ESG Performance Over Financial Performance: A Study on Global Energy and Power Generation Companies," *International Journal of Commerce and Finance*, 2022, 8: 1-25.

[15] Zhou G. , Liu L. , Luo S. , "Sustainable Development, ESG Performance and Company Market Value: Mediating Effect of Financial Performance," *Business Strategy and the Environment*, 2022, 31 (7): 3371-3387.

[16] Zheng M. , Feng G. , Jiang R. , et al. , "Does Environmental, Social, and Governance Performance Move Together with Corporate Green Innovation in China?" *Business Strategy and the Environment*, 2023: 1-10.

[17] Atan R. , Alam M. M. , Said J. , et al. , "The Impacts of Environmental, Social, and Governance Factors on Firm Performance," *Management of Environmental Quality: An International Journal*, 2018, 29 (2): 182-194.

[18] Lu H. , Liu X. , Chen H. , et al. , "Who Contributed to 'Corporation Green' in China? A View of Public-and Private-sphere Pro-environmental Behavior Among Employees," *Resources, Conservation and*

Recyding, 2017, 120: 166-175.

[19] Lu H., Jiaxing Z., Chen H., et al., "Promotion or Inhibition? Moral Norms, Anticipated Emotion and Employee's Pro-environmental Behavior," *Journal of Cleaner Production*, 2020.

[20] Dubois C. L. Z., Dubois D. A., "Strategic HRM as Social Design for Environmental Sustainability in Organization," *Human Resource Management*, 2012, 51 (6): 799-826.

[21] Daily B. F., Bishop J. W., Govindarajulu N., "A Conceptual Model for Organizational Citizenship Behavior Directed Toward the Environment," *Business & Society*, 2009, 48 (2): 243-256.

[22] 黄琼彪:《环境伦理与生态工法》,《水土保持研究》2005 年第 5 期。

[23] 吾敬东:《儒家伦理讨论中的六大概念问题》,《现代哲学》2006 年第 5 期。

[24] 李建华:《伦理与道德的互释及其侧向》,《武汉大学学报》(哲学社会科学版) 2020 年第 3 期。

[25] 尧新瑜:《"伦理"与"道德"概念的三重比较义》,《伦理学研究》2006 年第 4 期。

[26] 何怀宏:《伦理学是什么》,北京大学出版社,2002。

[27] 包利民:《生命与罗各斯——希腊伦理思想史论》,东方出版社,1996。

[28] 梁燕成、万俊仁:《后现代走向下的伦理志向与文化更新》,《开放时代》2000 年第 9 期。

[29] 〔德〕黑格尔:《法哲学原理》,范扬、张企泰译,商务印书馆,1982。

[30] 〔英〕休谟:《人性论》(下册),关文运译,商务印书馆,1996。

[31] 〔德〕黑格尔:《法哲学原理》,商务印书馆,1996。

[32] 《马克思恩格斯全集》(第 1 卷),人民出版社,1995。

[33] 廖申白:《伦理学概论》,北京师范大学出版社,2009。

[34] Podsakoff, P. M., MacKenzie, S. B., Paine, J. B., Bachrach, D. G., "Organizational Citizenship Behaviors: A Critical Review of the Theoretical

and Empirical Literature and Suggestions for Future Research," *Journal of Management*, 2000, 26（3）, 513-563.

［35］Buil, I., Martínez, E., Matute, J., "Transformational Leadership and Employee Performance: The Role of Identification, Engagement and Proactive Personality," *International Journal of Hospitality Management*, 2019, 77, 64-75.

［36］He, J., Zhang, H., Morrison, A. M., "The Impacts of Corporate Social Responsibility on Organization Citizenship Behavior and Task Performance in Hospitality: A Sequential Mediation Model," *International Journal of Contemporary Hospitality Management*, 2019.

［37］Li P., "Top Management Team Characteristics and Firm Internationalization: The Moderating Role of the Size of Middle Managers," *International Business Review*, 2018, 27（1）: 125-138.

［38］郑明波:《高管海外经历、专业背景与企业技术创新》,《中国科技论坛》2019 年第 10 期。

［39］杨娜、陈烨、李昂:《高管海外经历、管理自主权与企业后续海外并购等待时间》,《国际贸易问题》2019 年第 9 期。

［40］贺亚楠、陈芙瑶、郝盼盼:《高管海外经历多元化与企业研发投入——基于国籍的维度》,《科技管理研究》2021 年第 14 期。

［41］袁然、魏浩:《高管海外经历与中国企业国际化》,《财贸研究》2022 年第 5 期。

［42］张继德、张家轩:《高管海外经历与企业跨国并购——基于动因视角的研究》,《审计与经济研究》2022 年第 5 期。

［43］宋建波、文雯、王德宏:《海归高管能促进企业风险承担吗——来自中国 A 股上市公司的经验证据》,《财贸经济》2017 年第 12 期。

［44］Dauth T., Pronnbis P., Schmid S., "Exploring the Link between Internationalization of Top Management and Accounting Quality: The CFO's International Experience Matters," *International Business Review*, 2017, 26（1）: 71-88.

［45］柳光强、孔高文:《高管海外经历是否提升了薪酬差距》,《管理世界》2018 年第 8 期。

［46］刘继红:《高管海外经历是否降低了企业汇率风险?》,《中南财经

政法大学学报》2019 年第 6 期。

［47］Wen W.，Cui H.，Ke Y.，"Directors with Foreign Experience and Corporate Tax Avoidance," *Journal of Corporate Finance*，2020，62：101624.

［48］高迎雪：《高管海外背景对高危行业安全信息披露水平的影响研究》，硕士学位论文，山东财经大学，2021。

［49］刘佳、刘叶云：《高管团队海外经历与企业避税行为》，《兰州财经大学学报》2022 年第 2 期。

［50］Dai O.，Liu X.，"Returnee Entrepreneurs and Firm Performance in Chinese High-technology Industries," *International Business Review*，2009，18 (4)：373–386.

［51］Slater D. J.，Dixon-fowler H. R.，"CEO International Assignment Experience and Corporate Social Performance," *Journal of Business Ethics*，2009，89 (3)：473–489.

［52］Giannetti M.，Liao G.，Yu X.，"The Brain Gain of Corporate Boards：Evidence from China," *The Journal of Finance*，2015，70 (4)：1629–1682.

［53］周中胜、贺超、韩燕兰：《高管海外经历与企业并购绩效：基于"海归"高管跨文化整合优势的视角》，《会计研究》2020 年第 8 期。

［54］衣长军、赵晓阳、黄媄：《高管海外背景、进入模式与跨国企业海外子公司生存绩效》，《经济理论与经济管理》2022 年第 8 期。

［55］Chen W.，Zhu Y.，Wang C.，"Executives' Overseas Background and Corporate Green Innovation," *Corporate Social Responsibility and Environmental Management*，2023，30 (1)：165–179.

［56］Xu Z.，Hou J.，*Effects of CEO Overseas Experience on Corporate Social Responsibility：Evidence from Chinese Manufacturing Listed Companies：Sustainability*，2021：13.

［57］卜国琴、耿宇航：《海外背景高管对企业 ESG 表现的影响——基于 A 股上市公司的实证检验》，《工业技术经济》2023 年第 5 期。

［58］Gifford R.，"The Dragons of Inaction：Psychological Barriers That Limit Climate Change Mitigation and Adaptation," *American psychologist*，2011，66 (4)：290.

［59］McCann J.，Sweet M.，"The Perceptions of Ethical and Sustainable

Leadership," *Journal of Business Ethics*, 2014, 121 (3): 373-383.

［60］Brown, M. E. , Trevino, L. K. , "Ethical Leadership: A Review and Future Directions," *The Leadership Quarterly*, 2006, 17 (6): 595-616.

［61］Peterlin, J. , Pearse, N. J. , Dimovski, V. , "Strategic Decision Making for Organizational Sustainbility: The Implications of Servant Leadership and Sustainable Leadership Approaches," *Economic & Business Review*, 2015, 17 (3): 273-290.

［62］Bendell, J. , Sutherland, N. , Little, R. , "Beyond Unsustainable Leadership: Critical Social Theory for Sustainable Leadership," *Sustainability Accounting, Management and Policy Journal*, 2017, 8 (4): 418-444.

［63］Burawat, P. , "The Relationships Among Transformational Leadership, Sustainable Leadership, Lean Manufacturing and Sustainability Performance in Thai SMEs Manufacturing Industry," *International Journal of Quality & Reliability Management*, 2019, Vol. 36 No. 6, pp. 1014-1036, https://doi.org/10.1108/IJQRM-09-2017-0178.

［64］Milliman, J. Clair, J. , "Best Environmental HRM Practices in the US". In W Wehrmeyer (ed) *Greening People: Human Resource and Environmental Management*, 1996, 49-74. Greenleaf Publishing, Shefffield, U. K.

［65］Renwick D. W. S, Redman T. , Maguire S. , "Green Human Resource Management: A Review and Research Agenda," *International Journal of Management Reviews*, 2013, 15 (1): 1-14.

［66］Kramar R. , "Beyond Strategic Human Resource Management: Is Sustainable Human Resource Management the Next Approach?" *The International Journal of Human Resource Management*, 2014, 25 (8): 1069-1089.

［67］唐贵瑶、陈琳、陈扬、刘松博:《高管人力资源管理承诺、绿色人力资源管理与企业绩效:企业规模的调节作用》,《南开管理评论》2019年第4期。

［68］Ren S. , Tang G. , Jackson S. E. , "Green Human Resource Management Research in Emergence: A Review and Future Directions," *Asia Pacific Journal of Management*, 2018, 35 (3): 769-803.

［69］Saeed, B. B. , Afsar, B. , Hafeez, S. , Khan, I. , Tahir, M. ,

Afridi, M. A. , "Promoting Employee's Proenvironmental Behavior Through Green Human Resource Management Practices," *Corporate Social Responsibility and Environmental Management*, 2019, 26 (2), 424-438.

[70] Shen J. , Dumont J. , Deng X. , "Employees' Perceptions of Green HRM and Non-green Employee Work Outcomes: The Social Identity and Stakeholder Perspectives," *Group & Organization Management*, 2018, 43 (4): 594-622.

[71] Ones D. S. , Dilchert S. , "Environmental Sustainability at Work: A Call to Action," *Industrial and Organizational Psychology*, 2012, 5 (4): 444-466.

[72] Masri H. A. , Jaaron A. A. M. , "Assessing Green Human Resources Management Practices in Palestinian Manufacturing Context: An Empirical Study," *Journal of Cleaner Production*, 2017, 143: 474-489.

[73] Shah S. H. A. , Cheema S. , Al-Ghazali B. M. , et al. , "Perceived Corporate Social Responsibility and Pro-environmental Behaviors: The Role of Organizational Identification and Coworker Pro-environmental Advocacy," *Corporate Social Responsibility and Environmental Management*, 2021, 28 (1): 366-377.

[74] Serrano Archimi C. , Reynaud E. , Yasin H. M. , et al. , "How Perceived Corporate Social Responsibility Affects Employee Cynicism: The Mediating Role of Organizational Trust," *Journal of Business Ethics*, 2018, 151 (4): 907-921.

[75] Afridi S. A. , Afsar B. , Shahjehan A. , et al. , "Retracted: Perceived Corporate Social Responsibility and Innovative Work Behavior: The Role of Employee Volunteerism and Authenticity," *Corporate Social Responsibility and Environmental Management*, 2020, 27 (4): 1865-1877.

[76] Su L. , Swanson S. R. , "Perceived Corporate Social Responsibility's Impact on the Well-being and Supportive Green Behaviors of Hotel Employees: The Mediating Role of the Employee-corporate Relationship," *Tourism Management*, 2019, 72: 437-450.

[77] Glavas A. , Kelley K. , "The Effects of Perceived Corporate Social Responsibility on Employee Attitudes," *Business Ethics Quarterly*, 2014, 24 (2): 165-202.

［78］ Raza A. , Farrukh M. , Iqbal M. K. , et al. , "Corporate Social Responsibility and Employees' Voluntary Pro-environmental Behavior: The Role of Organizational Pride and Employee Engagement," *Corporate Social Responsibility and Environmental Management*, 2021, 28 (3): 1104-1116.

［79］ Robertson J. L. , Barling J. , "Toward a New Measure of Organizational Environmental Citizenship Behavior," *Journal of Business Research*, 2017, 75: 57-66.

［80］ Cheema S. , Afsar B. , Javed F. , "Employees' Corporate Social Responsibility Perceptions and Organizational Citizenship Behaviors for the Environment: The Mediating Roles of Organizational Identification and Environmental Orientation Fit," *Corporate Social Responsibility and Environmental Management*, 2020, 27 (1): 9-21.

［81］ 王禹、王浩宇、薛爽：《税制绿色化与企业 ESG 表现——基于〈环境保护税法〉的准自然实验》，《财经研究》2022 年第 9 期。

［82］ Wang W. , Yu Y. , Li X. , "ESG Performance, Auditing Quality, and Investment Efficiency: Empirical Evidence from China," *Frontiers in Psychology*, 2022, 13.

［83］ 王晓红、栾翔宇、张少鹏：《企业研发投入、ESG 表现与市场价值——企业数字化水平的调节效应》，《科学学研究》2023 年第 5 期。

［84］ 胡洁、韩一鸣、钟咏：《企业数字化转型如何影响企业 ESG 表现——来自中国上市公司的证据》，《产业经济评论》2023 年第 1 期。

［85］ Kang M. , Oh S. , Lee H. , "The Association between Outside Directors' Compensation and ESG Performance: Evidence from Korean Firms," *Sustainability*, 2022, 14 (19): 11886.

［86］ 柳学信、李胡扬、孔晓旭：《党组织治理对企业 ESG 表现的影响研究》，《财经论丛》2022 年第 1 期。

［87］ Vanegas-rico M-C. , Corral-verdugo V. , Ortega-andeane P. , et al. , "Intrinsic and Extrinsic Benefits as Promoters of Pro-environmental Behaviour/Beneficios Intrínsecos y Extrínsecos Como Promotores de la Conducta Proambiental ," *Psyecology*, 2018, 9 (1): 33-54.

［88］ Klein S. A. , Hilbig B. E. , Heck D. W. , "Which Is the Greater Good? A Social Dilemma Paradigm Disentangling Environmentalism and

Cooperation," *Journal of Environmental Psychology*, 2017, 53: 40-49.

[89] Tam K. P. , Chan H. W. , "Environmental Concern Has a Weaker Association with Pro-environmental Behavior in Some Societies Than Others: A Cross-cultural Psychology Perspective," *Journal of Environmental Psychology*, 2017, 53: 213-223.

[90] Stuart, D. , "Constrained Choice and Ethical Dilemmas in Land Management: Environmental Quality and Food Safety in California Agriculture," *Journal of Agricultural and Environmental Ethics*, 2009, 22 (1), 53.

[91] Cary, J. W. , Wilkinson, R. L. , "Perceived Profitability and Farmers' Conservation Behaviour," *Journal of Agricultural Economics*, 1997, 48 (1-3), 13-21.

[92] Battershill, M. R. , Gilg, A. W. , "Socio-economic Constraints and Environmentally Friendly Farming in the Southwest of England," *Journal of Rural Studies*, 1997, 13 (2), 213-228.

[93] Wiernik B. M. , Dilchert S. , Ones D. S. , "Age and Employee Green Behaviors: A Meta-analysis," *Frontiers in Psychology*, 2016, 7: 194.

[94] Al-Swidi A. , Saleh R. M. , "How Green Our Future Would Be? An Investigation of the Determinants of Green Purchasing Behavior of Young Citizens in a Developing Country," *Environment, Development and Sustainability*, 2021, 23 (9): 13436-13468.

[95] Lu H. , Zou J. , Chen H. , et al. , "Promotion or Inhibition? Moral Norms, Anticipated Emotion and Employee's Pro-environmental Behavior," *Journal of Cleaner Production*, 2020, 258: 120858.

[96] Bissing-Olson M. J. , Iyer A. , Fielding K. S. , et al. , "Relationships between Daily Affect and Pro-environmental Behavior at Work: The Moderating Role of Pro-environmental Attitude," *Journal of Organizational Behavior*, 2013, 34 (2): 156-175.

[97] Huang H. , "Media Use, Environmental Beliefs, Self-efficacy, and Pro-environmental Behavior," *Journal of Business Research*, 2016, 69 (6): 2206-2212.

[98] Choong Y. O. , Ng L. P. , Tee C. W. , et al. , "Green Work Climate and Pro-environmental Behaviour among Academics: The Mediating Role

of Harmonious Environmental Passion," *International Journal of Management Studies*, 2019, 26 (2): 77-97.

[99] Rezvani Z., Jansson J., Bengtsson M., "Cause I'll Feel Good! An Investigation Into the Effects of Anticipated Emotions and Personal Moral Norms on Consumer Pro-environmental Behavior," *Journal of Promotion Management*, 2017, 23 (1): 163-183.

[100] Eilam E., Trop T., "Environmental Attitudes and Environmental Behavior—Which Is the Horse and Which Is the Cart?" *Sustainability*, 2012, 4 (9): 2210-2246.

[101] Afsar B., Badir Y., Kiani U. S., "Linking Spiritual Leadership and Employee Pro-environmental Behavior: The Influence of Workplace Spirituality, Intrinsic Motivation, and Environmental Passion," *Journal of Environmental Psychology*, 2016, 45: 79-88.

[102] Wu Q., Cherian J., Samad S., et al., "The Role of CSR and Ethical Leadership to Shape Employees' Pro-environmental Behavior in the Era of Industry 4.0. A Case of the Banking Sector," *Sustainability*, 2021, 13 (17): 9773.

[103] Faraz N. A., Ahmed F., Ying M., et al., "The Interplay of Green Servant Leadership, Self-efficacy, and Intrinsic Motivation in Predicting Employees' Pro-environmental Behavior," *Corporate Social Responsibility and Environmental Management*, 2021, 28 (4): 1171-1184.

[104] Norton T. A., Zacher H., Ashkanasy N. M., "On the Importance of Pro-environmental Organizational Climate for Employee Green Behavior," *Industrial and Organizational Psychology*, 2012, 5 (4): 497-500.

[105] Gkorezis P., "Supervisor Support and Pro-environmental Behavior: the Mediating Role of LMX," *Management Decision*, 2015.

[106] Dumont J., Shen J., Deng X., "Effects of Green HRM Practices on Employee Workplace Green Behavior: The Role of Psychological Green Climate and Employee Green Values," *Human Resource Management*, 2017, 56 (4): 613-627.

[107] Einhorn H. J., Hogarth R. M., "Behavioral Decision Theory:

Processes of Judgement and Choice," *Annual Review of Psychology*, 1981, 32 (1): 53-88.

[108] Kelly-Woessner A. C., *Hierarchy of Interests: the Role of Self-interest, Group-identity, and Sociotropic Politics in Political Attitudes and Participation*, The Ohio State University, 2001.

[109] 李渊、赖晓霞、王德:《基于居民空间利益分析的社区型景区提升策略——行为视角与鼓浪屿案例研究》,《地理与地理信息科学》2017 年第 3 期。

[110] Bugental D. B., "Acquisition of the Algorithms of Social Life: A Domain-based Approach," *Psychological Bulletin*, 2000, 126 (2): 187.

[111] 王兴中、秦瑞英、何小东等:《城市内部生活场所的微区位研究进展》,《地理学报》2004 年第 S1 期。

[112] Spence A., Poortinga W., Pidgeon N., "The Psychological Distance of Climate Change," *Risk Analysis*, 2012, 32 (6): 957-972.

[113] Hwang, Kwang-kuo, "Face and Favor: The Chinese Power Game," *American Journal of Sociology*, 1987, 92 (4): 944-974.

[114] Tsang, E. W., "Can Guanxi Be a Source of Sustained Competitive Advantage for Doing Business in China?" *Academy of Management Perspectives*, 1998, 12 (2): 64-73.

[115] 杨中芳、彭泗清:《中国人人际信任的概念化:一个人际关系的观点》,《社会学研究》1999 年第 2 期。

[116] 杨宜音:《"自己人":信任建构过程的个案研究》,《社会学研究》1999 年第 2 期。

[117] DeWall C. N., Baumeister R. F., Gailliot M. T., et al., "Depletion Makes the Heart Grow Less Helpful: Helping as a Function of Self-regulatory Energy and Genetic Relatedness," *Personality & Social Psychology Bulletin*, 2008, 34 (12): 1653-1662.

[118] Hoffman M. L., "Developmental Synthesis of Affect and Cognition and Its Implications for Altruistic Motivation," *Developmental Psychology*, 1975, 11 (5): 607.

[119] Maner, J. K., Gailliot, M. T., "Altruism and Egoism: Prosocial

Motivations for Helping Depend on Relationship Context," *European Journal of Social Psychology*, 2007, 37（2）, 347－358, https：//doi. org/10. 1002/ejsp. 364.

［120］Suriyankietkaew S. , Avery G. , "Sustainable Leadership Practices Driving Financial Performance：Empirical Evidence from Thai SMEs," *Sustainability*, 2016, 8（4）：327.

［121］魏锦秀、李岫：《绿色人力资源管理：一种新的管理理念》，《甘肃科技纵横》2006 年第 2 期。

［122］赵素芳、周文斌：《我国绿色人力资源管理研究现状、实施障碍与研究展望》，《领导科学》2019 年第 10 期。

［123］吴晓：《我国中小民营企业解决人才流失困境的措施探讨——基于绿色人力资源管理理论和 AMO 理论》，《现代商贸工业》2020 年第 24 期。

［124］Lu H. , Yang F. , Xu S. , Liu X. , Yang Z. L. , "Is Corporate Greening Benefical? Exploring the Relationship between Perceived Corporate Enviromental Behavior and Organicational Citizenship Behavior," Business Strategy and the Enviroment, 2023, 32（4）：2360－2372.

［125］Organ D. W. , *Organizational Citizenship Behavior：The Good Soldier Syndrome*, Lexington Books/DC Heath and Com, 1988.

［126］Podsakoff, P. M. , MacKenzie, S. B. , Paine, J. B. , Bachrach, D. G. , "Organizational Vitizenship Behaviors：A Critical Review of the Theoretical and Empirical Literature and Suggestions for Future Research," *Journal of Management*, 2000, 26（3）, 513－563.

［127］Podsakoff, N. P. , Podsakoff, P. M. , MacKenzie, S. B. , Maynes, T. D. , Spoelma, T. M. , "Consequences of Unit-level Organizational Citizenship Behaviors：A Review and Recommendations for Future Research," *Journal of Organizational Behavior*, 2014, 35（S1）, S87－S119.

［128］May, D. R. , Gilson, R. L. , Harter, L. M. , "The Psychological Conditions of Meaningfulness, Safety and Availability and the Engagement of the Human Spirit at Work," *Journal of Occupational and Organizational Psychology*, 2004, 77（1）, 11-37.

[129] Spreitzer G. M. , "Psychological Empowerment in the Workplace: Dimensions, Measurement, and Validation," *Academy of Management Journal*, 1995, 38 (5): 1442-1465.

[130] Glavas A. , Kelley K. , "The Effects of Perceived Corporate Social Responsibility on Employee Attitudes," *Business Ethics Quarterly*, 2014, 24 (2): 165-202.

[131] Brieger S. A. , Anderer S. , Fröhlich A. , et al. , "Too Much of a Good Thing? On the Relationship between CSR and Employee Work Addiction," *Journal of Business Ethics*, 2020, 166 (2): 311-329.

[132] Steger M. F. , Dik B. J. , Duffy R. D. , "Measuring Meaningful Work: The Work and Meaning Inventory (WAMI)," *Journal of Career Assessment*, 2012, 20 (3): 322-337.

[133] Cable D. M. , DeRue D. S. , "The Convergent and Discriminant Validity of Subjective Fit Perceptions," *Journal of Applied Psychology*, 2002, 87 (5): 875.

[134] Julian C. H. , Valente J. M. , "Psychosocial Factors Related to Returning to Work in US Army Soldiers," *Work*, 2015, 52 (2): 419-431.

[135] Hansen S. D. , Dunford B. B. , Boss A. D. , et al. , "Corporate Social Responsibility and the Benefits of Employee Trust: A Cross-disciplinary Perspective," *Journal of Business Ethics*, 2011, 102: 29-45.

[136] Dutton J. E. , Dukerich J. M. , Harquail C. V. , "Organizational Images and Member Identification," *Administrative Science Quarterly*, 1994: 239-263.

[137] Hoffman A. J. , "Linking Organizational and Field-level Analyses: The Diffusion of Corporate Environmental Practice," *Organization & Environment*, 2001, 14 (2): 133-156.

[138] Hogg M. A. , Terry D. I. , "Social Identity and Self-categorization Processes in Organizational Contexts," *Academy of Management Review*, 2000, 25 (1): 121-140.

[139] Rosso B. D. , Dekas K. H. , Wrzesniewski A. , "On the Meaning of Work: A Theoretical Integration and Review," *Research in Organizational Behavior*, 2010, 30: 91-127.

［140］Leunissen J. M., Sedikides C., Wildschut T., et al., "Organizational Nostalgia Lowers Turnover Intentions by Increasing Work Meaning: The Moderating Role of Burnout," *Journal of Occupational Health Psychology*, 2018, 23 (1): 44.

［141］Malik M. E., Naeem B., Ali B. B., "How Do Workplace Spirituality and Organizational Citizenship Behaviour Influence Sales Performance of FMCG Sales Force," *Interdisciplinary Journal of Contemporary Research in Business*, 2011, 3 (8): 610-620.

［142］Burrin, P., "How Meaningful Work is Key to Employee Engagement," *Retrieved*, 2018, from https://www.sagepeople.com/about-us/news-hub/how-meaningful-work-is-key-toemployeeengagement/.

［143］Hoffman B. J., Woehr D. J., "A Quantitative Review of the Relationship between Person-organization Fit and behavioral Outcomes," *Journal of Vocational Behavior*, 2006, 68 (3): 389-399.

［144］Edwards J. R., Cable D. M., "The Value of Value Congruence," *Journal of Applied Psychology*, 2009, 94 (3): 654.

［145］Wong W. C., Batten J. A., Ahmad A. H., et al., "Does ESG Certification Add Firm Value?" *Finance Research Letters*, 2021, 39: 101593.

［146］Nekhili M., Boukadhaba A., Nagati H., et al., "ESG Performance and Market Value: the Moderating Role of Employee Board Representation," *International Journal of Human Resource Management*, 2021, 32 (14): 3061-3087.

［147］王晓红、栾翔宇、张少鹏：《企业研发投入，ESG 表现与市场价值——企业数字化水平的调节效应》，《科学学研究》2023 年第 5 期。

［148］Zhou G., Liu L., Luo S., "Sustainable Development, ESG Performance and Company Market Value: Mediating Effect of Financial Performance," *Business Strategy and the Environment*, 2022, 31 (7): 3371-3387.

［149］La Torre M., Leo S., Panetta I. C., "Banks and Environmental, Social and Governance Drivers: Follow the Market or the Authorities?" *Corporate Social Responsibility and Environmental Management*, 2021, 28 (6): 1620-1634.

［150］Liu P., Zhu B., Yang M., et al., "ESG and Financial Performance: A Qualitative Comparative Analysis in China's New Energy

Companies," *Journal of Cleaner Production*, 2022, 379: 134721.

［151］王双进、田原、党莉莉：《工业企业 ESG 责任履行、竞争战略与财务绩效》，《会计研究》2022 年第 3 期。

［152］Zheng Y., Wang B., Sun X., et al., "ESG Performance and Corporate Value: Analysis from the Stakeholders' Perspective," *Frontiers in Environmental Science*, 2022, 10: 1084632.

［153］Atan R., Alam M. M., Said J., et al., "The Impacts of Environmental, Social, and Governance Factors on Firm Performance," *Management of Environmental Quality: An International Journal*, 2018, 29 (2): 182-194.

［154］Marquis C., Tilcsik A., "Imprinting: Toward a Multilevel Theory," *Academy of Management Annals*, 2013, 7 (1): 195-245.

［155］Hambrick D. C., Mason P. A., "Upper Echelons: The Organization as a Reflection of Its Top Managers," *Academy of Management Review*, 1984, 9 (2): 193-206.

［156］乔鹏程、徐祥兵：《管理层海外经历、短视主义与企业创新：有调节的中介效应》，《科技进步与对策》2022 年第 19 期。

［157］Feng G., Hu X., Wang K., et al., "Executives' Foreign Work Experience and International Knowledge Spillovers: Evidence from China," *Emerging Markets Finance and Trade*, 2023, 59 (3): 754-771.

［158］刘迫、池国栋、刘嫦：《董事海外经历、双元创新与企业价值》，《科技进步与对策》2021 年第 12 期。

［159］李彤彤：《上市公司 ESG 表现与财务绩效的交互跨期影响检验》，硕士学位论文，山东财经大学，2021。

［160］张琳、赵海涛：《企业环境、社会和公司治理（ESG）表现影响企业价值吗？——基于 A 股上市公司的实证研究》，《武汉金融》2019 年第 10 期。

［161］Wang L., Le Q., Peng M., et al., "Does Central Environmental Protection Inspection Improve Corporate Environmental, Social, and Governance Performance? Evidence from China," *Business Strategy and the Environment*, 2022.

［162］Fang M., Nie H., Shen X., "Can Enterprise Digitization

Improve ESG Performance?" *Economic Modelling*, 2023, 118: 106101.

[163] 席龙胜、赵辉:《企业 ESG 表现影响盈余持续性的作用机理和数据检验》,《管理评论》2022 年第 9 期。

[164] He F., Du H., Yu B., "Corporate ESG Performance and Manager Misconduct: Evidence from China," *International Review of Financial Analysis*, 2022, 82: 102201.

[165] 宋建波、文雯:《董事的海外背景能促进企业创新吗?》,《中国软科学》2016 年第 11 期。

[166] 张璇、李子健、李春涛:《银行业竞争、融资约束与企业创新——中国工业企业的经验证据》,《金融研究》2019 年第 10 期。

[167] 蔡春、李明、和辉:《约束条件、IPO 盈余管理方式与公司业绩——基于应计盈余管理与真实盈余管理的研究》,《会计研究》2013 年第 10 期。

[168] Hausman J., "Specification Tests in Econometrics," *Applied Econometrics*, 1978, 38: 112-134.

[169] Gao J., Chu D., Zheng J., et al., "Environmental, Social and Governance Performance: Can It Be a Stock Price Stabilizer?" *Journal of Cleaner Production*, 2022, 379: 134705.

[170] Broadstock D. C., Chan K., Cheng L. T. W., et al., "The Role of ESG Performance During Times of Financial Crisis: Evidence from COVID-19 in China," *Finance Research Letters*, 2021, 38: 101716.

[171] Irwin K., Berigan N., "Trust, Culture, and Cooperation: a Social Dilemma Analysis of Pro-environmental Behaviors," *The Sociological Quarterly*, 2013, 54 (3): 424-449.

[172] Khachatryan H., Joireman J., Casavant K., "Relating Values and Consideration of Future and Immediate Consequences to Consumer Preference for Biofuels: A Three-dimensional Social Dilemma Analysis," *Journal of Environmental Psychology*, 2013, 34: 97-108.

[173] Heberlein, T. A., "The Land Ethic Realized: Some Social Psychological Explanations for Changing Environmental Attitudes," *Journal of Social Issues*, 1972, 28 (4): 79-87.

［174］张晓平:《新编伦理学》,四川大学出版社,2011。

［175］Rathert C., May D. R., Chung H. S., "Nurse Moral Distress: A Survey Identifying Predictors and Potential Interventions," *International Journal of Nursing Studies*, 2016, 53: 39-49.

［176］Beauchamp, T. L., "Principlism and Its Alleged Competitors," *Kennedy Institute of Ethics Journal*, 1995, 5 (3): 181-198.

［177］Childress J. F., *Ethical Theories, Principles, and Casuistry in Bioethics: An Interpretation and Defense of Principlism*, Religious Methods and Resources in Bioethics. Springer Netherlands, 1994.

［178］Walker L. O., "Strategies for Theory Construction in Nursing," *Pearson Schweiz Ag*, 2010, 44 (44): 434-436.

［179］Kim, M. Y., Park, H. J., "Concepts Analysis of Ethical Dilemma," *Journal of Korean Academy of Nursing Administration*, 2005, 11 (2): 185-194.

［180］Davis A. J., "Ethical Dilemmas and Nursing Practice," *The Linacre Quarterly*, 1977, 44 (4): 5.

［181］Sofia Kälvemark, Anna T. Höglund, Hansson M. G., et al., "Living with Conflicts-ethical Dilemmas and Moral Distress in the Health Care System," *Social Science & Medicine*, 2004, 58 (6): 1075-1084.

［182］韩东屏:《论道德困境》,《哲学动态》2011 年第 11 期。

［183］吴沁芳:《伦理困境与和谐诉求:当代社会变迁下的伦理现象透视》,中国社会科学出版社,2012。

［184］金新:《国际保护责任的伦理困境》,《伦理学研究》2016 年第 5 期。

［185］Ehnert, I., *The Notion and Nature of Dilemma. In Sustainable Human Resource Management: A Conceptual and Exploratory Analysis from a Paradox Perspective*, essay, Physica-Verlag, 2011.

［186］Jameton, A., *Nursing Practice: The Ethical Issues*, Englewood Cliffs, NJ: Prentice-Hall, 1984.

［187］Rosalind Hursthouse, *On Virtue Ethics*, New York: Oxford University Press, 1999.

［188］ George Bernard Shaw Quotes. （n. d. ）, Quotes. net. Retrieved April 5, 2022, https：//www. quotes. net/quote/394. https：//en. wikiquote. org/wiki/Talk：George_Bernard_Shaw.

［189］ Beevers C. G. , Gibb B. E. , McGeary J. E. , Miller I. W. , "Serotonin Transporter Genetic Variation and Biased Attention for Emotional Word Stimuli among Psychatric Inpatients," *Abnorm. Psychol.* 2007, 11, 208-212.

［190］ Nisbett, R. E. , Peng, K. , Choi, I. , Norenzayan, A, " 'Culture and Systems of Thought': Holistic Versus Analytic Cognition," *Psychological Review*, 2001, 108：291.

［191］ Henrich, J. , *The Secret of Our Success: How Culture is Driving Human Evolution, Domesticating Our Species, and Making Us Smarter*, Princeton Univ. Press, Princeton, NJ, 2016.

［192］ Richerson, P. J. , Boyd, R. , *Not by Genes Alone: How Culture Transformed Human Evolution*, Univ. Chicago Press, Chicago, IL, 2008.

［193］ Schwartz, S. H. , "Normative Influences on Altruism," *Adv. Exp. Soc. Psychol.* 1997, 10, 221-279.

［194］ Olive, A. , *Land, Stewardship, and Legitimacy: Endangered Species Policy in Canada and the United States*, Univ. Toronto Press, Toronto, 2014.

［195］ Chudek, M. , Henrich, J. , "Culture-gene Coevolution, Norm-psychology and the Emergence of Human Prosociality," *Trends Cogn. Sci.* 2011, 15, 218-226.

［196］ Gintis, H. , "The Hitchhiker's Guide to Altruism: Gene-culture Coevolution and the Internalization of Norms," *J. Theor. Biol.* 2003, 220, 407-418.

［197］ Boyd, R. , Richÿerson, P. J. , "Culture and the Evolution of Human Cooperation," *Phil. Trans. R. Soc. B* 2009, 36 (4), 3281-3288.

［198］ In Kim Sterelny, Richard Joyce, Brett Calcott, Ben Fraser (eds.), *Cooperation and its Evolution*, MIT Press. 2013 pp. 425.

［199］ Davis T. , Hennes E. P. , Raymond L. , "Cultural Evolution of Normative Motivations for Sustainable Behaviour," *Nature Sustainability*, 2018,

1（5）：218-224.

［200］Henrich, J., *The Secret of Our Success: How Culture is Driving Human Evolution, Domesticating Our Species, and Making Us Smarter*, Princeton Univ. Press, Princeton, NJ, 2016.

［201］Rosalind Hursthouse., *On Virtue Ethics*, New York: Oxford University Press, 1999.

［202］Russel C. J., Muthukrishna M. （2018）"Dual Inheritance Theory," In: Shackelford T., Weekes-Shackelford V. （eds） *Encyclopedia of Evolutionary Psychological Science*, Springer, Cham. https://doi.org/10.1007/978-3-319-16999-6_1381-1.

［203］Cavalli-Sforza L. L., Feldman M. W., *Cultural Transmission and Evolution: A Quantitative Approach*, Princeton University Press, 1981.

［204］Brown, G. R., Richerson, P. J., "Applying Evolutionary Theory to Human Behaviour: Past Differences and Current Debates," *Journal of Bioeconomics*, 2014, 16（2）, 105-128.

［205］Tam K-P., Chan H-W., "Environmental Concern Has a Weaker Association with Pro-environmental Behavior in Some Societies Than Others: A Cross-cultural Psychology Perspective," *Journal of Environmental Psychology*, 2017, 53: 213-223.

［206］Vanegas-Rico M. C., Corral-Verdugo V., Ortega-Andeane P., et al., "Intrinsic and Extrinsic Benefits as Promoters of Pro-environmental Behaviour/Beneficios Intrínsecos y Extrínsecos Como Promotores de la Conducta Proambiental," *Psyecology*, 2018, 9（1）: 33-54.

［207］Wittmann Marc and Sircova Anna., "Dispositional Orientation to the Present and Future and Its Role in Pro-environmental Behavior and Sustainability," *Heliyon*, 2018, 4（10）: e00882.

［208］Klein S. A., Hilbig B. E., Heck D. W., "Which is the Greater Good? A Social Dilemma Paradigm Disentangling Environmentalism and Cooperation," *Journal of Environmental Psychology*, 2017, 53: 40-9.

［209］芦慧、刘鑫淼、刘霞、陈红：《我国居民亲环境行为伦理困境及其对亲环境行为自觉的影响研究》，《系统管理学报》，2023，已录用。

［210］Shittu, W., Adedoyin, F. F., Shah, M. I., Musibau, H. O., "An Investigation of the Nexus Between Natural Resources, Environmental Performance, Energy Security and Environmental Degradation: Evidence from Asia," *Resources Policy*, 2021, 73, 102227.

［211］Nhamo, G., Dube, K., Chikodzi, D., "Sustainable Development Goals: Concept and Challenges of Global Development Goal Setting," *Handbook of Global Health*, 2020, 1-40.

［212］Davis A. J., "Ethical Dilemmas and Nursing Practice," *The Linacre Quarterly*, 1977, 44 (4): 5.

［213］胡国栋:《管理范式的后现代审视与本土化研究》, 中国人民大学出版社, 2017, 第430页。

［214］周全、汤书昆:《媒介使用与中国公众的亲环境行为: 环境知识与环境风险感知的多重中介效应分析》,《中国地质大学学报》(社会科学版) 2017年第5期。

［215］Evans G. W., "Environmental Cognition," *Psychological Bulletin*, 1980, 88 (2): 259.

［216］Bugental D. B., "Acquisition of the Algorithms of Social Life: A Domain-based Approach," *Psychological Bulletin*, 2000, 126 (2): 187.

［217］Lennings C. J., Burns A. M., Cooney G., "Profiles of Time Perspective and Personality: Developmental Considerations," *The Journal of Psychology*, 1998, 132 (6): 629-641.

［218］孙彦:《风险条件下的跨期选择》,《心理科学进展》2011年第1期。

［219］刘扬、孙彦:《时间分解效应及其对跨期决策的影响》,《心理学报》2016年第4期。

［220］Hwang, Kwang-kuo., "Face and Favor: The Chinese Power Game. American Journal of Sociology," 1987, 92 (4): 944-974.

［221］Tsang, E. W., "Can Guanxi Be a Source of Sustained Competitive Advantage for Doing Business in China?" *Academy of Management Perspectives*, 1998, 12 (2): 64-73.

［222］MacIntyre, A., "Plain Persons and Moral Philosophy: Rules,

Virtues and Goods," *American Catholic Philosophical Quarterly*, 1992, 66 (1), 3-19.

［223］Cialdini, R. B., Kallgren, C. A., Reno, R. R., "A Focus Theory of Normative Conduct: A Theoretical Refinement and Reevaluation of the Role of Norms in Human Behavior," *In Advances in Experimental Social Psychology*, 1991, Vol. 24, pp. 201-234, Academic Press.

［224］Sheeran, P., Orbell, S., "Augmenting the Theory of Planned Behavior: Roles for Anticipated Regret and Descriptive Norms 1," *Journal of Applied Social Psychology*, 1999, 29 (10): 2107-2142.

［225］Mantere S., "Role Expectations and Middle Manager Strategic Agency," *Journal of Management Studies*, 2008, 45 (2): 294-316.

［226］Jeurissen, R., Keijzers, G., "Future Generations and Business Ethics," *Business Ethics Quarterly*, 2004, 14 (1), 47-69.

［227］Chen, H., Chen, F., Huang, X., Long, R., Li, W., "Are Individuals' Environmental Behavior Always Consistent? —An Analysis Based on Spatial Difference," *Resour. Conserv. Recycl*, 2017, 125, 25-36, https://doi.org/10.1016/j.resconrec.2017.05.013. ISSN0921-3449.

［228］Fornell C. and D. F. Larcker（1981）. *Evaluating Structural Equation Models with Unobservable Variables*.

［229］Chin W. W., A. Gopal and W. D. Salisbury, "Advancing the Theory of Adaptive Structuration: the Development of a Scale to Measure Faithfulness of Appropriation," *Information Systems Research*, 1997, 8 (4), 342-367.

［230］Lei, Wang, Rui, et al., "Fractal Features and Infiltration Characteristics of the Soil from Different Land Uses in a Small Watershed in a Rocky, Mountainous Area in Shandong Province," *Journal of Forestry Research*, 2020, V. 31 (03): 316-323.

［231］〔美〕乔治·埃尔顿·梅奥:《工业文明的人类问题》,陆小斌译,电子工业出版社,2013。

［232］〔美〕乔治·埃尔顿·梅奥:《工业文明的社会问题》,时勘译,机械工业出版社,2016。

［233］ Hornsey M. J. , Harris E. A. , Bain P. G. , et al. , "Meta-analyses of the Determinants and Outcomes of Belief in Climate Change," *Nature Climate Change*, 2016, 6 (6): 622-626.

［234］ Xiaohong, W. E. I. , Qingyuan, L. I. , "The Confucian Value of Harmony and Its Influence on Chinese Social Interaction," *Cross-Cultural Communication*, 2013, 9 (1), 60-66.

［235］ Frederiks, E. R. , Stenner, K. , Hobman, E. V. , "Household Energy Use: Applying Behavioural Economics to Understand Consumer Decision-making and Behaviour," *Renewable and Sustainable Energy Reviews*, 2015, 41, 1385-1394.

［236］ Lally, P. , Van Jaarsveld, C. H. , Potts, H. W. , Wardle, J. , "How Are Habits Formed: Modelling Habit Formation in the Real World," *European Journal of Social Psychology*, 2010, 40 (6), 998-1009.

［237］ Chen, Guo-Ming, Williams J. Starosta, "A Review of the Concept of Intercultural Sensitivity," *Human Communication*, 1997 (1), 1-16.

［238］ Bernheim, B. D. , "A Theory of Conformity," *Journal of Political Economy*, 1994, 102 (5), 841-877.

［239］ Zhang, J. , Jiang, N. , Turner, J. J. , Pahlevan Sharif, S. , "The Impact of Scarcity of Medical Protective Products on Chinese Consumers' Impulsive Purchasing during the COVID-19 Epidemic in China," *Sustainability*, 2021, 13 (17), 9749.

［240］ Chu, G. C. , "The Changing Concept of Self in Contemporary China," In: A. J. Marsella, G. DeVos, F. L. K. Hsu (eds) *Culture and Self: Asian and Western Perspectives* . New York: Tavistock Publications, 1985, pp. 252-277.

［241］ Joy, A. , "Gift Giving in Hong Kong and the Continuum of Social Ties," *Journal of Consumer Research*, 2001, 28, 2, pp. 239-256.

［242］ Li, J. J. , Su, C. , "How Face Influences Consumption," *International Journal of Market Research*, 2007, 49 (2), 237-256.

［243］ Griskevicius, V. , Tybur, J. M. , Van den Bergh, B. , "Going Green to Be Seen: Status, Reputation, and Conspicuous Conservation," *Journal of Personality and Social Psychology*, 2010, 98 (3), 392.

［244］Geuss, R. (2009). "Public Goods, Private Goods," In *Public Goods, Private Goods*. Princeton University Press.

［245］De Young, R. , "Some Psychological Aspects of Recycling: the Structure of Conservation-satisfactions," *Environment and Behavior*, 1986, 18 (4), 435-449.

［246］Kaul, I. , Grunberg, I. , Stern, M. A. (1999). "Defining Global Public Goods," *Global Public Goods*: *International Vooperation in the 21st Century*, 2-19.

［247］Barker-Benfield, G. J. (1992). *The Culture of Sensibility*: *Sex and Society in Eighteenth-century Britain*. University of Chicago Press.

［248］Thébaud, S. , Kornrich, S. , Ruppanner, L. , "Good Housekeeping, Great Expectations: Gender and Housework Norms," *Sociological Methods & Research*, 2021, 50 (3), 1186-1214, https://doi.org/10.1177/0049124119852395.

［249］Kim, B. H. , Lee, J. K. , Park H. , "Marriage, Independence and Adulthood among Unmarried Women in South Korea," *Asian Journal of Social Science*, 2016, 44 (3), 338-362.

［250］Dupont D. P. , "Do Children Matter? An Examination of Gender Differences in Environmental Valuation," *Ecological Economics*, 2004, 49 (3): 273-286.

［251］Torgler B, Maria A. , "Garcia-Valiñas. The Determinants of Individuals' Attitudes Towards Preventing Environmental Damage," *Ecological Economics*, 2007, 63 (2): 536-552.

［252］Lu H. , Yue A. , Chen H. , Long R. , "Could Smog Pollution Lead to the Migration of Local Practitioners? Data from Practitioners in the Jing-Jin-Ji Region of China," *Resources Conservation and Recycling*, 2018, (130): 177-187.

［253］Shao, S. , Tian, Z. , & Fan, M. , "Do the Rich Have Stronger Willingness to Pay for Environmental Protection? New Evidence from a Survey in China," *World Development*, 2018, 105, 83-94.

［254］Pitta D., Eastman J. K., Liu J., "The Impact of Generational Cohorts on Status Consumption: An Exploratory Look at Generational Cohort and Demographics on Status Consumption," *Journal of Consumer Marketing*, 2012, 29 (2): 93-102.

［255］Kim D. H., Jang S. C., "Motivational Drivers for Status Consumption: A Study of Generation Y Consumers," *International Journal of Hospitality Management*, 2014, 38: 39-47.

［256］Kreiner G. E., "Consequences of Work‐home Segmentation or Integration: A Person‐environment Fit Perspective," *Journal of Organizational Behavior: The International Journal of Industrial, Occupational and Organizational Psychology and Behavior*, 2006, 27 (4): 485-507.

［257］Peters L. H., Chassie M. B., Lindholm H. R., et al., "The Joint Influence of Situational Constraints and Goal Setting on Performance and Affective Outcomes," *Journal of Management*, 1982, 8 (2): 7-20.

［258］Festinger L., "Social Comparison Theory," *Selective Exposure Theory*, 1957, 16: 401.

［259］Kennedy, E. H., Beckley, T. M., McFarlane, B. L., et al., "Why We Don't "Walk the Talk": Understanding the Environmental Values/ Behaviour Gap in Canada," *Human Ecology Review*, 2009, 16 (2), 151-160.

［260］Axelrod L., "Balancing Personal Needs with Environmental Preservation: Identifying the Values That Guide Decisions in Ecological Dilemmas," *Journal of Social Issues*, 1994, 50 (3): 85-104.

［261］Karp, D. G., "Values and Their Effect on Pro-environmental Behavior," *Environment and Behavior*, 1996, 28 (1), 111-133.

［262］郝金磊、孙柏鹏：《上级发展性反馈与员工创造性工作卷入：基于自我概念理论视角》，《中国人力资源开发》2020 年第 4 期。

［263］Festinger L., *A Theory of Cognitive Dissonance*, Stanford University Press, 1957.

［264］Dietz T., Stern P. C., "Toward a Theory of Choice: Socially Embedded Preference Construction," *The Journal of Socio-Economics*, 1995, 24 (2): 261-279.

［265］刘贤伟:《价值观新生态范式以及环境心理控制源对亲环境行为的影响》,硕士学位论文,北京林业大学,2012。

［266］Kreiner G. E., "Consequences of Work-home Segmentation or Integration: A Person-environment Fit Perspective," *Journal of Organizational Behavior: The International Journal of Industrial, Occupational and Organizational Psychology and Behavior*, 2006, 27 (4): 485-507.

［267］Meyer A., "Does Education Increase Pro-environmental Behavior? Evidence from Europe," *Ecological Economics*, 2015, 116: 108-121.

［268］Liu X. L., Lu J. G., Zhang H., et al., "Helping the Organization But hurting Yourself: How Employees' Unethical Pro-organizational Behavior Predicts Work-to-life Conflict," *Organizational Behavior and Human Decision Processes*, 2021, 167: 88-100.

［269］Stern, P. C., "Toward a Coherent Theory of Environmentally Significant Behavior," *Journal of Social Issues*, 2000, 56 (3), 407e424.

［270］Stern, P. C., Dietz, T., Abel, T., Guagnano, G. A., Kalof, L., "A Value-belief-norm Theory of Support for Social Movements: the Case of Environmentalism," *Research in Human Ecology*, 1999, 6 (2), 81e97.

［271］费孝通:《乡土中国生育制度》,北京大学出版社,1998。

［272］周建国:《紧缩圈层结构论——一项中国人际关系的结构与功能分析》,《社会科学研究》2002年第2期。

［273］Trope, Y., Liberman, N., "Construal-level Theory of Psychological Distance," *Psychological Review*, 2010, 117 (2), 440-463.

［274］Bar-Anan, Y., Liberman, N., Trope, Y., Algom, D., "Automatic Processing of Psychological Distance: Evidence from a Stroop Task," *Journal of Experimental Psychology: General*, 2007, 136 (4), 610-622.

［275］Mulder M., "Reduction of Power Differences in Practice: The Power Distance Reduction Theory and Its Application," In Hofstede G., Kassem M. S. (Eds), *European Contribution to Organization Theory*, Assen, Netherlands: Van Gorcum, 1976.

［276］黄应贵:《空间、力与社会》,《广西民族学院学报》(哲学社会科学版)2002年第2期。

［277］包艳、廖建桥:《权力距离研究述评与展望》,《管理评论》2019年第 3 期。

［278］Beevers C. G., Gibb B. E., McGeary J. E., Miller I. W., "Serotonin Transporter Genetic Variation and Biased Attention for Emotional Word Stimuli among Psychatric Inpatients," *Abnorm. Psychol.* 2007, 11, 208-212.

［279］Reno, R. R., Cialdini, R. B., Kallgren, C. A., "The Transsituational Influence of Social Norms," *Journal of Personality and Social Psychology*, 1993, 64 (1), 104.

［280］韩钰:《绿色人力资源管理对员工亲环境行为伦理困境的影响机制研究————环境承诺的中介作用》,硕士学位论文,中国矿业大学,2020。

［281］Gunz H., Gunz S., "Hired Professional to Hired Gun: An Identity Theory Approach to Understanding the Ethical Behavior of Professionals in Non-professional Organizations," *Human Relations*, 2007, 60 (6): 851-887.

［282］Rest J. R., *Moral Development: Advances in Research and Theory*, New York: Praeger, 1986.

［283］Trevino L. K., "Ethical Decision Making in Organizations: A Person-situation Interactionist Model," *Academy of Management Review*, 1986, 11 (3): 601-617.

［284］Stead W. D., Worrell D. J., Stead J. G., "An Integrative Model for Understanding and Managing Ethical Behavior in Business Organizations," *Ournal of Business Ethics*, 1990, 9 (3): 233-242.

［285］Stern, P. C., Dietz, T., Abel, T., Guagnano, G. A., Kalof, L., "A Value-belief-norm Theory of Support for Social Movements: The Case of Environmentalism," *Research in Human Ecology*, 1999, 6 (2), 81e97.

［286］Toor, S., Ofori, G., "Ethical Leadership: Examining the Relationships with Full Range Leadership Model, Employee Outcomes, and Organizational Culture," *Journal of Business Ethics*, 2009, 90, 533-547.

［287］Trevino, L. K., Brown, M., Hartman, L. P., "A Qualitative Investigation of Perceived Executive Ethical Leadership: Perceptions from Inside and Outside the Executive Suite," *Human Relations*, 2003, 55, 5-37. 8.

［288］武欣、吴志明等:《组织公民行为研究的新视角》,《心理科学进展》2005 年第 2 期。

［289］Shulman J. D., Coughlan A. T., Savaskan R. C., " Optimal Reverse Chan-nel Structure for Consumer Product Returns," *Marketing Science*, 2010, 29 (6): 1071-1085.

［290］D. Zielinski, " Get to the Source," *HR Magazine*, 2012, 11: 67-70.

［291］杨雪、陈为东、马捷:《基于认知失调的网络信息生态系统结构模型研究》,《情报理论与实践》2015 年第 8 期。

［292］Aronson E., " Integrating Leadership Styles and Ethical Perspectives," *Canadian Journal of Administrative Sciences*, 2001, 18: 244-256.

［293］黄杰:《伦理型领导内容结构及其相关研究》,硕士学位论文,河南大学,2011。

［294］Brown M. E., Trevino L. K., Harrison D. A., "Ethical Leadership: A Social Learning Perspective for Construct Development and Testing," *Organizational Behavior Human Decision Processes*, 2005, 97 (2), 117-134.

［295］Peterlin, J., Pearse, N. J., Dimovski, V., "Strategic Decision Making for Organizational Sustainbility: The Implications of Servant Leadership and Sustainable Leadership Approaches," *Economic & Business Review*, 2015, 17 (3): 273-290.

［296］Avolio, B. J., Bass, B. M., Jung, D., "Re-examining the Components of Transformational and Transactional Leadership Using the Multifactor Leadership Questionnaire," *Journal of Occupational and Organizational Psychology*, 1999, 7: 441-462.

［297］Bass, B. M., Avolio, B. J., Jung, D. I., Berson, Y., "Predicting Unit Performance by Assessing Transformational and Transactional Leadership," *Journal of Applied Psychology*, 2003, 88 (2): 207-218.

［298］Avery, G. C., Bergsteiner, H., "How BMW Successfully Practices Sustainable Leadership Principles," *Strategy & Leadership*, 2011, 39 (6): 11-18.

［299］Wang, H., Law, K. S., Hackett, R. D., Wang, D., Chen, Z. X.,

"Leader-member Exchange as a Mediator of the Relationship between Transformational Leadership and Followers' Performance and Organizational Citizenship behavior," *Academy of Management Journal*, 2005, 48 (3): 420–432.

[300] Van Dierendonck, D., "Servant Leadership: A Review and Synthesis," *Journal of Management*, 2011, 37 (4): 1228–1261.

[301] Brown, M. E., Trevino, L. K., "Ethical Leadership: A Review and Future Directions," *The Leadership Quarterly*, 2006, 17 (6): 595–616.

[302] Trevino L. K., Brown M. E., "Managing to Be Ethical: Debunking Five Business Ethics Myths," *Academy of Management Perspectives*, 2004, 18 (2): 69–81.

[303] Nordlund A. M., Garvill J., "Value Structures Behind Proenvironmental Behavior," *Environment and Behavior*, 2002, 34 (6): 740–756.

[304] Knez I., "Is Climate Change a Moral Issue? Effects of Egoism and Altruism on Pro-environmental Behavior," *Current Urban Studies*, 2016, 4 (2): 157–174.

[305] Dwyer P. C., Maki A., Rothman A. J., "Promoting Energy Conservation Behavior in Public Settings: The Influence of Social Norms and Personal Responsibility," *Journal of Environmental Psychology*, 2015, 41: 30–34.

[306] Gifford R., Nilsson A., "Personal and Social Factors That Influence Pro-environmental Concern and Behaviour: A Review," *International Journal of Psychology*, 2014, 49 (3): 141–157.

[307] Nordlund A. M., Garvill J., "Effects of Values, Problem Awareness, and Personal Norm on Willingness to Reduce Personal Car Use," *Journal of Environmental Psychology*, 2003, 23 (4): 339–347.

[308] Fuller J. B., Marler L. E., Hester K., "Promoting Felt Responsibility for Constructive Change and Proactive Behavior: Exploring Aspects of an Elaborated Model of Work Design," *Journal of Organizational Behavior: The International Journal of Industrial, Occupational and Organizational Psychology and Behavior*, 2006, 27 (8): 1089–1120.

[309] Bandura A., "Self-efficacy: Toward a Unifying Theory of Behavioral Change," *Psychological review*, 1977, 84 (2): 191.

[310] Hannah S. T., Avolio B. J., "Moral Potency: Building the Capacity for Character-based Leadership," *Consulting Psychology Journal: Practice and Research*, 2010, 62 (4): 291.

[311] 王震、许灏颖、杜晨朵:《道德型领导如何减少下属非道德行为:领导组织化身和下属道德效能的作用》,《心理科学》2015 年第 2 期。

[312] Dietz T., Stern P. C., "Toward a Theory of Choice: Socially Embedded Preference Construction," *The Journal of Socio-Economics*, 1995, 24 (2): 261-279.

[313] Schwartz S. H., "Normative Influences on Altruism," *Advances in Experimental Social Psychology*, 1977, 10 (1): 221-279.

[314] Hopper J. R., Nielsen J. M. C., "Recycling As Altruistic Behavior: Normative and Behavioral Strategies to Expand Participation in a Community Recycling Program," *Environment and Behavior*, 1991, 23 (2): 195-220.

[315] Punzo G., "Assessing the Role of Perceived Values and Felt Responsibility on Pro-environmental Behaviours: A Comparison Across Four EU Countries," *Environmental Science & Policy*, 2019, 101: 311-322.

[316] Van Knippenberg D., "Embodying Who We Are: Leader Group Prototypicality and Leadership Effectiveness," *The Leadership Quarterly*, 2011, 22 (6): 1078-1091.

[317] Van Knippenberg D., Hogg M. A., "A Social Identity Model of Leadership Effectiveness in Organizations," *Research in Organizational Behavior*, 2003, 25: 243-295.

[318] Van Dijke M., De Cremer D., "How Leader Prototypicality Affects Followers' Status: The Role of Procedural Fairness," *European Journal of Work and Organizational Psychology*, 2008, 17 (2): 226-250.

[319] Reynolds S. J., "Moral Attentiveness: Who Pays Attention to the Moral Aspects of Life?" *Journal of Applied Psychology*, 2008, 93 (5): 1027.

[320] Reynolds S. J., Leavitt K., DeCelles K. A., "Automatic Ethics: The Effects of Implicit Assumptions and Contextual Cues on Moral Behavior," *Journal of Applied Psychology*, 2010, 95 (4): 752.

[321] Salancik G. R., Pfeffer J., "A Social Information Processing

Approach to Job Attitudes and Task Design," *Administrative Science Quarterly*, 1978, 23 (2): 224-253.

[322] Turner J. C., Hogg M. A., Oakes P. J., et al., *Rediscovering the Social Group: A Self-categorization Theory*, Oxford, England: Blackwell, 1987.

[323] Ferdig M., "Sustainability Leadership: Co-creating a Sustainable Future," *Journal of Change Management*, 2007, 7 (1): 25-35.

[324] Dalati S., Raudeliūnienė J, Davidavičienė V., "Sustainable Leadership, Organizational Trust on Job Satisfaction: Empirical Evidence from Higher Education Institutions in Syria," *Business, Management and Education*, 2017, 15 (1): 14-27.

[325] Singhapakdi A., Lee D. J., Sirgy M. J., et al., "The Impact of Incongruity Between an Organizations CSR Orientation and Its Employees CSR Orientation on Employees Quality of Work Life," *Journal of Business Research*, 2015, 68 (1): 60-66.

[326] Torlak O., Tiltay M. A., Ozkara B Y., et al., "The Perception of Institutionalisation of Ethics and Quality of Work-Life: The Perspective of Turkish Managers," *The Marketing Review*, 2014, 4 (2): 169-180.

[327] He P., Peng Z., Zhao H., et al., "How and When Compulsory Citizenship Behavior Leads to Employee Silence: A Moderated Mediation Model Based on Moral Disengagement and Supervisor-Subordinate Guanxi Views," *Journal of Business Ethics*, 2019, 155 (1): 259-274.

[328] Law K. S., Wong C. S., Wang D., et al., "Effect of Supervisor-subordinate Guanxi on Supervisory Decisions in China: An Empirical Investigation," *The International Journal of Human Resource Management*, 2000, 11 (4): 751-765.

[329] Wong Y. T., Wong S. H., Wong Y. W., "A Study of Subordinate-supervisor Guanxi in Chinese Joint Ventures," *The International Journal of Human Resource Management*, 2010, 21 (12): 2142-2155.

[330] Casserley, T., Critchley, B., "A New Paradigm of Leadership Development," *Industrial and Commercial Training*, 2010, 42 (6): 287-295.

[331] Sims Jr, H. P., Manz, C. C., "Social Learning Theory: The Role of Modeling in the Exercise of Leadership," *Journal of Organizational Behavior*

Management, 1982, 3（4）：55-63.

［332］McCann, J. T. , Holt, R. A. , "Defining Sustainable Leadership," *International Journal of Sustainable Strategic Management*, 2010, 2（2）：204-210.

［333］Kaiser F. G. , Ranney M. , Hartig T. , et al. , "Ecological Behavior, Environmental Attitude, and Feelings of Responsibility for the Environment," *European Psychologist*, 1999, 4（2）：59.

［334］Rice G. , "Pro-environmental Behavior in Egypt：Is There a Role for Islamic Environmental Ethics?" *Journal of Business Ethics*, 2006, 65（4）：373-390.

［335］Hamilton W. D. , "The Genetical Evolution of Social Behaviour. II," *Journal of Theoretical Biology*, 1964, 7（1）：17-52.

［336］DeWall C. N. , Baumeister R. F. , Gailliot M. T. , et al. , "Depletion Makes the Heart Grow Less Helpful：Helping as a Function of Self-Regulatory Energy and Genetic Relatedness," *Personality & Social Psychology Bulletin*, 2008, 34（12）：1653-1662.

［337］Spence A. , Poortinga W. , Pidgeon N. , "The Psychological Distance of Climate Change," *Risk Analysis*, 2012, 32（6）：957-972.

［338］Bateman T. S. , O' Connor K. , "Felt Responsibility and Climate Engagement：Distinguishing Adaptation from Mitigation," *Global Environmental Change*, 2016, 41：206-215.

［339］Nordlund A. M. , Garvill J. , "Value Structures Behind Proenvironmental Behavior," *Environment and Behavior*, 2002, 34（6）：740-756.

［340］De Cremer D. , Van Dijke M. , Mayer D. M. , "Cooperating When 'You' and 'I' Are Treated Fairly：The Moderating Role of Leader Prototypicality," *Journal of Applied Psychology*, 2010, 95（6）：1121.

［341］Deal T. E. , Kennedy A. A. , "Corporate Cultures：The Rites and Rituals of Corporate Life," *Business Horizons*, 1983, 26（2）：1-85.

［342］McCann J. T. , Holt R. A. , "Servant and Sustainable Leadership：An Analysis in the Manufacturing Environment," *International Journal of Management Practice*, 2010, 4（2）：134-148.

［343］Van Knippenberg B. , Van Knippenberg D. , "Leader Self-sacrifice and Leadership Effectiveness: the Moderating Role of Leader Prototypicality," *Journal of Applied Psychology*, 2005, 90 (1): 25.

［344］Cialdini, R. B. , Reno, R. R. , Kallgren, C. A. , "A Focus Theory of Normative Conduct: Recycling the Concept of Norms to Reduce Littering in Public Places," *Journal of Personality and Social Psychology*, 1990, 58 (6): 1015-1026.

［345］Gifford R. , Kormos C. , Mcintyre A. , "Behavioral Dimensions of Climate Change: Drivers, Responses, Barriers, and Interventions," *Wiley Interdisciplinary Reviews Climate Change*, 2011, 2 (6): 801-827.

［346］Jackson S. E. , Seo J. , "The Greening of Strategic HRM Scholarship," *Organizational Managem-ent Journal.* 2010, 7, 278-290.

［347］Bruntland, G. , *Our Common Future: the World Commission on Environment Anddevelopment*, Oxford University Press, Oxford, 1987.

［348］Gollan, Paul J. , "High Involvement Management and Human Resource Line Sustainability," *Handbook of Business Strategy*, 2013, 7 (1): 279-286.

［349］Bertalanffy L. V. , *General System Theory: Foundations, Development, Application*, G. Braziller, 1969.

［350］Tom Baum. , "Sustainable Human Resource Management as a Driver in Tourism Policy and Planning: A Serious Sin of Omission?" *Journal of Sustainable Tourism*, 2018, 26 (4-6): 1-17.

［351］Wikhamn, Wajda. , "Innovation, Sustainable HRM and Customer Satisfaction," *International Journal of Hospitality Management*, 2019, 76: 102-110.

［352］Pinzone M. , Guerci M. , Lettieri E. , et al. , "Progressing in the Change Journey Towards Sustainability in Healthcare: the Role of ' Green ' HRM," *Journal of Cleaner Production*, 2016, 122: 201-211.

［353］Renwick D. , Redman T. , Maguire S. , "Green Human Resource Management: A Review and Research Agenda," *International Journal of Management Reviews*, 2013, 15 (1): 1-14.

［354］Salancik G. R. , Pfeffer J. , " A Social Information Processing

Approach to Job Attitudes and Task Design," *Administrative Science Quarterly*, 1978: 224-253.

［355］Janet A. Boekhorst, "The Role of Authentic Leadership in Fostering Workplace Inclusion: A Social Information Processing Perspective," *Human Resource Management*, 2015, 54 (2).

［356］骆元静、李燕萍、杜旌:《变革策略对员工主动变革行为的影响研究》,《管理学报》2019 年第 2 期。

［357］Tajfel, H. (1972). "Social Categorization." In S. Moscovici (Ed.), *Introduction to Social Psychology* (Vol. 1, pp. 272 - 302). Paris: Larousse.

［358］Ashforth, B. E., Mael, F., "Social Identity Theory and the Organization," *Academy of Management Review*, 1989, 14 (1), 20-39.

［359］Davis J. L., Le B., Coy A. E., "Building a Model of Commitment to the Natural Environment to Predict Ecological Behavior and Willingness to Sacrifice," *Journal of Environmental Psychology*, 2011, 31 (3): 257-265.

［360］唐贵瑶、孙玮、贾进、陈扬:《绿色人力资源管理研究述评与展望》,《外国经济与管理》2015 年第 10 期。

［361］Tang G., Chen Y., Jiang Y., et al., "Green Human Resource Management Practices: Scale Development and Validity," *Asia Pacific Journal of Human Resources*, 2018, 56 (1): 31-55.

［362］Pfeffer S. J., "A Social Information Processing Approach to Job Attitudes and Task Design," *Administrative Science Quarterly*, 1978, 23 (2): 224-253.

［363］Kim Y. J., Kim W. G., Choi H. M., et al., "The Effect of Green Human Resource Management on Hotel Employees' Eco-friendly Behavior and Environmental Performance," *International Journal of Hospitality Management*, 2019, 76: 83-93.

［364］唐贵瑶、陈琳、陈扬、刘松博:《高管人力资源管理承诺、绿色人力资源管理与企业绩效: 企业规模的调节作用》,《南开管理评论》2019 年第 4 期。

［365］Shen J., Dumont J., Deng X., "Employees' Perceptions of Green

HRM and Non-green Employee Work Outcomes: The Social Identity and Stakeholder Perspectives," *Group & Organization Management*, 2018, 43 (4): 594-622.

[366] Norton T. A. , Zacher H. , Ashkanasy N. M. , "Organisational Sustainability Policies and Employee Green Behaviour: The Mediating Role of Work Climate Perceptions," *Journal of Environmental Psychology*, 2014, 38 (jun.): 49-54.

[367] Sofia Kälvemark, Anna T. Höglund, Hansson M. G. , et al. , "Living with Conflicts-ethical Dilemmas and Moral Distress in the Health Care System," *Social Science & Medicine*, 2004, 58 (6): 1075-1084.

[368] Raines M. L. , "Ethical Decision Making in Nurses. Relationships Among Moral Reasoning, Coping Style, and Ethics Stress," *Jona S Healthcare Law Ethics & Regulation*, 2000, 2 (1): 29-41.

[369] Davis J. L. , Green J. D. , Reed A. , "Interdependence with the Environment: Commitment, Interconnectedness, and Environmental Behavior," *Journal of Environmental Psychology*, 2009, 29 (2): 173-180.

[370] Saeed, B. B. , Afsar, B. , Hafeez, S. , Khan, I. , Tahir, M. , Afridi, M. A. , "Promoting Employee's Proenvironmental Behavior Through Green Human Resource Management Practices," *Corporate Social Responsibility and Environmental Management*, 2019, 26 (2), 424-438.

[371] Raineri N. , Paillé P. , "Linking Corporate Policy and Supervisory Support with Environmental Citizenship Behaviors: The Role of Employee Environmental Beliefs and Commitment," *Journal of Business Ethics*, 2016, 137 (1): 129-148.

[372] Miao Q. , Eva N. , Newman A. , et al. , "Ethical Leadership and Unethical Pro-Organisational Behaviour: The Mediating Mechanism of Moral reflectiveness," *Applied Psychology*, 2019 (3) .

[373] Reynolds S. J. , "Moral Attentiveness: Who Pays Attention to the Moral Aspects of Life?" *Journal of Applied Psychology*, 2008, 93 (5): 1027.

[374] Kim, A. , Kim, Y. , Han, K. , Jackson, S. E. , Ployhart, R. E. , "Multilevel Influences on Voluntary Workplace Green Behavior: Individual Differences,

Leader Behavior, and Coworker Advocacy," *Journal of Management*, 2017, 43 (5), 1335-1358.

[375] Dawson D., "Organisational Virtue, Moral Attentiveness, and the Perceived Role of Ethics and Social Responsibility in Business: The Case of UK HR Practitioners," *Journal of Business Ethics*, 2018, 148 (4): 765-781.

[376] Wurthmann K., "A Social Cognitive Perspective on the Relationships between Ethics Education, Moral Attentiveness, and PRESOR," *Journal of Business Ethics*, 2013, 114 (1): 131-153.

[377] 周金帆、张光磊:《绿色人力资源管理实践对员工绿色行为的影响机制研究——基于自我决定理论的视角》,《中国人力资源开发》2018 年第 7 期。

[378] Barr S., "Strategies for Sustainability: Citizens and Responsible Environmental Behaviour," *Area*, 2003, 35 (3): 227-240.

[379] 刘传红、王春淇:《社会监督创新与"漂绿广告"有效监管》,《中国地质大学学报》(社会科学版) 2016 年第 6 期。

图书在版编目（CIP）数据

企业环境治理的伦理逻辑、困境纾解与阶跃／芦慧，
陈红著. -- 北京：社会科学文献出版社，2023.10
ISBN 978-7-5228-2581-6

Ⅰ.①企… Ⅱ.①芦…②陈… Ⅲ.①企业环境管理
-研究-中国 Ⅳ.①X322.2

中国国家版本馆 CIP 数据核字（2023）第 187056 号

企业环境治理的伦理逻辑、困境纾解与阶跃

著　　者／芦　慧　陈　红

出　版　人／冀祥德
组稿编辑／任文武
责任编辑／刘如东
责任印制／王京美

出　　　版／社会科学文献出版社 · 城市和绿色发展分社（010）59367143
　　　　　　地址：北京市北三环中路甲 29 号院华龙大厦　邮编：100029
　　　　　　网址：www.ssap.com.cn
发　　　行／社会科学文献出版社（010）59367028
印　　　装／三河市尚艺印装有限公司

规　　　格／开　本：787mm × 1092mm　1/16
　　　　　　印　张：21.25　字　数：347 千字
版　　　次／2023 年 10 月第 1 版　2023 年 10 月第 1 次印刷
书　　　号／ISBN 978-7-5228-2581-6
定　　　价／98.00 元

读者服务电话：4008918866